黄土高原生物结皮的生态功能及培育恢复

卜崇峰 著

科学出版社
北 京

内 容 简 介

本书介绍了黄土高原生物结皮的发育演替过程，厘清了其在不同空间尺度下的分布特征及影响因子，阐明了土壤养分、土壤水文、土壤水蚀效应，并初步探讨了适度干扰的必要性和可行性。同时，构建了生物结皮的人工培育恢复技术体系，并在不同立地条件下开展了小规模应用示范。作为一种新兴的生态修复途径，生物结皮人工培育恢复的产业化终将在水土保持和生态工程领域掀起一场革命。

本书可为水土保持学、土壤学、生态学、水文学、植物学、微生物学等领域的科研人员及高校师生提供参考。

图书在版编目（CIP）数据

黄土高原生物结皮的生态功能及培育恢复 / 卜崇峰著. —北京：科学出版社，2022.1

ISBN 978-7-03-070216-6

Ⅰ. ①黄…　Ⅱ. ①卜…　Ⅲ. ①黄土高原—土壤结皮—研究
Ⅳ. ①S152.4

中国版本图书馆 CIP 数据核字（2021）第 214961 号

责任编辑：祝　洁　汤宇晨 / 责任校对：杨聪敏
责任印制：张　伟 / 封面设计：陈　敬

科 学 出 版 社 出版
北京东黄城根北街 16 号
邮政编码：100717
http://www.sciencep.com
北京凌奇印刷有限责任公司 印刷
科学出版社发行　各地新华书店经销
*
2022 年 1 月第　一　版　开本：720 × 1000　1/16
2023 年 3 月第二次印刷　印张：13　插页：4
字数：269 000

定价：128.00 元

（如有印装质量问题，我社负责调换）

序

生物结皮是由苔藓、地衣、藻类和异养微生物与表层土壤形成的复杂聚合体，是地表普遍存在的活性地被物，覆盖了地球陆地面积的12%。生物结皮是气-土界面物质和能量交换的重要组成部分，具有独特的生理特征和多种生态功能，在生态系统的演替和维持稳定性方面发挥着巨大作用。

作为连接土壤和植被的界面层，生物结皮被形象地称为地表的“皮肤”。实际上，在相当长的时期里，这一不起眼的“皮肤”并未受到科研人员的关注。在已有的土壤研究中，一般并不单独区分生物结皮层，而在植被研究中，往往直接忽略了这一活性层，这种局面极大地影响了对生物结皮各类生态过程与机理的精准认知，尤其是在干旱和半干旱地区。20世纪90年代以来，我国一些科研院所和高校研究团队开始陆续关注生物结皮，重点在西北荒漠区和黄土高原区做了诸多探索，也取得了大量研究成果，极大推动了这一领域的发展，成为全球生物结皮研究力量的重要组成部分。

黄土高原土层深厚、千沟万壑、降水集中、水土流失严重、水资源短缺，是我国一个特殊的生态脆弱区。1999年退耕还林(草)工程实施以来，黄土高原植被盖度从31.6%上升至63.2%，黄河输沙量由16亿t/a降低至2亿t/a，陕西省的绿色版图向北足足延伸了400km。在此期间，生物结皮在整个黄土高原得以广泛发育，部分区域的盖度达到了60%以上。当前，生态文明建设已成为我国统筹推进“五位一体”总体布局和协调推进“四个全面”战略布局的重要内容，黄河流域生态保护和高质量发展已进入国家的区域发展战略。在新时代背景下，深入开展黄土高原生物结皮的研究工作，加强研究成果的交流和宣传，对于推进生物结皮的理论探索、合理保护及有效利用尤为重要，可为黄河流域生态文明建设做出贡献。

该书作者及其团队系统梳理了过去十余年的研究成果，总结了黄土高原生物结皮的发育过程、空间分布及多种生态功能与干扰响应等研究进展，较全面论述了生物结皮发育分布、生态功能及培育恢复，开创性地研发了苔藓结皮的人工培育恢复技术体系，并进行了小规模应用示范。该书的出版必将为黄土高原生物结皮研究的进一步深化起到推动作用，为生态修复新途径——生物结皮人工培育技术实现工程化和规模化提供借鉴，也为相关学科领域学者、高校师生及管理人员提供有益参考。

谨以此序与读者共勉。

傅伯杰

中国科学院院士

2021年6月，北京

前　言

黄土高原北起长城，南至秦岭，东接太行山，西抵日月山，总面积约 64 万 km^2，土层厚度多在 50～80m，占世界黄土分布面积的 70%，是世界上最大的黄土堆积区。黄土高原水土流失与干旱缺水两大问题并存，是一个特殊的生态脆弱区。我国实施退耕还林(草)工程以来，黄土高原的植被盖度从 31.6%上升至 63.2%，在此期间生物结皮也得以广泛发育。如果把乔、灌、草等维管植物比作陆地的“毛发”，那么生物结皮可以称为地表的“皮肤”。这一薄层“皮肤”具有多种生态功能，对于维持生态系统的稳定性极其重要。20 世纪 90 年代以来，生物结皮受到科学家越来越多的关注，我国有关生物结皮的论述主要针对荒漠地区，涉及黄土高原生物结皮的论文较多，但缺乏系统性成果介绍的专著。

近 15 年来，在国家自然科学基金、国家重点研发计划等项目的支持下，本书作者及团队立足黄土高原，针对生物结皮的若干科学问题持续攻关，对黄土高原生物结皮的发育演替、空间分布、生态功能、干扰响应等形成了较为系统的认知，在培育恢复技术研发等方面也取得了一定进展，形成了一套生物结皮快速培育恢复技术体系，并在生产建设工程中进行了小规模的应用示范。在国家高度重视生态文明建设的新时期，生物结皮生态修复技术的产业化有望在生态环境工程领域掀起一场革命，也将为我国的生态环境事业做出巨大贡献。基于此，本书作者总结了十余年的研究成果，梳理并撰写成书。本书研究逻辑清晰、层层递进，辅以试验过程中的各类影像照片，系统展示了黄土高原生物结皮的研究成果。希望本书在普及黄土高原生物结皮知识的同时，能激发读者的探索兴趣与研究灵感，更期待能与科研同行进行深入的交流和探讨。

本书是作者研究团队的科研成果汇集，先后有 20 多位科研人员和研究生参与了室内和野外试验、数据分析及书稿撰写等工作。卜崇峰制订编写大纲、提出写作思路，并整理所需数据资料。各章撰写分工如下：第 1 章，卜崇峰、王春、孙占锋；第 2 章，卜崇峰、鞠孟辰、孟杰、张朋；第 3 章，郭琦、孟杰、吴淑芳；第 4 章，韦应欣、李亚红、孟杰、张侃侃；第 5 章，田畅、鞠孟辰、叶菁；第 6 章，卜崇峰、王春、陈祥舟、周雯娟、杨永胜、李茹雪、赵洋、鞠孟辰、王清玄。全书由卜崇峰审阅并统稿，庞景文、江熳、莫秋霞和王鹤鸣在制图与细节完善方面做了大量工作。

感谢中国科学院水利部水土保持研究所、西北农林科技大学、水利部水土保持生态工程技术研究中心、神木侵蚀与环境试验站、杨凌水土保持野外科学试验站在研究过程中给予的大力支持。感谢科学出版社的鼎力支持与协助，特别感谢祝洁编辑在后期修改过程中提出的宝贵建议。

生物结皮是生物与土壤在特定环境下相互作用形成的复杂有机聚合体，尽管已进行了十多年的探索，但仍然有许多理论问题和实践瓶颈亟待解决。因作者学识有限，书中不足之处在所难免，敬请读者批评指正。

目　　录

第1章　绪　　论

1.1　生物结皮的组成与演替

1.1.1　生物结皮的组成

生物土壤结皮(biological soil crusts，BSCs)，简称“生物结皮”(biocrusts)，是由藻类、地衣、苔藓等光能自养生物与细菌、古生菌、地衣化和非地衣化真菌等异养生物在土壤表层组成的复合层(Warren et al., 2018；Colesie et al., 2017；Weber et al., 2016)。其中，光能自养生物决定了生物结皮的生物量，是生物结皮群落生产力的主要贡献者，包括藻类、地衣和苔藓等初级生产者；异养生物则决定了生物结皮的生物多样性，主要包括起分解和代谢作用的细菌、真菌、古生菌及原生生物等(李新荣，2012；Bowker et al.，2010；Lalley et al.，2006；Shepherd et al., 2002)。相比异养生物，已有研究工作对生物结皮中的光能自养生物给予了更多的关注。

1. 藻类

藻类指一类叶状植物(thallophytes)，没有真正的根、茎、叶分化，由一个或几个细胞组成(包括原核和真核两种类型)，以叶绿素 a 为光合作用的主要色素，繁殖细胞周围缺乏不育的细胞包被物，起源可追溯到公元前 35 亿年(李，2012；黎尚豪等，1998；福迪，1980)。生物结皮中的藻类有蓝藻、绿藻、裸藻及硅藻等，其中以蓝藻为主，绿藻次之。蓝藻以丝状蓝藻居多，主要分布在结皮最表层，能够进行光合作用，具有很强的耐干旱、高温和强辐射及自我修复能力，因而适应性强、分布广泛，为生物结皮提供了大量的生物量(Burkhard，2005)；绿藻多为球状藻类，主要位于中间层；裸藻和硅藻主要集中在藻类结皮的下层(张丙昌等，2005a；胡春香等，1999)。

不同气候区域或不同生态系统之间，藻类组成存在很大的差别，荒漠生态系统中蓝藻以微鞘藻属(*Microcoleus*)和念珠藻属(*Nostoc*)最为常见，其中微鞘藻属多以束状形式存在，是生物结皮中最先出现的藻类；念珠藻属具有较高的氮元素转化速率，能够促进生物结皮生长发育(Ferran et al.，2009；Johnson et al.，2005)。杨丽娜(2013)在黄土高原地区的研究中共鉴别出蓝藻 5 目 5 科 13 属 76 种，包括色球藻科(Chroococcaceae)、伪枝藻科(Scytonemataceae)、胶须藻科(Rivulariaceae)、颤藻科(Oscillatoriaceae)和念珠藻科(Nostocaceae)，节旋藻属(*Arthrospira*)、色球藻属(*Chroococcus*)、集胞藻属(*Synechocystis*)、单歧藻属(*Tolypothrix*)、伪枝藻属(*Scytonema*)、尖头藻属(*Raphidiopsis*)、束藻属(*Symploca*)、鞘丝藻属(*Lyngbya*)、颤藻属(*Oscillatoria*)、席藻属(*Phormidium*)、微鞘藻属(*Microcoleus*)、念珠藻属、鱼腥藻属(*Anabaena*)，其中颤藻属为优势属；不同侵蚀区域有不同的优势种，水蚀风蚀交错区、水蚀区、风蚀区的优势种分别为阿氏鞘丝藻(*Lyngbya allorgei*)、含钙席藻(*Phormidium calciola*)、颗粒颤藻(*Oscillatoria granulata*)。

2. 地衣

地衣结皮是一种真菌与藻类以紧密而特殊的共生关系形成的复合真核生物体，藻类和真菌细胞被胶质蛋白连接在一起，藻细胞完全被菌丝所包围(Trembley et al.，2002)，表现出与普通真菌、普通藻类及蓝藻均不同的独特形状。地衣结皮中的物种多样性高于演替之前的藻类结皮，但真菌贡献的生物量较少(Bates et al.，2010)，仍然以共生藻类为主要的初级生产者，其中80%的藻类生物量聚集在表层1mm范围内的土壤和原植体中，且随着土层深度的增加而减少(Wu et al.，2011)。藻类以蓝藻和绿藻为主，可分别作为光合生物体形成蓝藻地衣和绿藻地衣，且蓝藻地衣的生态功能较强(Pietrasiak et al.，2013)。地衣的形态特征由真菌决定，且这种真菌只存在于地衣中，因此地衣被认为是生物共生中的典型例子(陈健斌，1995)。地衣生命力顽强，广泛分布于世界各地，其分布面积约占全球陆地面积的8%(Brodo et al.，2001)，与植被、土壤和气候条件密切相关(Root et al.，2012)。由于地衣对环境敏感性较高，故常分布于高寒极地、高山冻原、悬崖峭壁等条件恶劣、人为干扰少、污染较小的地区，且往往成为当地的优势物种；同时地衣可以用来监测大气污染(Culberson et al.，1974)，“地衣与空气污染”在国际上已成为一个专门的研究领域。

世界范围内已知的地衣有两万多种(阿不都拉·阿巴斯等，2018)；已报道的中国地衣型真菌有三千多种，隶属444属，包括子囊菌415属3041种、担子菌3属9种及地衣外生真菌26属35种，其中地衣外生真菌包括子囊菌23属31种、担子菌3属4种(魏江春，2018)。新疆准噶尔盆地沙漠南缘的地衣共5目10科13种，具体为藓生双缘衣〔*Diploschistes muscorum* (Scop.) R. Sant.〕、拟橙衣〔*Fulgensia bracteata* (Hoffm.)Räsänen〕、丽石黄衣〔*Xanthoria elegans* (Link) Th. Fr.〕、准噶尔橙衣(*Caloplaca songoricum* A. Abbas)、鳞网衣〔*Psora decipiens* (Ehrh.) Hoffm.〕、胶衣珊瑚变种〔*Collema tenax* var. *corallinum* (Massal.) Degel.〕、坚韧胶衣(*Collema tenax* Sommerf.)、金黄茶渍〔*Candelariella aurella* (Hoffm.) Zahlbr.〕、碎茶渍〔*Lecanora argopholis* (Ach.) Ach.〕、鳞饼衣〔*Dimelaena oreina* (Ach.) Norman〕、

脱落网衣(*Lecidea elabens* Fr.)、糙伏毛微孢衣〔*Acarospora strigata* (Nyl.) Jatta〕与土生鳞核衣〔*Catapyrenium perumbratum* (Nyl.) Wei〕(艾尼瓦尔·吐米尔等，2006)；宁夏沙坡头地区的地衣物种主要以胶衣属(*Collema*)和石果衣属(*Endocarpon*)为主，其中球胶衣(*Collema coccophorum* Tuck.)、坚韧胶衣和石果衣(*Endocarpon pusillu* Hedw.)盖度较高，为优势物种，其他种，如沙坡头石果衣(*Endocarpon shapotouenis*)等盖度相对较低(王治军，2017)。

3. 苔藓

苔藓一般包括苔类植物和藓类植物。苔类植物常是左右对称的叶状体或具2～3 列、有背腹面之分的茎叶体；发育完全的藓类植物具有假根、茎、叶、枝和雌雄生殖器官，多数呈辐射对称状，叶片在茎上螺旋排列。苔藓植物矮小、结构简单，仅具有茎和叶结构，没有真正的维管束组织和根系，也不具有角质层；繁殖方式多样，具有明显的世代交替特征，其中，无性繁殖在其生活史中占有重要地位(吴鹏程，1998；Wyatt et al.，1988)。在环境条件不利时，苔藓植物通常以无性繁殖的方式进行拓殖。

在我国北方荒漠地区，苔藓结皮主要以真藓科(Bryaceae)、丛藓科(Pottiaceae)、紫萼藓科(Grimmiaceae)等旱生藓类和广布种为主要优势种(徐杰等，2003；张元明等，2002)。旱生藓类具有一系列适应干旱、极端温度和强辐射的形态、生理特征和繁殖策略。在一些草本植物无法长期生存的地方，它们可通过休眠的方式度过严重干旱缺水的季节，遇水后又很快复绿成活。黄土高原六道沟小流域内，分布最为广泛的藓种为狭网真藓(*Bryum algovicum* Sendtn. ex Müll. Hal.)、真藓(*Bryum argenteum* Hedw.)和尖叶对齿藓〔*Didymodon constrictus* (K.) Saito.〕，这些藓种也是生物结皮的优势种；其次为钝叶芦荟藓〔*Aloina rigida* (Hedw.) Limpr.〕、北地扭口藓(*Barbula fallax* Hedw.)和黑对齿藓〔*Didymodon nigrescens* (K.) Saito〕。此外，盐土藓〔*Pterygoneurum subsessils* (Brid.) Jur.〕、厚肋流苏藓〔*Crossidium crassinervium* (De Not.) Jur.〕、硬叶对齿藓(*Didymodon rigidulus* Hedw.)、长尖对齿藓〔*Didymodon ditrichoides* (Broth.) X. J. Li & S. He〕和丛生真藓(*Bryum caespiticium* Hedw.)的分布范围相对较小，净口藓(*Gymnostomum calcareum* Nees & Hornsch.)、宽叶真藓(*Bryum funkii* Schwägr)和平蒴藓〔*Plagiobryum zierii* (Hedw.) Lindb.〕则为偶见种(孟杰，2011)。在黄土丘陵区陕西省延安市安塞区的退耕地上，生物结皮层中有藓类植物共 2 科 7 种，分别为丛藓科的土生扭口藓(*Barbula vinealis* Brid.)、细叶扭口藓〔*Barbula perobtusa* (Broth.) Chen〕、尖叶扭口藓(*Barbula constricta* Mitt.)、绿色流苏藓〔*Crossidium squamiferum* (Viv.) Jur.〕、皱叶毛口藓(*Trichostomum crispulum* Bruch)、钝叶芦荟藓及真藓科的刺叶真藓(*Bryum lonchocaulon* Müll. Hal.)，其中以土生扭口藓为优势种(赵允格等，2008)。黄土高原其他地区生物结

皮中的藓类植物组成还鲜见报道。

4. 异养微生物

除了上述光能自养生物外，生物结皮中还包括大量的细菌、真菌、放线菌及原生生物等异养微生物。在干旱、半干旱地区，它们具有适应极端环境的能力，并可通过自身结构及代谢方式改变表层土壤的理化性质，为藻类和苔藓的入侵创造有利条件。因此，异养微生物被认为是生物结皮的组织者和建设者(闫德仁等，2008)。

生物结皮中的异养微生物类群组成数量为细菌>放线菌>真菌，在黄土高原地区，不同类型生物结皮中细菌、放线菌和真菌数量分别占异养微生物总数的53.12%～72.09%、27.49%～46.80%和0.08%～0.92%(胡忠旭等，2017；边丹丹等，2011)。

细菌的多样性显著高于真菌。研究发现，美国科罗拉多高原，我国古尔班通古特沙漠、腾格里沙漠及黄土高原等发育较为成熟的生物结皮中细菌均以蓝细菌门(Cyanobacteria)、变形菌门(Proteobacteria)和放线菌门(Actinobacteria)为主(陈青，2014；Li et al.，2014；Gundlapally et al.，2006)。细菌在生物结皮形成、演化的生物地球化学循环过程中发挥着重要作用。在以色列内盖夫沙漠(Grishkan et al.，2006)，美国科罗拉多高原(Bates et al.，2009)、怀俄明州、犹他州(States et al.，2001)、亚利桑那州(Bates et al.，2010)及我国宁夏荒漠草原等地区(徐春燕等，2019)，生物结皮中的真菌大多隶属于子囊菌门(Ascomycota)。放线菌门能够分解有机质及多数细菌和真菌不能分解的有机化合物，对高温、干燥及碱性条件适应性较强，是干燥生物结皮中的主导菌种，但当培养环境发生改变后很快会被其他菌种所取代(Angel et al., 2013)。

异养微生物的数量、分布与多种因素有关，表现形式也各不相同。随着土层深度增加，细菌总量逐渐增多，放线菌总量逐渐减少，而真菌总量表现为先增后减的趋势。这些变化特征与生物结皮的类型、分布及土壤有机质含量等因素有一定相关性。踩踏干扰可显著改变土壤异养微生物的群落结构，各类群对踩踏干扰的反应具有差异性。真菌与踩踏干扰的相关性最高，且波动范围大、周期长，而细菌和放线菌对踩踏干扰不敏感，影响较小；同时，踩踏干扰改变了异养微生物各类群在垄间低地的数量垂直分布格局，但并未改变其区系组成(包天莉等，2019；吴楠等，2006，2005)。

1.1.2 生物结皮的演替过程

Eldridge 等(1994)提出生物结皮演替的次序为藻类结皮、地衣结皮、苔藓结皮，这种观点被后来的诸多研究人员引用。我国学者通过观察荒漠区人工植被区内生物结皮的发生学特点及其对植被的影响，将其演替过程划分为早期阶段(土壤酶和土壤微生物阶段)、藻类结皮阶段、地衣结皮阶段、苔藓结皮阶段(张元明等, 2010；李守中等，2008)。由此可见，苔藓结皮是生物结皮演替的最高阶段。在我国科尔沁沙地，苔藓结皮的厚度、黏粉粒含量以及有机质、全氮、全磷及速效氮等养分含量均最高，其次为地衣结皮，藻类结皮最低，从侧面印证了这一演替过程(郭铁瑞等，2007)。但当环境条件适宜时，也会出现跨越某个阶段直接发育到更高级阶段的现象(胡春香等，2003)。

从时间上看，生物结皮的形成和演替是一个形态、组成、结构及生态功能由简单到复杂、由低级到高级的动态变化过程(张元明等，2010)。研究表明，土壤颗粒组成是生物结皮形成的主导因素，大量粗粉砂(0.01～0.05mm)的出现是生物结皮发育的物质基础和前提条件(朱远达等，2004；段争虎等，1996)，其发育至少需要 4%～8%的黏粒和粉粒(Danin et al.，1989；Anderson et al.，1982)。在形成稳定的藻类结皮之前，沙粒的黏结主要靠土壤微生物完成，一些低营养细菌分泌的大量黏性物质(如胞外多糖)可以将土壤颗粒黏结在一起，此时形成的生物结皮抗干扰破坏能力差，极易破碎；之后，当土壤养分积累到一定程度，外界条件适宜时，藻类植物(特别是丝状藻类)大量出现，改变了沙粒间的黏结方式和强度，生物结皮进一步发育，具有一定抗外界干扰破坏的能力；当土壤环境(养分、水分、稳定性等)进一步改善，地衣和苔藓结皮开始入侵，藻类生物量也发生变化，生物结皮发育逐渐趋向稳定(张元明，2005；胡春香等，2003；Li et al.，2000；Greene et al.，1990)。

1.1.3 生物结皮发育的影响因素

生物结皮的发育演替受不同因素的共同作用，包括生物、环境及干扰历史等(Belnap et al.，2003)；在不同的环境条件下，其生长发育所受到的限制性因素也不尽相同(焦雯珺等，2007；Thomas et al.，2006；张元明等，2004；Ponzetti et al.，2001)。综上，可将这些影响因子大致分为降水、温度、土壤、植被及干扰等。

Ram 等(2007)发现不同气候带降水量是影响生物结皮发育与演替的关键性因子，地表越潮湿，生物结皮厚度越大，组成生物结皮的土壤细颗粒和有机质也更丰富。从大尺度上讲，在极度干旱到半干旱的降水带上，分布着几乎所有演替阶段的生物结皮。在小范围内，水分会促进生物结皮的发育，但不能决定生物结皮各演替阶段的分布(Thomas et al.，2006；Rogers，1972)。干燥失水条件下，苔藓结皮的茎叶快速失水变黄，与正常的绿色茎叶相比，其光化学性能、光合色素含量、再生潜力、性别表达水平、生长速率和生产力明显降低。然而，绿枝的老叶片并没有表现出明显的活力下降，表明失水主要影响较年轻的组织(Barker et al.，2005)。区域尺度上的气候变异，尤其是降水变化，直接决定着生物结皮群落功能群的演变。在小尺度上，土壤表层复杂的微地形是形成和维持生物结皮多样性的关键因子，而大气降尘的捕获及在地表的沉积则直接调控着生物结皮群落生物多样性的组成、结构和功能。

植被对生物结皮生长发育的影响是复杂的，存在一个先促进后抑制的过程，且不同植被的影响程度不同(卢晓杰等，2007)。生物结皮的出现在一定程度上改善了土壤结构，为更高级的植被创造了适宜的生存环境，而植被也可为生物结皮提供遮阴条件，进而促进生物结皮的生长发育(Belnap et al.，2001)。然而，随着植被的逐渐发育，其与生物结皮直接竞争光照和水分，二者盖度呈负相关关系(Malam-Issa et al.，2001)。焦雯珺等(2007)在黄土高原地区的研究发现生物结皮盖度会随着维管植物盖度的增加而增加，但随着植物种数的增加，生物结皮盖度反而下降；此外，生物结皮盖度还受到植被结构的影响，具体表现为草本植被>乔灌草植被>灌草植被。张健等(2008)认为黄土丘陵区植被枯落物的厚度和盖度是其下生物结皮退化的主要原因，这可能与枯落物本身的特性有关。

干扰是造成生态系统空间异质性的主要原因，影响其组成和结构(Eichberg et al.，2006)。生物结皮对许多干扰的响应比较敏感，包括人类活动、气候变化、火灾和外来物种入侵等(Yüksek，2009；Brotherson et al.，1983)。这些干扰改变了土壤养分循环、持水能力、土壤稳定性与土壤酶活性等(Belnap, 2002, 1995；Belnap et al.，1997)，进而对生物结皮盖度、株密度及物种组成产生影响(叶菁，2015；卢晓杰等，2007；Belnap et al.，2003；Ponzetti et al.，2001)。来自美国犹他州的研究结果显示，放牧干扰区生物结皮盖度明显低于无放牧干扰区，且干扰后的生物结皮恢复速率十分缓慢，需要15～40年才能完全恢复(Anderson et al.，1982)。经常受到干扰的土壤只适合大型丝状蓝藻生长，持续的物理破坏导致生物结皮死亡及土壤功能退化，无稳定的生长环境供后期演替的物种发育，从而限制了微生物多样性，进而改变其生态功能(Belnap et al.，2003)。

生物结皮的恢复是一个缓慢的过程，一旦受到干扰，其恢复通常需要几年到几十年不等(Belnap et al.，1993)。根据Belnap等(2003)的观察，生物结皮对踩踏干扰的抵抗力表现为苔藓结皮＜地衣结皮＜藻类结皮，即地衣结皮比苔藓结皮对踩踏干扰的抵抗力强(Muscha et al.，2006)，但藻类结皮最终会取代其他物种成为优势种(Belnap et al.，2006)；生物结皮恢复速率表现为雨季干扰快于旱季干扰，且藻类结皮＞苔藓结皮＞地衣结皮(杨雪芹，2019；王闪闪，2017)。干旱时生物结皮更容易受到干扰，当受到家畜的过度踩踏时，会立即降低生物结皮的恢复能力，干旱的严重程度或强度的变化可能会加剧这种情况(Williams et al.，2008)。夏季气温及降水量的变化也会影响生物结皮生长发育，气温升高可导致后期演替的胶衣属地衣、念珠藻属、伪枝藻属蓝藻的丰度和生理功能急剧下降(Bowker et al.，2002)；而夏季降水量的增加可导致美国科罗拉多高原和莫哈韦沙漠胶衣属地衣盖度与生理指标降低(Housman et al.，2006；Belnap et al.，2004)。Eldridge等(1997)

通过连续7年火烧澳大利亚半干旱地区木本群落发现，生物结皮中的微生物全部消失，且菌丝体、凝胶体和黏液质鞘也遭到破坏，但仅过4年就可恢复。有研究表明，在半干旱地区，生物结皮能促进植物幼苗的定植，但同时会减少土壤水分渗透量，加速蒸发，对多年生植物的生长产生抑制作用(Langhans et al., 2009)；而适当的干扰可促进生物结皮中的氮元素释放，提高其他植物种子的发芽率。因此，为了生物结皮和其他植被的共存，有必要采取一定的干扰措施(Beyschlag et al., 2008)。

土壤pH通过土壤溶液中的氢离子和氢氧根离子浓度来衡量土壤酸碱反应的强弱。生物结皮中微生物的生长环境都有一个最佳pH范围，且对周围pH的变化反应敏感，过酸或过碱的环境都会使菌体表面的蛋白质变性，最终导致生物体死亡。大多数微生物的生长环境pH为5.0～9.0，但不同种类的微生物最适合生长的pH范围是不同的，相应的，生物结皮在不同发育阶段可适应的pH范围也是不同的。泥炭藓(*Sphagnum palustre* L.)在pH为3.0～3.5时会出现死亡，在6.0～6.5时生长最好，说明泥炭藓不适合在过酸的环境中生长(王晓宇，2010)；尖叶扭口藓的最适pH为7.0(陈蓉蓉等，1998)。人工培育时，最适苔藓结皮生长发育的pH会随着培养基的改变而有所调整，且培养基的pH会对苔藓结皮孢子萌发及原丝体生长产生影响(Beike et al., 2015)。大灰藓(*Hypnum plumaeforme* Wils.)和大羽藓〔*Thuidium cymbifolium* (Doz. et Molk.) Doz. et Molk.〕在Murashige & Skoog(MS)培养基中的最适pH分别为3.5～8.0和4.5～8.0；在Knop培养基中的最适pH分别为3.0～11.0和3.5～11.0；在White培养基中的最适pH分别为3.0～10.5和3.0～11.0(刘伟才，2009)。目前，有关土壤pH对生物结皮生长发育的影响只局限在部分藓种，且少见其对生物结皮中微生物活性影响的研究，可见，对此还需更加深入的探索。

综上可知，受各种环境因素的影响，不同气候区和不同土壤条件下生物结皮的发育特征并不一致，各种因素相互影响、共同促进着生物结皮的发育演替。从时间尺度上，处于不同发育阶段的生物结皮对环境的适应性及所受到的主要制约因素也会相应发生变化，解析这些问题还有待更深入的研究。

1.2 生物结皮的空间分布

1.2.1 生物结皮空间分布的影响因子

生物结皮可在寒冷或炎热的干旱、半干旱地区发育并拓展，这些地区天然和半天然植被的平均盖度通常低于30%，其余空间往往被生物结皮占据，在部分发育良好的地区，其盖度能达到70%以上(Belnap et al., 1993)。生物结皮面临不同的宏观气候和微环境，使得它们的结构及分布非常复杂，在不同尺度下具有一定的空间分异特征，在局部微环境中也有明显的选择性(Chen et al.，2005)，其分布本质上是生物与环境相互作用、相互影响的一种综合表现(Kidron et al.，2000)。在陆地范围内，温度和降水对生物结皮分布的影响最大(Rogers，1972)；在区域尺度上，土壤类型尤其是土壤质地的影响最大(Belnap et al.，2003)；对于局部地区而言，由于植被与之直接竞争光照、水分等要素，抑制了生物结皮的分布(Housman et al.，2006；Malam-Issa et al.，1999)。Grishkan 等(2006)认为相比宏观环境，土壤含水量、温度和有机物含量等微观环境对生物结皮发育的影响更为显著，Li 等(2010)的研究也持有类似观点。

土壤水分普遍促进生物结皮的生长发育。有研究表明，由于植被产生的有利条件(较高的土壤含水量)，冠层下的生物结皮最易生存(Petrou et al.，2012)。在沙漠地区，当有露水、雾气或临时降水将其湿润且气候较凉爽时，生物结皮的生长速率和向外扩展速率最快(Kidron et al.，2002)。在新疆古尔班通古特沙漠中，降水决定了生物结皮的分布类型，藻类结皮主要出现在降水量较小的北部，而苔藓结皮在降水量高的南部地区更为普遍(Chen et al.，2005)。Zaady 等(2010)的研究表明，不同的干旱程度对应不同的演替阶段。因此，可将干旱程度与其他相关指标结合，用作生物结皮的生态系统功能指标(Bowker et al.，2008c)。同时，温度也是生物结皮空间分布的一个重要影响因素。因犹他州温度升高，胶衣属地衣的盖度从 1996 年的 19%下降到 2003 年的 2%(Belnap et al.，2006)。

此外，生物结皮分布对地貌部位有较强的选择性，一般阴坡土壤含水量和养分条件相对较好，生物结皮的盖度往往大于阳坡。藻类结皮因个体微小，光合作用需水量较低，同时可以抵抗辐射和高温，因此在辐射较强的阳坡和裸地依然可以进行大面积发育(吕建亮等，2010)；而苔藓结皮多为阴生植物，对湿度条件要求较高(主要靠叶片进行吸水)，因此在土壤含水量较高的阴坡、沟坡和低洼地较为多见(赵允格等，2010)。在沙漠地区，沙垄顶部(流动或半流动沙丘)主要以微生物类群为主，沿垄顶向两侧坡间延伸依次发育有较弱的藻类结皮、充分的藻类结皮和地衣结皮，苔藓结皮则主要分布于土壤含水量较高的丘间低地，呈斑块状分布(张元明等，2005a)。黄土高原生物结皮主要分布于梁峁坡或梁峁顶上，偏向形成于地表环境相对稳定(干扰少且侵蚀微弱)和土壤含水量较高的区域。无论是在沙地地表还是黄土地表，生物结皮都有不同程度的分布和发育，其中沙地地表生物结皮多呈片状分布，具有明显的空间自相关性，变程在 90～100m，平均盖度在 30%以上；黄土地表生物结皮多呈斑块状分布，主要分布在山坡的边缘和末端，盖度大都在 20%以下；而在黄土与风沙土交界的低洼处，生物结皮的盖度可以达到 90%以上，厚度在 20mm 以上(Bu et al.，2016；张朋，2015；孟杰，2011)。

在黄土高原六道沟小流域，生物结皮对植物群落表现出明显的选择性，尤其喜欢生长在以沙蒿(*Artemisia desertorum* Spreng)为主的沙生植物群落和郁闭度较高的小叶杨(*Populus simonii* Carr.)林地当中；在黄土区的片沙部位往往与冠芒草(*Enneapogon desvauxii* P. Beauv.)(学名为九顶草)同步出现，此外在次生迹地上也时常会有发育。由枯落物和沙埋导致的光照减少或直接物理破坏，会减少生物结皮的存活率或抑制其恢复速率(Jia et al.，2008；Li et al.，2008；Neuman et al.，2005)。

可见，生物结皮的空间分布受到多种因素的影响，而其组成的复杂性使得自然界中很难找到仅含有苔藓、地衣或藻类的生物结皮，那些与生物结皮发育特征和生态功能有关的结果不能推广到其他区域(Muscha et al.，2006)。因此，对于特定区域的生物结皮，应进行专门研究以了解其形成机制和生态功能。

1.2.2 生物结皮空间分布的研究方法

作为生态系统的重要组成部分，通过遥感监测并追踪区域尺度生物结皮的格局和动态，是评价它在旱区生态系统中的作用并有效调控和科学管理这一资源的根本途径(Rodríguez-Caballero et al.，2014)。生物结皮空间分布的研究方法与其结构、性质和功能紧密相关，主要采用野外调查和遥感影像解译的方法进行研究(张元明等，2005a)。

传统的方法是通过野外典型样地调查，再对结果做定性或半定量描述，如简单相关分析、除趋势对应分析等(李新荣等，1998)。大尺度分布研究多利用遥感影像解译和野外实地调查相结合的方法，已取得了一定成果。Hill 等(1998)利用航拍照片和 10m 空间分辨率的高光谱影像，研究了以色列-印度边界的生物结皮，成功使用光谱混合分析得到生物结皮的分布图。Chen 等(2005)依托增强型陆地卫星专题绘图仪(landsat enhanced thematic mapper plus，Landsat ETM+)影像，建立了生物土壤结皮指数(biological soil crust index，BSCI)，较好地识别了新疆古尔班通古特沙漠地衣主导的生物结皮，但仍存在一些问题：当 BSCI 被应用到不同物种组成的陆地表面或者其他传感器时，或高、或低的探测临界应该通过经验的单独模拟决定；同时，尽管解译时的 Kappa 系数达 0.82，有、无生物结皮的探测精度达到 94.7%，但仅当生物结皮盖度超过 33%时，地衣结皮才能被有效区分。Karnieli(1997)构建了结皮指数(crust index，CI)，并依托航拍照片和陆地卫星专题绘图仪(landsat thematic mapper，Landsat TM)数据，绘制了以藻类结皮为主的空间分布图。

Weber 等(2008)基于田间光谱和小型机载光谱成像仪(compact airborne spectrographic imager，CASI)高光谱影像，分别应用 CI 和 BSCI 两种指数进行了试算分析，结果显示两个指数都不适合区分生物结皮和裸地。为此，他们发展构建了连续移除生物结皮识别算法(continuum removal crust identification algorithm，CRCIA)，该方法在南非北开普省(Northern Cape)地区应用后，Kappa 系数达到 0.83，得到了很好的分类结果。但是，该方法依然存在缺陷，即每个像元内，生物结皮的覆盖面积超过 30%时可以被准确分类，而低于此面积就不能准确地从裸地中分出。例如，植被盖度较低(5%～10%)时，裸地的光谱特征同生物结皮相似，两者不能得到有效区分。另外，灌丛下发育的生物结皮常被遮挡而不能被探测到，特别是当影像空间分辨率较大时，因此 CRCIA 法仅在无植被区才能适用。

Rodríguez-Caballero 等(2014)基于 CASI 高光谱影像研究发现，支持向量机(support vector machine，SVM)分类法能够较好地区分裸地、藻类结皮、地衣结皮、绿色植被、干植被等主要地被物，而光谱混合分析(spectral mixture analysis)法可以有效地量化像元内某一地被物的比例。但是，由于植被可能掩盖生物结皮的光谱特征，裸地上覆盖稀疏的植被时，解译结果精度并不高。

利用田间和遥感数据研究生物结皮空间特征的试验已证明了其巨大的潜力，但仍然存在许多技术问题亟待解决。当一个像元中生物结皮与裸地或植被之间的差别非常细微时，多光谱数据中生物结皮的光谱特征就不能被突出地识别。高光谱影像虽然可以识别这种细微差别，但在已有的应用报道中，还没有区分生物结皮类型的尝试。从线性光谱混合分析(linear spectral misture analysis，LSMA)(Smith et al.，1990)到多端元线性光谱混合分析(multiple endmember linear spectral misture analysis，MELSMA)方法(Roberts et al.，1998)的发展过程中，端元数量、端元混淆等问题逐步得到解决(Tits，2012)，但异物同谱问题依然是精确识别的障碍。Rodríguez-Caballero 等(2014)研究表明，SVM 法同可见光和近红外(450～800nm)光谱混合分析结合能够很好地区分生物结皮类型，解译效果非常好。然而他们的研究仅针对地衣结皮、藻类结皮及其他高等植被，并未涉及苔藓结皮，该方法是否适用于苔藓结皮广泛分布的地区还有待进一步验证。

综上可知，通过田间光谱测算，结合高光谱、高分辨率、多光谱遥感影像，是快速了解区域尺度生物结皮空间分布特征的有效方法。但由于影响因子的复杂性，不同发育类型、阶段生物结皮光谱特征表现出巨大的差异，同一生物结皮在不同环境条件下的光谱特征也不尽相同。因此，针对特定地区的生物结皮，充分了解其光谱的季节差异或不同环境条件下的光谱特征，构建合适的生物结皮识别方法，掌握区域尺度生物结皮的空间格局、分布面积，既是对生物结皮遥感监测研究工作的重要推进，也是科学评估其宏观生态功能的根本途径。

随着调查抽样技术和统计分析方法的进步和发展，数理统计已经形成一支庞大的应用统计分析家族，衍生出生物统计学、地统计学、社会经济统计学等多种应用统计学方法，并已广泛应用于生态学的研究中，如对应分析、典范对应分析、主成分分析、聚类分析、空间变异分析等，在研究景观的生态格局以及种群、群落和环境因子、环境梯度之间的相关性与对应关系方面，取得了许多成果和发现，为生态学研究者提供了新的研究工具和视角(张金屯，2004)。

数学建模是用数学的观点来看待和研究实际问题，将实际当中的问题转化为数字化、符号化的数学语言，对已知和未知信息进行整理，在作出合理前提和假设的基础上，用数学的思想和方法进行推理和解析，将问题表述为变量及其数量关系的数学表达式，即数学模型。通过模型来对实际问题进行解释或预测，并接受实际的检验。按照是否考虑随机因素可以将数学模型分为确定性模型和随机性模型(统计模型)。结构方程模型就是一种比较常用的统计模型，应用范围较广。作为一种结构化的多变量统计分析方法，其优点是能够同时处理多个因变量，并且容许自变量和因变量都含有测量误差，挖掘潜在因子和因子结构，为生态学中许多复杂问题的研究和解决提供了更为全面、系统和深入的方法，从而加深了人们对生态学等复杂系统问题和内在规律的认识和理解(Grace，2006；Shipley et al.，2006；Shipley，2000)。

基于以上遥感技术及统计分析方法，可通过调查统计、光谱测算，分析高光谱、高分辨率、多光谱影像，构建、修正、完善生物结皮的识别算法，获取生物结皮的空间分布状况。植被投影下方，可依靠研究区多样方调查统计结果，建立植被类型、环境因子等与生物结皮分布之间的关系，进而依据植被解译结果估算生物结皮的分布状况；同时，利用样方调查数据，检验、优化经验模型，获取植被投影下方生物结皮的类型分布及盖度信息。植被之间，可通过测算生物结皮的光谱特征，构建识别指数和算法，解译高光谱影像和无人机高分辨率影像数据，获取研究区生物结皮的空间分布状况。对于区域尺度而言，使用多光谱影像，采取面向对象的分类算法对地物类型进行识别，剔除诸如水体、道路、建筑物等不存在生物结皮分布的地物类型，获取研究区有生物结皮分布各地物类型的分布状况。同时，利用混合像元分解方法，获取像元内地物类型、生物结皮类型及盖度等信息，之后利用样方尺度的研究结果对区域尺度的反演结果进行检验、修正，以此提升结果的可信度。

1.3　生物结皮的生态功能

土壤侵蚀和退化是生态系统瘫痪的主要原因及表现形式。在高等植物无法立足的干旱、半干旱地区，生物结皮的存在就显得尤为重要。随着研究的深入，生物结皮的各种生态功能已逐渐被人们所熟知，其可通过影响土壤养分、土壤含水量、土壤稳定性、C 和 N 的循环以及维管植物的定植与生境的扩张，维持正常的生态系统功能(Darby et al.，2007；Li et al.，2006；Belnap et al.，2003)。系统研究生物结皮的各种生态功能，有助于快速了解土壤生物多样性丧失的后果及完善生物多样性-功能理论，对于生态系统的发展具有重要作用(Bowker et al.，2010)。

1.3.1　生物结皮的土壤养分累积作用

生物结皮可促进土壤养分循环，固定 C、N、P、S 等元素，加速腐殖质分解，进而促进土壤发育(Bu et al.，2015a；Beraldi-Campesi et al.，2009)。生物结皮中有机生物体的某些生物成分可通过光合作用和生物固氮增加土壤养分，其分泌的胶结物质可捕获空气中的扬尘，增加生物结皮厚度的同时也可增加土壤养分(Zaady et al.，1998；Belnap，1996；Rychert et al.，1974)，且可以通过减少土壤侵蚀而保护土壤养分不被流失(Kleiner et al.，1977)。随着生物结皮的不断发育、厚度增加，土壤养分积累效应越发明显，但大都集中在结皮层及下层 0～5cm 土壤，而对深层土壤的有机质、全氮及速效养分作用并不显著(郭铁瑞等，2008；张元明等，2005b)。据估计，陆地生物结皮的固氮速率为 3.14～45.63Tg/a，固碳速率为 0.31～0.84Pg/a(Rodriguez-Caballero et al.，2018)。在 N 含量相对较少的沙地内，生物结皮是当地 N 输入的一个重要来源，它可使土壤中的 N 含量增加 200%以上，并且 70%被蓝藻、地衣固定的 N 可释放到周围环境中，被维管植物、苔藓、真菌和其他微生物利用(Eldridge et al.，1998)。

生物结皮对 C、N 的固定能力与其颜色(Malam-Issa et al.，2009；Cornelissen et al.，2007)、丰度、物种组成、水合作用(Lange et al.，1998；Jeffries et al.，1993a，1993b)、发育程度、气候变化、外界连续干扰(Housman et al.，2006)等因素有关，而这些因素在一定程度上也会影响生物结皮的光合作用。生物结皮的颜色会影响下层土壤的温度，进而影响有机物的分解和 C、N 的循环；土壤含水量的增加可促使生物结皮由复杂类型向简单类型转化，从而提高其固氮及固碳能力(Li et al.，2010)，当生物结皮发生退化时，其向生态系统输入 C、N 的能力随之降低。对于光合作用而言，黑色生物结皮的净光合速率在土壤含水量为 40%～60%时达到最大值。此外，温度也会对其净光合速率产生影响。在美国犹他州的冷沙漠地区和新墨西哥州的热沙漠地区，温度分别大于 25℃和 35℃时，生物结皮的净光合速率均有所下降(Grote et al.，2010)。

除了能增加土壤养分外，生物结皮还能提高土壤酶活性，促进土壤发育(唐东山等，2007)。在沙漠地区，结皮层的各类土壤酶活性是相同地带流动沙丘表层酶活性的数倍甚至数百倍，土壤酶活性越强，越能加速土壤中各种酶促反应，有利于养分积累和土壤的改良，而积累的养分和改良的土壤反过来也会进一步促进生物结皮的发育。研究表明，6～10 月，生物结皮内部的固氮酶活性最高，且藻类结皮的固氮酶活性要高于地衣结皮和苔藓结皮(Wu et al.，2009)；沙土中土壤蛋白酶活性依次为苔藓结皮＞藻类结皮＞无结皮土壤(王素娟等，2009；陈祝春，1989)。

可见，生物结皮对土壤的养分积累具有明显促进作用。但因生物结皮形态较小，其在生态系统中的地位还未被人们所熟知。因此，开展系统研究，从微观尺度入手，了解生物结皮在固碳和固氮作用中的地位，从宏观尺度上利用遥感技术监测其在固碳、固氮作用中的分布格局，有助于评价其在整个生态系统中的地位。

1.3.2 生物结皮的土壤水文效应

天然降水是干旱、半干旱地区土壤水分的主要补给源，生物结皮对径流入渗、土壤蒸发的影响一直是生物结皮研究领域争议最大的热点问题，尽管国内外已开展了大量相关研究，但尚未形成一致的结论(Belnap，2006)。生物结皮的土壤水文效应主要包括对入渗、径流、蒸发及凝结过程的影响。其中，研究区域、研究方法、对照选取、降水条件、土壤因素及生物结皮类型(不同物种组成)等的共同影响，使得有关生物结皮对土壤水分入渗及蒸发影响的研究结果存在很大争议(李新荣等，2009)。

1. 生物结皮对入渗与径流的影响

生物结皮对土壤水分入渗和径流有促进、抑制及无影响三种情况。生物结皮增加入渗主要是由于其生物组分及微生物所产生的胶体物质和菌丝捆绑土壤颗粒和有机质，形成水稳性团聚体，提高了土壤的孔隙度，改善了土壤物理结构，增大了表层土壤粗糙度，进一步造成地表薄层径流流速降低，增加了雨水在地表的滞留时间，为水分向土壤入渗创造了条件，从而增加降水入渗总量。另外，生物结皮的存在抑制了物理结皮的形成，间接促进了水分入渗(Eldridge et al.，1994；Eldridge，1993；Greene et al.，1990；West，1990)。

来自黄土高原地区的研究结果显示，随着生物结皮盖度和厚度的增加，其内部结构更加紧密，使得生物结皮抑制了土壤的入渗能力，去除表层生物结皮后，土壤水分入渗速率和累计深度均不同程度增加(杨秀莲等，2010)。这是因为生物结皮能够堵塞地表基质孔，降低水分的入渗速率，导致水分入渗深度减小。同时，生物结皮会使表层土粒周边产生一层疏水性膜，降低了水分的入渗能力(Brotherson et al.，1983；Bond et al.，1964)，国内相关研究多支持这一观点。当生物结皮抑制水分入渗时，可导致土壤干旱，加速植被退化。因此，应采取适当的干扰措施来改善当地土壤的水分环境，促进生态系统的正向演替(Ma et al.，2007；吕贻忠等，2004)。

除此之外，部分研究者支持生物结皮对降水入渗过程无明显影响。早在1993年，Eldridge 通过对比研究有藻类结皮和无藻类结皮土壤水分入渗过程，发现有无藻类结皮覆盖对土壤入渗过程无明显影响。后续研究表明，生物结皮对土壤水分入渗过程的影响主要取决于土壤物理性质，而非生物结皮的存在与否(Eldridge et al.，1999)。杨永胜(2012)在毛乌素沙地对不同盖度生物结皮覆盖的土壤进行入渗试验，结果显示：尽管高盖度的生物结皮会降低土壤入渗速率，但由于沙区土壤表层孔隙较大，生物结皮对沙区入渗总量并不会产生明显影响。生物结皮对降水入渗的主要影响是降低了雨水的入渗深度，将有限的降水截留在浅层土壤，减少了雨水对深层土壤水分的补给，这不利于毛乌素沙地深根性灌木的生长。

对于径流而言，坡面上的径流量与入渗量成反比。生物结皮中含有亲水和疏水分子的聚合物，而微生物孔隙的数量、藻类的微观形态等在调节土壤水分状况中起着重要作用(Malam-Issa et al.，2009)。二维孔隙度研究表明，生物结皮具有较好的孔隙体系，以及特定的中–大孔隙形态特征(Miralles-Mellado et al.，2011)。在黄土高原地区，储水能力为苔藓结皮＞地衣结皮＞藻类结皮＞无结皮(王翠萍等，2009；郭轶瑞等，2008)。蓝藻结皮中含有大量疏水聚合物和多糖，疏水聚合物可防止生物结皮快速湿润，而多糖则具有较好的持水能力。疏水聚合物的疏水作用在结皮变湿润时即停止，多糖的持水能力未受影响，因此径流量增加，且径流量随着生物结皮厚度的增加而增加(Malam-Issa et al.，2009)。

2. 生物结皮对蒸发的影响

土壤蒸发是土壤水文过程中一个极为重要的环节。生物结皮对蒸发的影响可分为促进土壤水分蒸发和抑制土壤水分蒸发两种(张志山等，2007)。Xiao 等(2010)认为有生物结皮覆盖时，土壤水分蒸发速率在蒸发初期显著降低，之后一直保持较高水平，这主要是因为生物结皮能够减少地表土壤孔隙，对地表土壤孔隙起到封闭作用，进而抑制土壤水分的蒸发(周丽芳等，2011；Brotherson et al.，1983)。促进土壤水分蒸发主要是因为生物结皮可快速吸收大量水分，截留 10%～40%的降水，防止雨水渗入土壤，延长了水分在地表的滞留时间，增加了土壤水分被蒸发的可能性的同时，也提高了浅层土壤的毛管作用，且生物结皮颜色较深，降低了地表反射率，进而促进了土壤水分蒸发(Li et al.，2008；张志山等，2007；李守中等，2005，2002；陈荷生，1992)。张志山等(2007)的研究结果则表明，当土壤含水量较高时，生物结皮会促进土壤水分蒸发，而当土壤含水量较低时，抑制土壤水分蒸发。周丽芳等(2011)通过覆盖生物结皮和模拟降水的方法研究了生物结皮对土壤水分蒸发的影响机理，认为生物结皮主要通过对降水的截留、阻碍扩散作用以及对下伏土壤性质的改变来影响土壤水分蒸发，其中生物结皮层抑制蒸发，而生物结皮对下伏土壤性质的改变促进蒸发，总体上生物结皮抑制土壤水分蒸发，但随发育程度的推进，这种抑制现象会逐渐转变为促进。

生物结皮通过对土壤水分入渗、蒸发的影响改变着土壤–植被系统中水分的空间分配格局。我国沙坡头地区微生物结皮对降水的拦截作用十分明显，该地区一年中有 10%～40%的降水被生物结皮拦截，不能渗透到深层土壤中(李守中等，2002)，致使土壤水分呈现浅层化趋势，不利于深根性灌木、半灌木的生长，而促进了浅根性植物生长。

1.3.3　生物结皮对土壤稳定性的提升

研究表明，无论生物结皮的类型如何，都可以通过增加土壤稳定性来抵御侵蚀，其在外观上的连续与否有可能改变土壤侵蚀力和土壤水分的作用方向，进而影响泥沙沉积和径流入渗(Cornelissen et al.，2007)。

生物结皮可通过提高表土养分含量、土壤表层生物活性，改变下伏土壤结构等来增强土壤表面黏结力，从而增加土壤稳定性，将土壤抗崩解效率和抗剪切效率分别提高 21.9%～43.5%和 17.9%～23.5%，进而有效减小风和水对表层熟化土壤的侵蚀，在一定程度上遏制水土流失(周小泉等，2014；李聪会等，2013；赵允格等，2006；Patrick，2002)。生物结皮中叶绿素 a 含量、胞外聚合物、有机体类型及形态等是影响其发挥抗蚀作用的主要因素，且叶绿素 a、胞外聚合物与土壤侵蚀性密切相关(Bowker et al.，2008a)。生物结皮中藻类分泌的丝状体及其胞外多糖形成网状结构，将地衣、苔藓等的地下菌丝和假根与土壤颗粒紧密黏结在一起，形成较为稳定的团聚体，同时包裹着藻体的胶质鞘也互相缠绕在一起，增大了这些网状结构的拉力，从而提高了土壤的致密度、紧实度和抗蚀强度，最终在地表形成一层厚而坚硬的“壳”，进而极大地提高了土壤的抗蚀性(Zhang et al.，2008；张丙昌等，2005b；胡春香等，2004；Belnap et al.，1997；Danin et al.，1989)。

生物结皮能够有效抵御雨后径流的冲刷，其抗水蚀能力是物理结皮的 3～5 倍，而生物结皮盖度的提高可延长土壤抗冲刷时间，减少土壤侵蚀率，当生物结皮盖度增大时，总侵蚀量呈指数递减，且沉积物中粗粒物质比例有所增大(冉茂勇等，2011；Eldridge et al.，1994；Greene et al.，1990；Greene et al.，1989)。Li 等(2002)通过观测和模拟试验发现，当昼夜降水强度达到 40mm 时，有生物结皮存在的地面才有径流出现，其中以苔藓结皮的减水蚀贡献率最大，在黄土高原地区，苔藓结皮的贡献率可达 80%以上(Bu et al.，2015a)。苔藓植物活体占生物结皮中生物量的比例是衡量生物结皮抗冲能力的重要指标，其与土壤抗蚀能力具有显著正相关性，当苔藓结皮的盖度达到 60%～80%时，结皮层下的粗砂含量较初发育的藻类结皮低，这使得土壤可蚀性 K 也相应降低(高丽倩等，2013，2012；卜楠，2009)。降水时，苔藓结皮阻断了雨水对地面土壤的直接冲击，有效地减少了冲蚀、溅蚀；同时，苔藓结皮层具备将雨水快速吸收、缓慢释放的能力，这对调节地表径流、保水和储水都起到了重要作用(叶吉等，2004)。在黄土丘陵沟壑区，随着退耕年限的增长，生物结皮盖度增加，细沟侵蚀量由退耕 3 年的 $632cm^3/m^2$ 减少为退耕 30 年的 $138cm^3/m^2$，侵蚀体积减少了 80%(张振国等，2006)。

除此之外，生物结皮还可以降低风蚀模数，减少输沙率，增大启动风速和空气动力学粗糙度等，具有很好的抗风蚀作用，且抗风蚀能力与其类型、结构和发育程度有关(Bu et al.，2015b；Zhang et al.，2008；张正偲等，2007)。在有植被生长的地方，生物结皮可以捕捉养分富足的粉尘，从而促进植物生长；同时，植被可为生物结皮抵挡风沙，两者相互促进，有利于沙区的防风固沙。无生物结皮沙面的起动风速为 8.42m/s，而未经干扰的生物结皮在 25～30m/s 的风速下仍未发现风蚀现象，且各类型生物结皮起动风速的大小顺序为苔藓结皮＞地衣结皮＞藻类结皮和藻类-地衣结皮，在毛乌素沙地，苔藓结皮减小风蚀的贡献率可达 90.6% (Yang et al.，2014；王雪芹等，2004)。快速培育的生物结皮也具有很强的生态功能，藻类结皮和苔藓结皮可分别减少 108.7%和 114.4%的风蚀量(杨延哲，2016)。

可见，随着苔藓结皮的生长发育，其在防风、固土、减蚀等方面扮演着越来越重要的角色。

1.3.4　生物结皮对植物群落的影响

生物结皮对于种子传播、种子萌发及维管植物的定植有着显著影响，这些影响有些是有利的，有些是不利的。

生物结皮改变了土壤表层性质，从而直接影响植物种子的散布、萌发和定居(Serpe et al.，2006；Rivera-Aguilar et al.，2005)。生物结皮表面的小裂缝和裂纹为种子定居提供了安全场所(Boeken et al.，2004)，而由于生物结皮的存在，土壤含水量(聂华丽等，2009)、有机质和养分含量增加(张克斌等，2008；Gardner，1993)，这些因素共同促进了种子萌发及幼苗生长。室内试验表明，无论生物结皮的发育年限和生长状况如何，均促进了腾格里沙漠超干旱地区 3 个乡土树种的种子萌发(Su et al.，2009)。种子萌发增大了植物密度，进而提高了地块内的生物量，最终对群落的多样性、稳定性及抗逆性等产生影响(庄伟伟等，2017；Su et al.，2009；苏延桂等，2007)。荒地中对生物结皮进行轻度干扰后可增加植被高度和丰度(Vassilev et al.，2011)。此外，生物结皮可提高植物对 C、N 的吸收，增加地上和地下的生物量，进而促进植物群落的正向演替(Zhang et al.，2015；Zhao et al.，2010；Boeken et al.，2004)。

然而，也有研究表明，在干旱和温带地区，生物结皮对植被的发育具有抑制作用。生物结皮的存在，使得种子萌发所需的水分不足且适宜生存的微环境被破坏(Beyschlag et al.，2008)，增加了种子的休眠概率，从而对种子的萌发产生抑制作用(Briggs et al.，2011；Deines et al.，2007；Prasse et al.，2000)。这种抑制作用取决于生物结皮的种类，相比于发育初期，演替后期的生物结皮对植物的发育更为不利(Langhans et al.，2009)。在一定条件下，灌木冠层可以保护生物结皮不受干扰且提供适当遮阴，进而促进生物结皮的生长(Belnap et al.，2001)。例如，在美国怀俄明州的草原上，灌木冠层下方的苔藓和地衣比灌木之间更丰富，长势也更优(Muscha et al.，2006；Gardner，1993)；禾本科植物下方生物结皮的发育程度是禾本科植物之间的 3 倍，这是因为禾本科植物可以提供良好的微环境(Aguilar et al.，2009)。化感作用是生物结皮影响植物生长发育的另一因素。蓝藻可产生少量对种子萌发有负作用的次生化感产物(Prasse et al.，2000；Zaady et al.，1997)，也有研究认为这些化感物质可促进种子萌发(Tooren，1990)。

生物结皮与植被之间关系复杂，多种因素的共同作用使得生物结皮与植被之间的联系更加紧密。因此，后续还需更加细致、深入的研究去探讨二者的联系。

1.3.5 生物结皮对重金属的富集作用

土壤重金属污染已被证实不仅危害植物生长，而且一旦进入人体，达到一定程度便会给人体造成不可逆的损伤。汞(Hg)、镉(Cd)、铅(Pb)、铬(Cr)、砷(As)、锌(Zn)、铜(Cu)、钴(Co)、镍(Ni)是重金属污染的主要元素，其中 Hg、Cd、Pb、Cr、As 的毒性较显著。生物结皮对重金属的富集作用具有选择性，对 Cr、Cd、As 等元素富集较多，而对 Hg、Ni、Zn、Cu、Pb、Co 等元素相对富集较少。在北极圈地区，Co、Cr、Cu、Fe、Hg、Mn、Ni、Pb 等元素都在生物结皮中被检测出(Wojtuń et al.，2013)。生物结皮产生的胞外聚合物能与重金属形成螯合物和络合物，提升微生物对重金属的吸附与固定作用。被富集的重金属主要存在三种形态：①可溶解于水或可与水形成胶体的大分子，主要由生物结皮的胞外聚合物吸附；②与生物质紧密结合的络合态，并直接被吸附在细胞表面，可被乙二胺四乙酸(EDTA)提取；③存在于细胞体内或者以无机固相的形式存在，不能被 EDTA 所提取(李智义，2017；Stewart et al.，2015)。生物结皮中的重金属含量随时间和空间的变化有着明显的累积效应，一般随着结皮发育时间的增加而增加，随着土层深度的增加而减少；在相同的发育年限下，苔藓结皮对重金属的富集能力大于藻类结皮(徐杰等，2013，2012)。

苔藓植物对重金属的敏感性及耐受性较好，使得其常被用来监测大气、水体和土壤等环境的变化情况，这由 Rühling 和 Tyler 于 1968 年首先提出，瑞典、芬兰、挪威、丹麦等国家率先使用，1979 年引入我国。苔藓结皮不含角质层和表皮层，这使得它们的叶片能高度地渗透微量元素。污染物从背腹两面侵入苔藓叶细胞，所含的金属元素被苔藓细胞壁上一些带负电荷的离子吸附，使得苔藓植物具有很强的吸附、保留重金属元素的能力(籍霞，2010；Büscher et al.，1990；Clough，1975)。此项技术主要被用来监测工业地区、采矿区及火力发电厂周边大气沉降重金属的富集，绘制地区和大气沉降重金属污染指示图(Schröder et al.，2011；Frontasyeva et al.，2004；Suchara et al.，2004)。苔袋法是一种常用的监测方法，操作简单，所用苔藓常来源于无污染区域，泥炭藓被认为是最佳藓种(Goodman et al.，1979；Goodman，1971)。

1.3.6 生物结皮与全球气候变化的关系

联合国政府间气候变化专门委员会(Intergovernmental Panel on Climate Change, IPCC)评估报告指出，1881～1981年，地球大气层的CO_2浓度上升了0.1‰，全球平均气温上升了约0.5℃。碳失汇是CO_2浓度上升的主要原因。土壤碳库是陆地碳库的主体，它的微小变化就可能导致大气CO_2浓度发生较大的变化，对全球气候变化构成潜在威胁。生物结皮碳库应隶属于土壤碳库范畴，是受人类影响最大、表现最为活跃的碳库之一。模拟气候变化试验表明，CO_2浓度上升、降水增加的条件下，生物结皮将成为旱区土壤更大的碳汇，在碳收支中发挥更大的作用(Lane et al., 2013)。无疑，若保护得当，生物结皮可以作为一个巨大的碳汇，为遏制全球变暖发挥积极的贡献作用；而一旦遭到干扰破坏、进入逆向演替，它将逆转为巨大的碳源，造成难以估量的碳失汇，对全球气候变化起到推波助澜的作用。目前，生物结皮约占全球陆地面积的12.2%，约为$17.9\times10^6 km^2$。然而，人为引起的气候变化和土地利用的集约化，在未来65年内生物结皮所占陆地的面积将会减少25%～40%，对气候变化的反应远比维管植物强烈(Rodriguez-Caballero et al., 2018)。目前，有关此方面的研究较为少见，不过有理由相信这将会是后续研究中的一个重要问题。

1.4 人工培育生物结皮

1.4.1 人工培育生物结皮的意义

随着国家经济快速发展、生产建设活动日益增长，造成了巨量的亟待恢复治理的土质或石质工程创面。这些生产建设活动对周围环境破坏严重，不仅改变了原有的地形地貌、地表覆盖物，降低了土壤稳定性、土壤肥力，同时也改变了地下水的水位、地表的热量环境和湿度环境，引发局部地区小气候变化，加大了水土流失的危险性。然而，在许多立地条件恶劣的土质高陡边坡或石质边坡上，传统的乔灌草维管植物治理措施往往存在不适宜或者成效低的困境。因此，寻找新的恢复治理途径已成为短期内改善其生态环境的当务之急。

生物结皮已被证实具有较强的水土保持及防风固沙的能力，而且在改善土壤理化性质(高丽倩等，2012)、提高土壤抗冲性(冉茂勇，2009)及抗雨滴溅蚀(杨凯等，2012；秦宁强等，2011)等方面具有十分显著的作用。同时，相较于其他高等植物而言，生物结皮对土层和营养物质的需求较小，施工成本更低。然而，生物结皮没有实根，不能像乔灌草植物那样由根系固定身形，这种结构上的特点决定了其抵抗人为干扰的能力较弱(李守中等，2005)，一旦遭到破坏，想要恢复便得重新开始。因此，研究人员试图像构建维管植物一样通过人工构建单一或多种生物结皮来改善生态环境。

2001年，魏江春院士提出“沙漠生物地毯工程”的概念，即以干旱荒漠地区所特有的、自然形成的“地毯式”生物结皮为模板，通过现代生物技术予以“复制”，为沙漠铺上微型生物结皮式的“地毯”，实现对沙粒的控制，2005年该工程正式启动(魏江春，2005)。在内蒙古沙漠地区人工接种藻类结皮的迎风坡上，建立了由10种物种组成的维管植物群落，背风坡上为9种，培育结束后，藻类结皮盖度增加了48.5%，共鉴定出14种藻类(Wang et al.，2009)。在内蒙古库布齐沙漠，将当地藻种培养后接种至沙丘表面，能够形成厚度为1～2mm的藻类结皮，经历20d左右达到稳定后，表征生物量的叶绿素a含量约为8μg/cm^2，抗剪强度也随着生物量的增加而增加，能够抵抗4级风力的吹蚀(Xie et al.，2007；杨俊平等，2006)。可见，短时间内通过人工培育生物结皮改善生态环境在理论上是可行的。

实现生物结皮的人工培育及大量快速繁殖，对于防治各种侵蚀、改善生态环境具有重要意义(Giraldo-Silva et al.，2019；Bu et al.，2013)。苔藓结皮是生物结皮演替的最高阶段，因此以苔藓结皮作为首选物种(Antoninka et al.，2016)，探究生物结皮的快速培育方法与人工苔藓结皮对不同生态环境的生理响应，并提高科学培育苔藓结皮的技术水平，对于后期的水土流失防治工作具有重要的指导意义。

1.4.2　人工培育生物结皮的方法

人工培育生物结皮的主要类型为苔藓结皮与藻类结皮。有关藻类结皮的培育主要集中在荒漠地区，而黄土高原则以苔藓结皮的培育为主。

苔藓结皮的繁殖包括有性繁殖和无性繁殖两种方式，当水分条件较好时为有性繁殖，苔藓结皮的精子和卵子相互结合发育形成孢子，再由孢子产生原丝体，进而形成配子托，最后发育形成完整的配子体，即苔藓植物体(白学良等，2003)；而在缺水条件下则更多通过无性繁殖来完成群落的扩展(陈圆圆等，2008；Wyatt et al，1988)，即连续分化产生小植株，从而产生大量新植物体。因此，孢子和配子体的茎叶碎片是进行苔藓结皮培育时的材料来源。

孢子是一种无性生殖细胞，具有形态多样性和遗传稳定性等特点，其萌发过程有明显的极向，一般为单极或双极，也有三极萌发(李琴琴等，2008)。不同种类苔藓植物孢子萌发的时间不同,其萌发初期主要的营养来源是自身的营养物质，而非外界营养，其萌发率受到温度、光照强度、生长基质、空气湿度及土壤pH等环境因子的影响(赵建成等，2002)。由于孢子体积小，不易收集，且产生概率较小(何红燕等，2009；李琴琴等，2008)，很少作为培育的首选。通过孢子快速形成配子体的研究主要为室内的组织培养，将孢子制成悬浮液后再接种到相应培养基中快速建立配子体再生体系。

茎叶碎片是苔藓植物在外力作用下或者一些植株本身分化出断离层，造成茎或者叶片断离植物体，是苔藓植物度过恶劣环境的主要方式(Wasley，2004)。相对于孢子体，苔藓结皮茎叶碎片的获得速度快、难度小且培育效果好，因此采用苔藓结皮的茎叶碎片进行人工培育是主要方式，主要种植方法如下。①孢子繁殖法：将成熟的孢蒴用竹筷碾碎后注入蒸馏水，制成孢子悬浮液接种；②断茎法：将剔除孢蒴的苔藓植物地上部分植株切碎，用碎片部分接种；③撒播法(碎皮法)：在野外采集苔藓结皮层，在遮阴状态下自然风干，将风干的苔藓结皮层用植物粉碎机粉碎成细土状，利用带土的茎叶碎片进行接种；④镶嵌法：收集田间苔藓结皮小片块，将其重新铺设至裸土表面；⑤分株法：将较完整的苔藓结皮层人为切成 1cm×1cm 的小块，将这些小块栽培于 1m×1m 的样方内(白学良等，2005)。除了上述方法外，种植苔藓的方法还有穴植法和覆土栽培法(周涛平，2012)。

陈彦芹等(2009)在人工培养箱条件下分别对比了孢子繁殖法、断茎法及撒播法对苔藓结皮形成过程的影响，发现在相同条件下，撒播法最有利于苔藓结皮盖度的发育，但难以保证其均匀性。镶嵌法与分株法不会造成有机体的大量破坏，容易控制均匀度和目标丰度的重复(Bowker et al.，2010；Zavaleta et al.，2007)，且有机体的均匀度及丰度的空间排列更易于控制，但缺点在于一块确定面积的生物结皮建设，可能意味着相等面积生物结皮的破坏。通过对比可以发现，撒播法具有易于操作和推广应用的优点，更加适用于苔藓结皮的人工培育，是短时间内构建生物结皮更有效的方法。本书中有关苔藓结皮的培育恢复也是基于苔藓结皮茎叶碎片及撒播法来实现的。

1.4.3　人工培育生物结皮的调控因子

黄土高原地区降水量高于干旱沙漠地区，因此苔藓结皮多为优势种。苔藓结皮作为最低等的高等植物，缺少真正的根系，通过大量假根固定植物体，其生长所需的各种营养元素则是通过植物体表面来吸收，属于典型的变水植物，体内的水分完全受外界环境条件的影响，极易失去水分。因此，当周围水分条件恶劣时，植物体便迅速失水转入休眠状态，遇水时则恢复正常的生理状态(Eldridge et al.，1997)。Maestre 等(2006)通过在半干旱退化土壤上接种生物结皮，研究了接种类型、施肥和浇水频率对蓝藻生长及生理特性的影响，结果表明接种 6 个月后，生物结皮的固氮率、CO_2净交换率和叶绿素 a 含量达到最大值的环境条件组合为悬浮液+堆肥+浇水每周 5 次，然而高浇水频率会导致蓝藻群落多样性较低。可见，除了苔藓结皮自身条件外，其他影响因子也会对其生长发育造成影响。本节将其归纳总结为环境因子、营养元素、生物添加及植物生长调节剂四类进行概述。

1. 环境因子

早有研究发现，水是影响苔藓结皮生长发育最主要的因子(Proctor，1972)。杨永胜等(2015)通过室内试验发现，当土壤含水量达到 25%～30%时，苔藓结皮盖度最大。Antoninka 等(2016)通过人工培育北美旱生优势藓种发现，浇水频率为 2 天 1 次的苔藓结皮生长发育最佳。胡人亮(1987)认为适宜大部分苔藓结皮生长发育的相对湿度应超过 32%。陈彦芹等(2009)发现，土壤相对含水量超过 60%才有苔藓结皮形成，而相对含水量达 100%时，苔藓结皮生长速率才能明显提高。刘俊华等(2005)的研究表明苔藓结皮的水分大部分来源于大气，将结皮层附近空气湿度维持在一个较高水平可以促进苔藓结皮的生长发育。

温度除影响周边环境外，还会对植物体内的各种生理、生化反应产生影响，适宜的温度可促进植物体内的新陈代谢，使各种酶的活性达到峰值，促进植物体的生长。苔藓结皮作为干旱、半干旱地区的先锋拓殖植物，能够忍受极端温度，对温度的适应范围相对比较广，但其生长发育仍需要适宜的温度。不同藓种所能忍受的最低温和最高温有所不同(刚永运，2001)。适合大多数苔藓结皮发育的温度集中在 10～21℃，部分藓种可提高到 30℃，当温度超过苔藓结皮的耐受极限时，会使叶绿体结构疏松产生气泡而导致细胞结构扭曲，从而抑制刺叶墙藓(*Tortula desertorum* Broth.)的生长(许书军，2007；胡人亮，1987)。Xu 等(2008)通过人工培养发现，昼夜温度分别为 10℃、20℃时，最适合刺叶墙藓发育；以银叶真藓(*Bryum argenteum* Hedw.)为优势种的苔藓结皮发育的最适温度为 15℃(张侃侃，2012)；湿地匐灯藓〔*Plagiomnium acutum* (Lindb.) T. Kop.〕和侧枝匐灯藓〔*Plagiomnium maximoviczii* (Lindb.) T. J. Kop.〕在夏季发育的最适温度为 20～35℃，冬季为 20～30℃(刘应迪等，2001)。在黄土高原地区，苔藓结皮和藻类结皮的最适温度分别为 20～25℃和 25～30℃(杨永胜等，2015；赵允格等，2010)。具鞘微鞘藻(*Microcoleus vaginatus*)的生物量和多糖产量与温度、光照强度和更新速率有关，当温度为 30℃±2℃，光照为 600～700μmol/(m^2 · s)时，每天用新鲜培养液更新培养液的 35%，可保证生物量和多糖产量处于合理状态(谢作明等，2008)。

光是贯穿于植物整个生长发育过程的重要调节因子，不仅可以诱导细胞分化、促进种子萌发，还可合成营养物质，促进植物生长。对于苔藓结皮，光照会影响原丝体的相互转变，诱导轴丝体的形成，在光照为 3500lx 时，原丝体开始生长，发芽数最多(Vashistha et al.，1987)。与其他高等植物相比，大部分苔藓结皮光饱和点较低，光合作用在低光照强度下也能够进行，赵允格等(2010)的研究表明，苔藓结皮的光补偿点低于 10μmol/(m^2 · s)，光饱和点为 1000μmol/(m^2 · s)。绝大多数陆生苔藓在中等光照强度(1500～12000lx)下表现出最强的光合作用及代谢活动(张侃侃，2012；张楠等，2011；Chopra et al.，2006；曹同等，2005)；侧枝匐灯藓和湿地匐灯藓的光补偿点均为 20～40μmol/(m^2 · s)，光饱和点为 200～400μmol/(m^2 · s)(刘应迪等，2000)。

黄土区优势种土生对齿藓〔*Didymodon vinealis* (Brid.) Zand.〕在 1000lx 光照强度下生长发育良好(杨永胜等，2015；赵允格等，2010)。野外培育时，光照强度及温度很难维持在这个范围内，因此可以选择合适的遮阳网达到调节微环境的目的。马进泽等(2012)的研究表明，在单种群的培育过程中，遮阴明显促进了泥炭藓的高生长。丁华娇等(2012)发现尖叶匐灯藓(*Plagiomnium acutum*)、南亚灰藓〔*Hypnum oldhamii* (Mitt.) Jaeg.〕和细叶小羽藓〔*Haplocladium microphyllum* (Hedw.) Broth.〕3 种苔藓都是喜阴植物，其最佳遮光率分别为 80%、90%、50%；而在黄土高原地区，野外培育土生对齿藓的最佳遮光率为 70%(Bu et al.，2018)。

2. *营养元素*

营养元素对生物结皮的生长具有重要作用，N、P 等营养元素是其生长必不可少的(Jovanovic et al.，2004)。苔藓结皮主要通过叶片表面吸收或降水获得外界营养元素，不同藓种所必需的营养元素不同。人工培育过程中常用的营养液有 Knop 营养液、MS 营养液、White 营养液、Hoagland 营养液与原位土壤浸出液。原位土壤因含有更多的原丝体及外植体，培育时发育了更多的丝状体和嫩枝，因此被认为是最好的栽培基质(单飞彪，2009；Xu et al.，2008)。Bowker(2007)发现苔藓结皮生长发育与土壤中的 Mn、Mg、K、Zn 等元素的含量呈正相关关系，即在一定范围内，各元素的含量越高，苔藓结皮发育越好。李骏盈等(2011)在研究白色同蒴藓〔*Homalothecium leucodonticaule* (Müll. Hal.) Broth.〕、仙鹤藓〔*Atrichum undulatum* (Hedw.) P. Beauv.〕和葫芦藓(*Funaria hygromitrica* Hedw.)孢子萌发时发现，三种孢子在 Benecke 培养基中萌发率最高，而在其他营养更丰富的培养基上生长反而缓慢。徐杰等(2003)研究发现，N 和 P 含量并不是荒漠地区苔藓结皮生长的限制因子。而许书军(2007)研究表明，有机质含量达到一定水平后，荒漠苔藓结皮才能在藻类结皮上大面积发育，并占据主导地位。卜崇峰等(2011)通过对不同发育程度生物结皮的养分分析，对 Knop 营养液进行修正，发现营养液为 low Knop、摄入量为 12mL 时，苔藓结皮的长势最好。石磊等(2009)研究发现大灰藓在 MS 营养液中叶绿素含量最高，大羽藓在 Knop 营养液中叶绿素含量最高，而金发藓(*Polytrichum commune* Hedw.)在 White 营养液中叶绿素含量最高。王显蓉等(2014)通过研究不同营养液对苔藓结皮发育的影响，发现 30mg/L、40mg/L 的腐殖质溶液与土水比为 1∶8 的土壤浸出液促进真藓和短叶扭口藓(*Barbula tectorum* C. Muell)的发育，40mg/L 腐殖质溶液有利于葫芦藓发育，而牛粪浸出液明显抑制了苔藓结皮的发育。陈彦芹等(2009)的研究显示，添加适宜浓度的营养液能够促进苔藓结皮的生长发育，以硫酸镁和葡萄糖为最佳。

在光合重吸水过程中，离子在促进光合恢复中起重要作用，糖类在保持细胞形态上具有重要的作用。陈兰洲等(2006)的研究表明，K^+和Mg^{2+}的缺失对光合活性有抑制作用，而Ca^{2+}的缺失造成光合活性恢复的延缓；较高浓度的胞外多糖和热水溶性多糖(500mg/L)及较低浓度的蔗糖(100mg/L)对光合活性的恢复和保持均具有促进作用。Bowker等(2008b)的研究表明P、K和Zn等元素会抑制坚韧胶衣的光合作用。

虽然有关苔藓植物对营养物质的需求、喜好有了一定的研究，但苔藓结皮种类繁多，各种苔藓结皮生理特性也有所不同。因此，有关苔藓结皮培育中营养液的作用仍需进一步研究。

3. 生物添加

生物结皮的发育往往伴随着藻类及异养微生物群落的发展，它们相互作用，共同发挥生态效益(Castillo-Monroy et al.，2011；文都日乐等，2010；闫德仁等，2008)。因此，在生物结皮发育过程中人为添加藻类及异养微生物也可对其生长发育产生影响。常见的功能性微生物有巨大芽孢杆菌(*Bacillus megaterium* de Bary)和胶质芽孢杆菌(*Bacillus mucilaginosus* Krassilnikov)，常见的藻类为小球藻(*Chlorella vulgaris*)和硅藻。鞠孟辰(2019)的研究表明，在室内条件下，胶质芽孢杆菌较巨大芽孢杆菌的培育效果好，能显著提高苔藓结皮的盖度、株高度及株密度；在野外变环境中，小球藻与硅藻的复合藻液能够显著提高生物结皮盖度与厚度，而巨大芽孢杆菌或胶质芽孢杆菌的作用并不明显，但当藻类与异养微生物联用时可增加生物结皮的盖度与厚度。

藻类及土壤异养微生物均是生物结皮的重要组成部分，在原始成土过程中扮演着重要角色，且为进一步向苔藓与地衣结皮转化甚至维管植物入侵奠定了基础(胡春香等，2004)。藻类对于干旱等极端条件有较强适应性，能够忍受较大范围温度变化及强光环境(刘永定等，1993；Hunt et al.，1979)，其分泌的胞外聚合物与丝状结构能够稳定地表，促进生物结皮形成(陈兰周等，2003)。土壤异养微生物对环境较为敏感(Castillo-Monroy et al.，2011)，调节着旱区生态系统中物质循环与能量流动(王佳等，2011；蔡燕飞等，2002)，主要包括细菌、放线菌和真菌，是陆地生态系统中物质循环的调节者，同时也是养分的源与库(Kennedy et al.，1995)。目前，涉及藻类及异养微生物的研究较少，仍处于起步阶段，后续还需多加探讨。

4. 植物生长调节剂

植物生长调节剂是根据天然植物激素的结构和作用机制，人工合成的对植物生长发育有调节作用的化学物质和从生物中提取的天然植物激素，具有有效调节植物生长发育过程的作用，达到稳产增产、改善品质、增强作物抗逆性等效果。人工培育生物结皮的目的是促进其生长发育速度，使其尽快发挥多种生态功能，防治水土流失。因此，研究者认为，如果找到合适的植物生长调节剂(如萘乙酸、吲哚丁酸、赤霉素等)并将其应用到苔藓结皮的培育中，可能会带来意想不到的效果。相关研究主要集中于利用植物生长调节剂处理苔藓结皮的组织培养、影响孢子萌发和原丝体分化等方面(Asakawa et al.，2013；黄士良等，2007；李艳红等，2004；高永超等，2003；刘晓红，1998)。

植物生长调节剂会对苔藓原丝体的分化产生一定的影响(Esser et al.，2000)。在 MS 培养基中加入 0.5mg/L 的 2,4-二氯苯氧乙酸(2,4-D)和 6-苄基腺嘌呤(6-BA)溶液，处理后的立碗藓〔*Physcomitrium sphaericum* (Ludw.) Fuernr.〕原丝体在生长 10d 后长出了疏松易碎的白绿色愈伤组织(李艳红等，2004)；脱落酸能够诱导正常生长的葫芦藓原丝体变成短囊状细胞，使叶绿体形态变为狭长形，同时也可通过阻止细胞分裂素发挥作用，抑制葫芦藓原丝体上配子体的形成(Christianson，2000；Schnepf et al.，1997)；萘乙酸会影响葫芦藓原丝体的分枝，但不会诱导假根的产生(刘丽等，2004)；生长素可以促进疣小金发藓〔*Pogonatum urnigerum* (Hedw.) P. Beauv〕的生长，而 6-BA 会抑制其配子体生长，当两种植物生长调节剂长时间处理时原丝体出现老化(Cvetic et al.，2007)；赤霉素对苔藓结皮原丝体的形成无明显效果，仅能刺激原生质丝和茎段生长，对芽的形成毫无影响(Macquarrie et al.，2011；梁书丰，2010)。

低浓度的生长素可以促进原丝体生长、芽体形成和芽体数目增多，高浓度则相反。浓度过高不仅会抑制原丝体的诱导和生长，而且还会导致原丝体老化，变成褐色，其抑制或促进效果因试验材料种类而异。基于上述研究内容可知，有关苔藓结皮培养中植物生长调节剂的选择与添加仍有大量工作亟须展开。

虽然在实验室的人工条件下得到了一些结论，但结果与自然条件下大有不同。Tian 等(2006)发现，田间植株比室内植株更短、更强壮，节间距离更短，叶细胞更短、更宽，叶尖更长，但其生殖特征相似。撒播的银叶真藓在 7d 后存活，且产生的新植物体在第一个月内就占据了样地的裸露空间；但苔藓结皮在 3 个月后开始萎蔫，且植株在 2 年后全部死亡，所以应采取更多的处理措施来延长苔藓的存活时间。可见，生物结皮的快速培养与恢复比研究人员预期的要困难得多。因此，后续在研究生物结皮快速培育方法的同时，也应注意后期的养护方法，以提高其存活时间，更长久地发挥多种生态功能。

参 考 文 献

阿不都拉 · 阿巴斯，艾尼瓦尔 · 吐米尔，2018. 新疆地衣研究概述[J]. 菌物研究，16(1): 1-9.

艾尼瓦尔·吐米尔, 王玉良, 阿不都拉·阿巴斯, 2006. 新疆准噶尔盆地南缘土壤生物结皮中地衣物种组成和分布[J]. 植物资源与环境学报, 15(3): 35-38.

白学良, 王先道, 田桂泉, 等, 2005. 腾格里沙漠固定沙丘藓类植物结皮层的自然恢复及人工培养试验研究[J]. 植物生态学报, 29(1): 164-169.

白学良, 王瑶, 徐杰, 等, 2003. 沙坡头地区固定沙丘结皮层藓类植物的繁殖和生长特性研究[J]. 中国沙漠, 23(2): 171-173.

包天莉, 赵允格, 高丽倩, 等, 2019. 踩踏干扰下生物结皮土壤可培养微生物数量[J]. 中国沙漠, 39(1): 119-126.

边丹丹, 廖超英, 孙长忠, 等, 2011. 黄土丘陵区土壤生物结皮对土壤微生物分布特征的影响[J]. 干旱地区农业研究, 29(4): 109-114.

卜崇峰, 杨建振, 张兴昌, 2011. 毛乌素沙地生物结皮层藓类植物培育试验研究[J]. 中国沙漠, 31(4): 937-941.

卜楠, 2009. 陕北黄土区生物土壤结皮水土保持功能研究[D]. 北京: 北京林业大学.

蔡燕飞, 廖宗文, 2002. 土壤微生物生态学研究方法进展[J]. 土壤与环境, 11(2): 167-171.

曹同, 陈静文, 娄玉霞, 2005. 苔藓植物组织培养繁殖技术及其应用前景[J]. 上海师范大学学报(自然科学版), 34(4): 56-62.

陈荷生, 1992. 沙坡头地区生物结皮的水文物理特点及其环境意义[J]. 干旱区研究, 9(1): 31-38.

陈健斌, 1995. 地衣特殊性、多样性及其重要性[J]. 生物多样性, 3(2): 113-117.

陈兰周, 刘永定, 李敦海, 等, 2003. 荒漠藻类及其结皮的研究[J]. 中国科学基金, 17(2): 28-31.

陈兰洲, 谢作明, 李敦海, 等, 2006. 失水-吸水过程中微鞘藻光合活性的特性[J]. 水生生物学报, 30(4): 404-407.

陈青, 2014. 荒漠生物结皮微生物群落组成研究[D]. 银川: 宁夏大学.

陈蓉蓉, 刘宁, 杨松, 等, 1998. pH 值对黔灵山喀斯特生境中几种苔藓植物生长的影响[J]. 贵州环保科技, 4(1): 22-24, 28.

陈彦芹, 赵允格, 冉茂勇, 2009. 黄土丘陵区藓结皮人工培养方法试验研究[J]. 西北植物学报, 29(3): 164-170.

陈圆圆, 郭水良, 曹同, 2008. 藓类植物的无性繁殖及其应用[J]. 生态学杂志, 27(6): 993-998.

陈祝春, 1989. 不同地带沙丘结皮层的土壤酶活性[J]. 中国沙漠, 9(1): 88-95.

丁华娇, 莫亚鹰, 张鹏翀, 2012. 3 种苔藓植物耐阴性试验[J]. 浙江农业科学, 1(10): 1410-1412.

段争虎, 刘新民, 屈建军, 1996. 沙坡头地区土壤结皮形成机理的研究[J]. 干旱区研究, 13(2): 31-36.

福迪, 1980. 藻类学[M]. 罗迪安, 译. 上海: 上海科学技术出版社.

刚永运, 2001. 几种药用苔藓植物的培养及生物学特性研究[D]. 北京: 首都师范大学.

高丽倩, 赵允格, 秦宁强, 等, 2012. 黄土丘陵区生物结皮对土壤物理属性的影响[J]. 自然资源学报, 27(8): 1316-1326.

高丽倩, 赵允格, 秦宁强, 等, 2013. 黄土丘陵区生物结皮对土壤可蚀性的影响[J]. 应用生态学报, 24(1): 105-112.

高永超, 薛红, 沙伟, 等, 2003. 大量元素对牛角藓愈伤组织悬浮细胞的生理效应[J]. 植物生理学通讯, 39(6): 595-598.

郭轶瑞, 赵哈林, 赵学勇, 等, 2007. 科尔沁沙地结皮发育对土壤理化性质影响的研究[J]. 水土保持学报, 21(1): 135-139.

郭轶瑞, 赵哈林, 左小安, 等, 2008. 科尔沁沙地沙丘恢复过程中典型灌丛下结皮发育特征及表层土壤特性[J]. 环境科学, 29(4): 1027-1034.

何红燕, 熊源新, 邓坦, 等, 2009. 七种藓类孢子形态研究[J]. 山地农业生物学报, 28(2): 136-140.

胡春香, 刘永定, 2003. 土壤藻生物量及其在荒漠结皮的影响因子[J]. 生态学报, 23(2): 284-291.

胡春香, 刘永定, 宋立荣, 1999. 宁夏沙坡头地区藻类及其分布[J]. 水生生物学报, 23(5): 443-448.

胡春香, 刘永定, 张德禄, 等, 2004. 荒漠藻结皮的胶结机理[J]. 科学通报, 47(12): 931-937.
胡人亮, 1987. 苔藓植物学[M]. 北京: 高等教育出版社.
胡忠旭, 赵允格, 王一贺, 2017. 黄土丘陵区不同类型生物结皮下土壤微生物的分布特征[J]. 西北农林科技大学学报(自然科学版), 45(6): 105-114.
黄士良, 李敏, 张秀萍, 等, 2007. 三种植物生长调节剂对密叶绢藓(*Entodon challengeri*)孢子萌发、原丝体发育及芽体发生的影响[J]. 植物科学学报, 25(1): 65-69.
籍霞, 2010. 几种藓类植物对重金属胁迫的响应研究[D]. 曲阜: 曲阜师范大学.
焦雯珺, 朱清科, 张宇清, 2007. 陕北黄土区退耕还林地生物结皮分布及其影响因子研究[J]. 北京林业大学学报, 29(1): 102-107.
鞠孟辰, 2019. 菌藻添加对生物结皮种源扩繁与野外接种恢复的作用[D]. 杨凌: 西北农林科技大学.
黎尚豪, 毕列爵, 1998. 中国淡水藻志(第5卷)[M]. 北京: 科学出版社.
李, 2012. 藻类学(原书第4版)[M]. 段德麟, 胡自民, 胡征宇, 等, 译. 北京: 科学出版社.
李聪会, 朱首军, 陈云明, 等, 2013. 黄土丘陵区生物结皮对土壤抗蚀性的影响[J]. 水土保持研究, 20(3): 6-10.
李骏盈, 陈林, 李育中, 等, 2011. 几种苔藓植物的组织培养[J]. 云南大学学报(自然科学版), 33(S1): 324-329.
李琴琴, 白学良, 任向宇, 2008. 沙漠区生物结皮层中藓类植物繁殖体发育实验研究[J]. 中国沙漠, 28(2): 97-101, 208.
李守中, 肖洪浪, 罗芳, 等, 2005. 沙坡头植被固沙区生物结皮对土壤水文过程的调控作用[J]. 中国沙漠, 25(2): 228-233.
李守中, 肖洪浪, 宋耀选, 等, 2002. 腾格里沙漠人工固沙植被区生物土壤结皮对降水的拦截作用[J]. 中国沙漠, 22(6): 612-616.
李守中, 郑怀舟, 李守丽, 等, 2008. 沙坡头植被固沙区生物结皮的发育特征[J]. 生态学杂志, 27(10): 1675-1679.
李新荣, 2012. 荒漠生物土壤结皮生态与水文学研究[M]. 北京: 高等教育出版社.
李新荣, 刘新民, 杨正宇, 1998. 鄂尔多斯高原荒漠化草原和草原化荒漠灌木类群与环境关系的研究[J]. 中国沙漠, 18(2): 123-130.
李新荣, 张元明, 赵允格, 2009. 生物土壤结皮研究: 进展、前沿与展望[J]. 地球科学进展, 24(1): 11-24.
李艳红, 宋秀珍, 张便勤, 2004. 不同培养基及酶对立碗藓原丝体的作用研究[J]. 植物研究, 24(2): 192-196.
李智义, 2017. 南方稻田生物结皮对镉选择性富集及形态转化机制研究[D]. 长沙: 湖南农业大学.
梁书丰, 2010. 三种藓类的快速繁殖研究[D]. 上海: 华东师范大学.
刘俊华, 包维楷, 李芳兰, 2005. 青藏高原东部原始林下地表主要苔藓斑块特征及其影响因素[J]. 生态环境学报, 14(5): 735-741.
刘丽, 胡光珍, 王幼芳, 等, 2004. 萘乙酸(NAA)对葫芦藓(*Funaria hygrometrica*)孢子萌发及原丝体生长的影响[J]. 华东师范大学学报(自然科学版), (4): 138-141.
刘伟才, 2009. 药用苔藓植物配子体培育研究[D]. 贵阳: 贵州大学.
刘晓红, 1998. 细胞分裂素、氯丙嗪对葫芦藓发育过程的影响[J]. 西南师范大学学报(自然科学版), 23(4): 476-480.
刘应迪, 曹同, 2000. 两种五倍子蚜虫冬寄主藓类植物的光合特性及其与光照、温度和植物体水分含量变化的关系[J]. 应用生态学报, 11(5): 687-692.
刘应迪, 陈军, 张丽娟, 等, 2001. 两种匍灯藓属植物夏季和冬季光合特性的比较研究[J]. 应用生态学报, 12(1): 39-42.
刘永定, 黎尚豪, 1993. 土壤藻类及其生理生态[J]. 水生生物学报, 17(3): 272-277.
卢晓杰, 张克斌, 李瑞, 2007. 北方农牧交错带生物结皮的主要影响因子探讨[J]. 水土保持研究, 14(6): 1-4.

吕建亮, 廖超英, 孙长忠, 等, 2010. 黄土地表藻类结皮分布影响因素研究[J]. 西北林学院学报, 25(1): 11-14.
吕贻忠, 杨佩国, 2004. 荒漠结皮对土壤水分状况的影响[J]. 干旱区资源与环境, 18(2): 76-79.
马进泽, 卜兆君, 郑星星, 等, 2012. 遮阴对两种泥炭藓植物生长及相互作用的影响[J]. 应用生态学报, 23(2): 357-362.
孟杰, 2011. 黄土高原水蚀交错区生物结皮的时空发育特征研究[D]. 杨凌: 西北农林科技大学.
聂华丽, 张元明, 吴楠, 等, 2009. 生物结皮 5 种不同形态的荒漠植物种子萌发的影响[J]. 植物生态学报, 33(1): 161-170.
秦宁强, 赵允格, 2011. 生物土壤结皮对雨滴动能的响应及削减作用[J]. 应用生态学报, 22(9): 2259-2264.
冉茂勇, 2009. 黄土丘陵区生物结皮土壤抗冲性试验研究[D]. 杨凌: 西北农林科技大学.
冉茂勇, 赵允格, 刘玉兰, 2011. 黄土丘陵区不同盖度生物结皮土壤抗冲性研究[J]. 中国水土保持, (12): 43-45.
单飞彪, 2009. 自然和人工藓类结皮层对土壤及植物营养元素含量的影响初探[D]. 呼和浩特: 内蒙古大学.
石磊, 刘伟才, 何红燕, 等, 2009. 不同培养液中 3 种藓类光合色素含量比较[J]. 山地农业生物学报, 28(2): 175-179.
苏延桂, 李新荣, 黄刚, 等, 2007. 实验室条件下两种生物土壤结皮对荒漠植物种子萌发的影响[J]. 生态学报, 27(5): 1845-1851.
唐东山, 王伟波, 李敦海, 等, 2007. 人工藻结皮对库布齐沙地土壤酶活性的影响[J]. 水生生物学报, 31(3): 339-344.
王翠萍, 廖超英, 孙长忠, 等, 2009. 黄土地表生物结皮对土壤贮水性能及水分入渗特征的影响[J]. 干旱地区农业研究, 27(4): 54-59, 64.
王佳, 马玥, 2011. 微生物肥料的应用是增加农作物产量的有效途径[J]. 发展, (10): 68-71.
王闪闪, 2017. 黄土丘陵区干扰对生物结皮土壤氮素循环的影响[D]. 杨凌: 西北农林科技大学.
王素娟, 高丽, 苏和, 等, 2009. 内蒙古库布齐沙地土壤蛋白酶初步研究[J]. 草业科学, 26(9): 13-17.
王显蓉, 赵允格, 王媛, 等, 2014. 干旱半干旱地区藓结皮人工培养研究进展[J]. 西北林学院学报, 29(6): 66-71.
王晓宇, 2010. pH 值及营养元素对泥炭藓属植物生长的影响[J]. 贵州农业科学, 38(7): 80-83.
王雪芹, 张元明, 张伟民, 2004. 古尔班通古特沙漠生物结皮对地表风蚀作用影响的风洞实验[J]. 冰川冻土, 26(5): 632-638.
王治军, 2017. 宁夏沙坡头植被固沙区微型生物结皮组成及动态变化[D]. 昆明: 西南林业大学.
魏江春, 2005. 沙漠生物地毯工程——干旱沙漠治理的新途径[J]. 干旱区研究, 22(3): 287-288.
魏江春, 2018. 中国地衣学现状综述[J]. 菌物学报, 37(7): 812-818.
文都日乐, 李刚, 张静妮, 等, 2010. 呼伦贝尔不同草地类型土壤微生物量及土壤酶活性研究[J]. 草业学报, 19(5): 94-102.
吴楠, 梁少民, 王红玲, 等, 2006. 动物践踏干扰对生物结皮中微生物生态分布的影响[J]. 干旱区研究, 23(1): 50-55.
吴楠, 潘伯荣, 张元明, 等, 2005. 古尔班通古特沙漠生物结皮中土壤微生物垂直分布特征[J]. 应用与环境生物学报, 11(3): 349-353.
吴鹏程, 1998. 苔藓植物生物学[M]. 北京: 科学出版社.
谢作明, 刘永定, 陈兰洲, 等, 2008. 不同培养条件对具鞘微鞘藻生物量和多糖产量的影响[J]. 水生生物学报, 32(2): 272-275.
徐春燕, 郭洋, 王涛, 等, 2019. 荒漠草原地区生物结皮的微生物群落与产漆酶细菌分离纯化[J]. 干旱区资源与环境, 33(8): 160-166.
徐杰, 敖艳青, 张璟霞, 2013. 生物结皮富集营养元素和重金属元素的空间分异特性[J]. 干旱区资源与环境, 27(12): 164-169.
徐杰, 敖艳青, 张璟霞, 等, 2012. 沙地不同发育阶段的人工生物结皮对重金属的富集作用[J]. 生态学报, 32(23):

7402-7410.
徐杰, 白学良, 杨持, 等, 2003. 固定沙丘结皮层藓类植物多样性及固沙作用研究[J]. 植物生态学报, 27(4): 545-551.
许书军, 2007. 典型荒漠苔藓人工繁殖特征与抗御干热环境胁迫的生理生化机制研究[D]. 上海: 上海交通大学.
闫德仁, 王素英, 吕景辉, 等, 2008. 生物结皮层土壤微生物含量的变化[J]. 内蒙古林业科技, 34(2): 1-5.
杨俊平, 闫德仁, 刘永定, 等, 2006. 控制沙尘暴的植被快速建设技术途径研究——以库布齐沙漠东缘为例[J]. 干旱区资源与环境, 20(4): 193-198.
杨凯, 赵允格, 马昕昕, 2012. 黄土丘陵区生物土壤结皮层水稳性[J]. 应用生态学报, 23(1): 173-177.
杨丽娜, 2013. 黄土高原生物结皮中蓝藻多样性及其生态适应性研究[D]. 杨凌: 西北农林科技大学.
杨秀莲, 张克斌, 曹永翔, 2010. 封育草地土壤生物结皮对水分入渗与植物多样性的影响[J]. 生态环境学报, 19(4): 853-856.
杨雪芹, 2019. 模拟放牧干扰对黄土丘陵区生物结皮土壤碳循环的影响及机制[D]. 杨凌: 西北农林科技大学.
杨延哲, 2016. 人工培育生物结皮在毛乌素沙地光伏电站施工迹地的风蚀防治研究[D]. 杨凌: 中国科学院教育部水土保持与生态环境研究中心.
杨永胜, 2012. 毛乌素沙地生物结皮对土壤水分和风蚀的影响[D]. 杨凌: 西北农林科技大学.
杨永胜, 冯伟, 袁方, 等, 2015. 快速培育黄土高原苔藓结皮的关键影响因子[J]. 水土保持学报, 29(4): 289-294, 299.
叶吉, 郝占庆, 于德永, 等, 2004. 苔藓植物生态功能的研究进展[J]. 应用生态学报, 15(10): 1939-1942.
叶菁, 2015. 翻耙、踩踏对苔藓结皮的生长及土壤水分、水蚀的影响[D]. 杨凌: 中国科学院教育部水土保持与生态环境研究中心.
张丙昌, 张元明, 赵建成, 2005a. 古尔班通古特沙漠生物结皮藻类的组成和生态分布研究[J]. 西北植物学报, 25(10): 2048-2055.
张丙昌, 张元明, 赵建成, 等, 2005b. 准噶尔盆地古尔班通古特沙漠生物结皮蓝藻研究[J]. 地理与地理信息科学, 21(5): 107-109.
张健, 刘国彬, 许明祥, 等, 2008. 黄土丘陵区影响生物结皮退化因素的初步研究[J]. 中国水土保持科学, 6(6): 14-20.
张金屯, 2004. 数量生态学[M]. 北京: 科学出版社.
张侃侃, 2012. 毛乌素沙地苔藓结皮的人工培育技术[D]. 杨凌: 西北农林科技大学.
张克斌, 卢晓杰, 李瑞, 2008. 北方农牧交错带沙地生物结皮研究[J]. 干旱区资源与环境, 22(4): 147-151.
张楠, 杜宝明, 季梦成, 2011. 苔藓植物组织培养研究进展[J]. 浙江农林大学学报, 28(2): 305-313.
张朋, 2015. 陕北小流域坡面尺度生物结皮空间分布特征及其影响因子与建模[D]. 杨凌: 西北农林科技大学.
张元明, 2005. 荒漠地表生物土壤结皮的微结构及其早期发育特征[J]. 科学通报, 50(1): 42-47.
张元明, 曹同, 潘伯荣, 2002. 干旱与半干旱地区苔藓植物生态学研究综述[J]. 生态学报, 22(7): 1129-1134.
张元明, 陈晋, 王雪芹, 2005a. 古尔班通古特沙漠生物结皮的分布特征[J]. 地理学报, 60(1): 53-60.
张元明, 潘惠霞, 潘伯荣, 2004. 古尔班通古特沙漠不同地貌部位生物结皮的选择性分布[J]. 水土保持学报, 18(4): 61-64.
张元明, 王雪芹, 2010. 荒漠地表生物土壤结皮形成与演替特征概述[J]. 生态学报, 30(16): 4484-4492.
张元明, 杨维康, 王雪芹, 等, 2005b. 生物结皮影响下的土壤有机质分异特征[J]. 生态学报, 25(12): 3420-3425.
张振国, 焦菊英, 白文娟, 2006. 黄土丘陵沟壑区退耕地植被恢复中生物土壤结皮特征[J]. 水土保持通报, 26(4): 33-37.
张正偲, 赵爱国, 董治宝, 等, 2007. 藻类结皮自然恢复后抗风蚀特性研究[J]. 中国沙漠, 27(4): 558-562.
张志山, 何明珠, 谭会娟, 等, 2007. 沙漠人工植被区生物结皮类土壤的蒸发特性——以沙坡头沙漠研究试验站为例[J]. 土壤学报, 44(3): 404-410.

赵建成, 李秀芹, 张慧中, 2002. 十种藓类植物孢子萌发与原丝体发育的初步研究[J]. 干旱区研究, 19(1): 32-38.

赵允格, 徐冯楠, 许明祥, 2008. 黄土丘陵区藓结皮生物量测定方法及其随发育年限的变化[J]. 西北植物学报, 28(6): 1228-1232.

赵允格, 许明祥, 王全九, 等, 2006. 黄土丘陵区退耕地生物结皮对土壤理化性状的影响[J]. 自然资源学报, 21(3): 441-448.

赵允格, 许明祥, BELNAP J, 2010. 生物结皮光合作用对光温水的响应及其对结皮空间分布格局的解译——以黄土丘陵区为例[J]. 生态学报, 30(17): 4668-4675.

周丽芳, 阿拉木萨, 2011. 生物结皮发育对地表蒸发过程影响机理研究[J]. 干旱区资源与环境, 25(4): 195-202.

周涛平, 2012. 苔藓植物在室内绿化中的应用研究[D]. 上海: 上海交通大学.

周小泉, 刘政鸿, 杨永胜, 等, 2014. 毛乌素沙地三种植被下苔藓结皮的土壤理化效应[J]. 水土保持研究, 21(6): 340-344.

朱远达, 蔡强国, 胡霞, 等, 2004. 土壤理化性质对结皮形成的影响[J]. 土壤学报, 41(1): 13-19.

庄伟伟, 张元明, 2017. 生物结皮对荒漠草本植物群落结构的影响[J]. 干旱区研究, 34(6): 1338-1344.

AGUILAR A J, HUBER-SANNWALD E, BELNAP J, et al., 2009. Biological soil crusts exhibit a dynamic response to seasonal rain and release from grazing with implications for soil stability[J]. Journal of Arid Environments, 73(12): 1158-1169.

ANDERSON D C, HARPER K T, RUSHFORTH S R, 1982. Recovery of cryptogamic soil crusts from grazing on Utah winter ranges[J]. Journal of Range Management, 35(3): 355-359.

ANGEL R, CONRAD R, 2013. Elucidating the microbial resuscitation cascade in biological soil crusts following a simulated rain event[J]. Environmental Microbiology, 15(10): 2799-2815.

ANTONINKA A, BOWKER M A, REED S C, et al., 2016. Production of greenhouse-grown biocrust mosses and associated cyanobacteria to rehabilitate dryland soil function[J]. Restoration Ecology, 24(3): 324-335.

ASAKAWA Y, LUDWICZUK A, NAGASHIMA F, 2013. Chemical Constituents of Bryophytes[M]. Vienna: Springer-Verlag.

BARKER D H, STARK L R, ZIMPFER J F, et al., 2005. Evidence of drought-induced stress on biotic crust moss in the Mojave Desert[J]. Plant Cell Environment, 28(7): 939-947.

BATES S T, GARCIA-PICHEL F, 2009. A culture independent study of free-living fungi in biological soil crusts of the Colorado Plateau: their diversity and relative contribution to microbial biomass[J]. Environmental Microbiology, 11(1): 56-67.

BATES S T, NASH T H, SWEAT K G, et al., 2010. Fungal communities of lichen-dominated biological soil crusts: diversity, relative microbial biomass, and their relationship to disturbance and crust cover[J]. Journal of Arid Environments, 74(10): 1192-1199.

BEIKE A K, SPAGNUOLO V, LÜTH V, et al., 2015. Clonal in vitro propagation of peat mosses (*Sphagnum* L.) as novel green resources for basic and applied research[J]. Plant Cell, Tissue and Organ Culture, 120(3): 1037-1049.

BELNAP J, 1995. Surface disturbances: their role in accelerating desertification[J]. Environmental Monitoring and Assessment, 37(1-3): 39-57.

BELNAP J, 1996. Soil surface disturbances in cold deserts: effects on nitrogenase activity in cyanobacterial-lichen soil crusts[J]. Biology and Fertility of Soils, 23(4): 362-367.

BELNAP J, 2002. Impacts of off-road vehicles on nitrogen cycles in biological soil crusts: resistance in different U.S.

deserts[J]. Journal of Arid Environments, 52(2): 155-165.

BELNAP J, 2006. The potential roles of biological soil crusts in dryland hydrologic cycles[J]. Hydrological Process, 20(15): 3159-3178.

BELNAP J, GILLETTE D, 1997. Disturbance of biological soil crusts: impacts on potential wind erodibility of sandy desert soils in Southeastern Utah[J]. Land Degradation and Development, 8(4): 355-362.

BELNAP J, LANGE O L, 2003. Biological Soil Crusts: Structure, Function, and Management[M]. Berlin: Springer-Verlag.

BELNAP J, HARPER K, WARREN S, 1993. Surface disturbance of cryptobiotic soil crusts: nitrogenase activity, chlorophyll content, and chlorophyll degradation[J]. Arid Land Research and Management, 8(1): 1-8.

BELNAP J, PHILLIPS S L, MILLER M E, 2004. Response of desert biological soil crusts to alterations in precipitation frequency[J]. Oecologia, 141(2): 306-316.

BELNAP J, PHILLIPS S L, TROXLER T, 2006. Soil lichen and moss cover and species richness can be highly dynamic: the effects of invasion by the annual exotic grass *Bromus tectorum*, precipitation, and temperature on biological soil crusts in SE Utah[J]. Applied Soil Ecology, 32(1): 63-76.

BELNAP J, PRASSE R, HARPER K T, 2001. Influence of biological soil crusts on soil environments and vascular plants[J]. Journal of Arid Environments, 47(3): 347-357.

BERALDI-CAMPESI H, HARTNETT H E, ANBAR A, et al., 2009. Effect of biological soil crusts on soil elemental concentrations: implications for biogeochemistry and as traceable biosignatures of ancient life on land[J]. Geobiology, 7(3): 348-359.

BEYSCHLAG W, WITTLAND M, JENTSCH A, et al., 2008. Soil crusts and disturbance benefit plant germination, establishment and growth on nutrient deficient sand[J]. Basic and Applied Ecology, 9(3): 243-252.

BOEKEN B, ARIZA C, GUTTERMAN Y, et al., 2004. Environmental factors affecting dispersal, germination and distribution of *Stipa capensis* in the Negev Desert, Israel[J]. Ecological Research, 19(5): 533-540.

BOND R D, HARRIS J R, 1964. The influence of the microflora on the physical properties of soils. I. Effects associated with filamentous algae and fungi[J]. Australian Journal of Soil Research, 2(1): 111-122.

BOWKER M A, 2007. Biological soil crust rehabilitation in theory and practice: an underexploited opportunity[J]. Restoration Ecology, 15(1): 13-23.

BOWKER M A, BELNAP J, CHAUDHARY V B, et al., 2008a. Revisiting classic water erosion models in drylands: the strong impact of biological soil crusts[J]. Soil Biology and Biochemistry, 40(9): 2309-2316.

BOWKER M A, KOCH G W, BELNAP J, et al., 2008b. Nutrient availability affects pigment production but not growth in lichens of biological soil crusts[J]. Soil Biology and Biochemistry, 40(11): 2819-2826.

BOWKER M A, MAESTRE F T, ESCOLA R C, 2010. Biological crusts as a model system for examining the biodiversity-ecosystem function relationship in soils[J]. Soil Biology and Biochemistry, 42(3): 405-417.

BOWKER M A, MILLER M E, BELNAP J, et al., 2008c. Prioritizing conservation effort through the use of biological soil crusts as ecosystem function indicators in an arid region[J]. Conservation Biology, 22(6): 1533-1543.

BOWKER M A, REED S C, BELNA P J, et al., 2002. Temporal variation in community composition, pigmentation, and F_v/F_m of desert cyanobacterial soil crusts[J]. Microbial Ecology, 43: 13-25.

BRIGGS A L, MORGAN J W, 2011. Seed characteristics and soil surface patch type interact to affect germination of semi-arid woodland species[J]. Plant Ecology, 212(1): 91-103.

BRODO I M, SHARNOFF S D, SHARNOFF S, 2001. Lichens of North America[M]. New Haven: Yale University Press.

BROTHERSON J D, RUSHFORTH S R, 1983. Influence of cryptogamic crusts on moisture relationships of soils in Navajo National Monument, Arizona[J]. The Great Basin Naturalist, 43(1): 73-78.

BU C F, LI R X, WANG C, et al., 2018. Successful field cultivation of moss biocrusts on disturbed soil surfaces in the short term[J]. Plant and Soil, 429(1-2): 227-240.

BU C F, WU S F, HAN F P, et al., 2015a. The combined effects of moss-dominated biocrusts and vegetation on erosion and soil moisture and implications for disturbance on the Loess Plateau, China[J]. PLoS One, 10(5): e0127394.

BU C F, WU S F, XIE Y S, et al., 2013. The study of biological soil crusts: hotspots and prospects[J]. Clean-Soil, Air, Water, 41(9): 899-906.

BU C F, ZHANG P, WANG C, et al., 2016. Spatial distribution of biological soil crusts on the slope of the Chinese Loess Plateau based on canonical correspondence analysis[J]. Catena, 137: 373-381.

BU C F, ZHAO Y G, HILL R L, et al., 2015b. Wind erosion prevention characteristics and key influencing factors of bryophytic soil crusts[J]. Plant and Soil, 397(1-2): 163-174.

BURKHARD B, 2005. Microorganisms of biological crusts on soil surfaces[J]. Soil Biology, 3: 307-327.

BÜSCHER P, KOEDAM N, SPEYBROECK, et al., 1990. Cation-exchange properties and adaptation to soil acidity in bryophytes[J]. New Phytologist, 115(1): 177-186.

CASTILLO-MONROY A P, BOWKER M A, MAESTRE F T, et al., 2011. Relationships between biological soil crusts, bacterial diversity and abundance, and ecosystem functioning: insights from a semi-arid Mediterranean environment[J]. Journal of Vegetation Science, 22(1): 165-174.

CHEN J, ZHANG Y M, WANG L, et al., 2005. A new index for mapping lichen-dominated biological soil crusts in desert areas[J]. Remote Sensing of Environment, 96(2): 165-175.

CHOPRA R N, BHATLA S C, 2006. Effect of physical factors on gametangial induction, fertilization and sporophyte development in the moss *Bryum agrenteumm* grown in vitro[J]. New Phytologist, 89(3): 439-447.

CHRISTIANSON M L, 2000. ABA prevents the second cytokinin-mediated event during the induction of shoot buds in the moss *Funaria hygrometrica*[J]. American Journal of Botany, 87(10): 1540-1545.

CLOUGH W S, 1975. The deposition of particles on moss and grass surfaces[J]. Atmospheric Environment (1967), 9(12): 1113-1119.

COLESIE C, WILLIAMS L, BÜDEL B, 2017. Water relations in the soil crust lichen *Psora decipiens* are optimized via anatomical variability[J]. The Lichenologist, 49(5): 483-492.

CORNELISSEN J H C, LANG S I, SOUDZILOVSKAIA N A, et al., 2007. Comparative cryptogam ecology: a review of bryophyte and lichen traits that drive biogeochemistry[J]. Annals of Botany, 99(5): 987-1001.

CULBERSON W L, FERRY B W, BADDELEY M S, et al., 1974. Air pollution and lichens[J]. Kew Bulletin, 29(2): 305-311.

CVETIC T, SABOVLJEVIC A, SABOVLJEVIC M, et al., 2007. Development of the moss *Pogonatum urnigerum* (Hedw.) P. Beauv. under in vitro culture conditions[J]. Archives of Biological Sciences,59(1): 57-61.

DANIN A, BAR-OR Y, DOR I, et al., 1989. The role of cyanobacteria in stabilization of sand dunes in Southern Israel[J]. Ecological Mediterranea, 15(1): 55-64.

DARBY B J, NEHER D A, BELNAP J, 2007. Soil nematode communities are ecologically more mature beneath late than early-successional stage biological soil crusts[J]. Applied Soil Ecology, 35(1): 203-212.

DEINES L, ROSENTRETER R, ELDRIDGE D J, et al., 2007. Germination and seedling establishment of two annual grasses on lichen-dominated biological soil crusts[J]. Plant and Soil, 295(1-2): 23-35.

EICHBERG C, STORM C, KRATOCHWIL A, et al., 2006. A differentiating method for seed bank analysis: validation and application to successional stages of Koelerio-Corynephoretea inland sand vegetation[J]. Phytocoenologia, 36(2): 161-189.

ELDRIDGE D J, 1993. Cryptogam cover and soil surface condition: effects on hydrology on a semiarid woodland soil[J]. Arid Land Research and Management, 7(3): 203-217.

ELDRIDGE D J, GREENE R S B, 1994. Microbiotic soil crusts: a review of their roles in soil and ecological processes in the rangelands of Australia[J]. Australian Journal of Soil Research, 32(3): 389-415.

ELDRIDGE D J, KOEN T B, 1998. Cover and floristics of microphytic soil crusts in relation to indices of landscape health[J]. Plant Ecology, 137(1): 101-114.

ELDRIDGE D J, ROSENTRETER R, 1999. Morphological groups: a framework for monitoring microphytic crusts in arid landscapes[J]. Journal of Arid Environments, 41(1): 11-25.

ELDRIDGE D J, TOZER M E, 1997. Environmental factors relating to the distribution of terricolous bryophytes and lichens in semi-arid Eastern Australia[J]. The Bryologist, 100(1): 28-39.

ESSER K, KADEREIT J W, LÜTTGE U, et al., 2000. Progress in Botany[M]. Berlin: Springer-Verlag.

FERRAN G P, WOJCIECHOWSKI M F, FRANCISCO R V, 2009. The evolution of a capacity to build supra-cellular ropes enabled filamentous cyanobacteria to colonize highly erodible substrates[J]. PloS One, 4(11): e7801.

FRONTASYEVA M V, GALINSKAYA T Y E, KRMAR M, et al., 2004. Atmospheric deposition of heavy metals in northern Serbia and Bosnia-Herzegovina studied by the moss biomonitoring, neutron activation analysis and GIS technology[J]. Journal of Radioanalytical and Nuclear Chemistry, 259(1): 141-144.

GARDNER B J S, 1993. Soil microstructure in soils of the Colorado Plateau: the role of the cyanobacterium *Microcoleus vaginatus*[J]. The Great Basin Naturalist, 53(1): 40-47.

GIRALDO-SILVA A, NELSON C, BARGER N N, et al., 2019. Nursing biocrusts: isolation, cultivation, and fitness test of indigenous cyanobacteria[J]. Restoration Ecology, 27(4): 793-803.

GOODMAN G, 1971. Plants and soils as indicators of metals in the air[J]. Nature, 231(5301): 287-292.

GOODMAN G, INSKIP M, SMITH S, et al., 1979. The use of moss-bags in aerosol monitoring[C]. Saharan Dust: Mobilization, Transport, Deposition, Gothenburg, Sweden: 211-232.

GRACE J B, 2006. Structural equation modeling natural systems[J]. Biometrics, 63(3): 977.

GREENE R S B, CHARTRES C J, HODGKINSON K C, 1990. The effects of fire on the soil in a degraded semiarid woodland. I. Cryptogam cover and physical and micromorphological properties[J]. Australian Journal of Soil Research, 28(5): 755-777.

GREENE R, TONGWAY D, 1989. The significance of (surface) physical and chemical properties in determining soil surface condition of red earths in rangelands[J]. Australian Journal of Soil Research, 27(1): 213-225.

GRISHKAN I, ZAADY E, NEVO E, 2006. Soil crust microfungi along a southward rainfall gradient in desert ecosystems[J]. European Journal of Soil Biology, 42(1): 33-42.

GROTE E E, BELNAP J, HOUSMAN D C, et al., 2010. Carbon exchange in biological soil crust communities under differential temperatures and soil water contents: implications for global change[J]. Global Change Biology, 16(10): 2763-2774.

GUNDLAPALLY S R, GARCIA-PICHEL F, 2006. The community and phylogenetic diversity of biological soil crusts in the Colorado Plateau studied by molecular fingerprinting and intensive cultivation[J]. Microbial Ecology, 52(2): 345-357.

HILL J, UDELHOVEN T, SCHÜTT B, 1998. Differentiating biological soil crusts in a sandy arid ecosystem (Nizzana, Negev-Desert, Israel) based on hyperspectral data acquired with DAIS 7915[C]. Proceedings of The EARSEL Workshop, Zurich, Swiss: 427-436.

HOUSMAN D C, POWERS H H, COLLINS A D, et al., 2006. Carbon and nitrogen fixation differ between successional stages of biological soil crusts in the Colorado Plateau and Chihuahuan Desert[J]. Journal of Arid Environments, 66(4): 620-634.

HUNT M E, FLOYD G L, STOUT B B, 1979. Soil algae in field and forest environments[J]. Ecology, 60(2): 362-375.

JEFFRIES D L, LINK S O, KLOPATEK J M, 1993a. CO_2 fluxes of cryptogamic crusts: I. Response to resaturation[J]. New Phytologistl, 125(1): 163-173.

JEFFRIES D L, LINK S O, KLOPATEK J M, 1993b. CO_2 fluxes of cryptogamic crusts: Ⅱ. Response to dehydration[J]. New Phytologistl, 125(2): 391-396.

JIA R L, LI X R, LIU L C, et al., 2008. Responses of biological soil crusts to sand burial in a revegetated area of the Tengger Desert, Northern China[J]. Soil Biology and Biochemistry, 40(11): 2827-2834.

JOHNSON S L, BUDINOFF C R, BELNAP J, et al., 2005. Relevance of ammonium oxidation within biological soil crust communities[J]. Environmental Microbiology, 7(1): 1-12.

JOVANOVIC Z, DJAKOVIC T, STIKIC R, et al., 2004. Effect of N deficiency on leaf growth and cell wall peroxidase activity in contrasting maize genotypes[J]. Plant and Soil, 265(1-2): 211-223.

KARNIELI A, 1997. Development and implementation of spectral crust index over dune sands[J]. International Journal of Remote Sensing, 18(6): 1207- 1220.

KENNEDY A C, SMITH K L, 1995. Soil microbial diversity and the sustainability of agricultural soils[J]. Plant and Soil, 170(1): 75-86.

KIDRON G J, BARZILAY E, SACHS E, 2000. Microclimate control upon sand microbiotic crusts, western Negev Desert, Israel[J]. Geomorphology, 36(1): 1-18.

KIDRON G J, HERRNSTADT I, BARZILAY E, 2002. The role of dew as a moisture source for sand microbiotic crusts in the Negev Desert, Israel[J]. Journal of Arid Environments, 52(4): 517-533.

KLEINER E F, HARPER K T, 1977. Soil properties in relation to cryptogamic groundcover in Canyonlands National Park[J]. Journal of Range Management, 30(3):202-205.

LALLEY J S, VILES H A, HENSCHEL J R, et al., 2006. Lichen-dominated soil crusts as arthropod habitat in warm deserts[J]. Journal of Arid Environments, 67(4): 579-593.

LANE R W, MENON M, MCQUAID J B, et al., 2013. Laboratory analysis of the effects of elevated atmospheric carbon dioxide on respiration in biological soil crusts[J]. Journal of Arid Environments, 98(11): 52-59.

LANGE O L, BELNAP J, REICHENBERGER H, 1998. Photosynthesis of the cyanobacterial soil-crust lichen *Collema tenax* from arid lands in southern Utah, USA: role of water content on light and temperature responses of CO_2 exchange[J]. Functional Ecology, 12(2): 195-202.

LANGHANS T M, STORM C, SCHWABE A, 2009. Biological soil crusts and their microenvironment: impact on emergence, survival and establishment of seedlings[J]. Flora-Morphology, Distribution, Functional Ecology of Plants, 204(2): 157-168.

LI H, RAO B Q, WANG G H, et al., 2014. Spatial heterogeneity of cyanobacteria-inoculated sand dunes significantly influences artificial biological soil crusts in the Hopq Desert (China)[J]. Environmental Earth Sciences, 71(1): 245-253.

LI S Z, XIAO H L, CHENG G D, et al., 2006. Mechanical disturbance of microbiotic crusts affects ecohydrological processes in a region of revegetation-fixed sand dunes[J]. Arid Land Research and Management, 20(1): 61-77.

LI X J, LI X R, SONG W M, et al., 2008. Effects of crust and shrub patches on runoff, sedimentation, and related nutrient (C, N) redistribution in the desertified steppe zone of the Tengger Desert, Northern China[J]. Geomorphology, 96(1-2): 221-232.

LI X R, HE M Z, ZERBE S, et al., 2010. Micro-geomorphology determines community structure of biological soil crusts at small scales[J]. Earth Surface Processes and Landforms, 35(8): 932-940.

LI X R, WANG X P, LI T, et al., 2002. Microbiotic soil crust and its effect on vegetation and habitat on artificially stabilized desert dunes in Tengger Desert, North China[J]. Biology Fertility of Soils, 35(3): 147-154.

LI X R, ZHANG J G, WANG X P, et al., 2000. Study on soil microbiotic crust and its influences on sand-fixing vegetation in arid desert region[J]. Acta Botanica Sinica, 42(9):965-970.

MA Q L, WANG J H, ZHU S J, 2007. Effects of precipitation, soil water content and soil crust on artificial *Haloxylon ammodendron* forest[J]. Acta Ecology Sinica, 27(12): 5057-5067.

MACQUARRIE I G, MALTZAHN K E V, 2011. Correlation affecting regeneration and reactivation in *Splachnum ampullaceum* (L.) Hedw[J]. Canadian Journal of Botany, 37(1): 121-134.

MAESTRE F T, NOELIA MARTÍN, BEATRIZ DÍEZ, et al., 2006. Watering, fertilization, and slurry inoculation promote recovery of biological crust function in degraded soils[J]. Microbial Ecology, 52(3): 365-377.

MALAM-ISSA O, DÉFARGE C, TRICHET J, et al., 2009. Microbiotic soil crusts in the Sahel of Western Niger and their influence on soil porosity and water dynamics[J]. Catena, 77(1):48-55.

MALAM-ISSA O, STAL L J, DÉFARGE C, et al., 2001. Nitrogen fixation by microbial crusts from desiccated Sahelian soils (Niger)[J]. Soil Biology and Biochemistry, 33(10): 1425-1428.

MALAM-ISSA O, TRICHET J, DÉFARGE C, et al., 1999. Morphology and microstructure of microbiotic soil crusts on a tiger bush sequence (Niger, Sahel)[J]. Catena, 37(1): 175-196.

MIRALLES-MELLADO I, CANTÓN Y, SOLÉ-BENET A, 2011. Two-dimensional porosity of crusted silty soils: indicators of soil quality in semiarid rangelands?[J]. Soil Science Society of America Journal, 75(4): 1330-1342.

MUSCHA J M, HILD A L, 2006. Biological soil crusts in grazed and ungrazed Wyoming sagebrush steppe[J]. Journal of Arid Environments, 67(2): 195-207.

NEUMAN M K, MAXWELL C, RUTLEDGE C, 2005. Spatial and temporal analysis of crust deterioration under particle impact[J]. Journal of Arid Environments, 60(2): 321-342.

PATRICK E, 2002. Researching crusting soils: themes, trends, recent developments and implications for managing soil and water resources in dry areas[J]. Progress in Physical Geography, 26(3): 442-461.

PETROU P, MILIOS E, 2012. Establishment and survival of *Pinus brutia* Ten. seedlings over the first growing season in abandoned fields in central Cyprus[J]. Plant Biosystems, 146(3): 522-533.

PIETRASIAK N, REGUS J U, JOHANSEN J R, et al., 2013. Biological soil crust community types differ in key ecological functions[J]. Soil Biology and Biochemistry, 65: 168-171.

PONZETTI J M, MCCUNE B P, 2001. Biotic soil crusts of oregon's shrub steppe: community composition in relation to soil chemistry, climate, and livestock activity[J]. The Bryologist, 104(2): 212-225.

PRASSE R, BORNKAMM R, 2000. Effect of microbiotic soil surface crusts on emergence of vascular plants[J]. Plant Ecology, 150(1): 65-75.

PROCTOR M C F, 1972. Experiment on intermittent desiccation with *Anomodon viticulosus* (Hedw.) Hook. & Tayl. [J]. Journal of Bryology, 7(2): 181-186.

RAM A, AARON Y, 2007. Negative and positive effects of topsoil biological crusts on water availability along a rainfall gradient in a sandy arid area[J]. Catena, 70(3): 437-442.

RIVERA-AGUILAR V, GODÍNEZ-ALVAREZ H, MANUELL- CACHEUX I, et al., 2005. Physical effects of biological soil crusts on seed germination of two desert plants under laboratory conditions[J]. Journal of Arid Environments, 63(1): 344-352.

ROBERTS D A, GARDNER M, CHURCH R, et al., 1998. Mapping chaparral in the Santa Monica Mountains using multiple endmember spectral mixture models[J]. Remote Sensing of Environment, 65(3): 267-279.

RODRIGUEZ-CABALLERO E, BELNAP J, BÜDEL B, et al., 2018. Dryland photoautotrophic soil surface communities endangered by global change[J]. Nature Geoscience, 11(3): 185-189.

RODRÍGUEZ-CABALLERO E, ESCRIBANO P, CANTÓN Y, 2014. Advanced image processing methods as a tool to map and quantify different types of biological soil crust[J]. Isprs Journal of Photogrammetry and Remote Sensing, 90(2): 59-67.

ROGERS R W, 1972. Soil surface lichens in arid and subarid south-eastern Australia. Ⅲ. The relationship between distribution and environment[J]. Australian Journal of Botany, 20(3): 301-316.

ROOT H T, MCCUNE B, 2012. Regional patterns of biological soil crust lichen species composition related to vegetation, soils, and climate in Oregon, USA[J]. Journal of Arid Environments, 79(4): 93-100.

RÜHLING A, TYLER G, 1968. An ecological approach to the lead problem[J]. Botaniska Notiser, 121: 321-342.

RYCHERT R C, SKUJIŅŠ J, 1974. Nitrogen fixation by blue-green algae-lichen crusts in the Great Basin Desert[J]. Soil Science Society of America Journal, 38(5): 768-771.

SCHNEPF E, REINHARD C, 1997. Brachycytes in funaria protonemate: induction by abscisic acid and fine structure[J]. Journal of Plant Physiology, 151(2):166-175.

SCHRÖDER W, HOLY M, PESCH R, et al., 2011. Mapping atmospheric depositions of cadmium and lead in Germany based on EMEP deposition data and the European moss survey 2005[J]. Environment Science Europe, 23(1): 1-14.

SERPE M D, ORM J M, BARKES T, et al., 2006. Germination and seed water status of four grasses on moss-dominated biological soil crusts from arid lands[J]. Plant Ecology, 185(1): 163-178.

SHEPHERD U L, BRANTLEY S L, TARLETON C A, 2002. Species richness and abundance patterns of microarthropods on cryptobiotic crusts in a piñon-juniper habitat: a call for greater knowledge[J]. Journal of Arid Environments, 52(3): 349-360.

SHIPLEY B, 2000. Cause and Correlation in Biology[M]. Cambridge: Cambridge University Press.

SHIPLEY B, LECHOWICZ M J, WRIGHT I, et al., 2006. Fundamental trade-offs generating the worldwide leaf economics spectrum[J]. Ecology, 87(3): 535-541.

SMITH M O, USTIN S L, ADAMS J B, et al., 1990. Vegetation in deserts: Ⅱ. Environmental influences on regional abundance[J]. Remote Sensing of Environment, 31(1): 27-52.

STATES J S, CHRISTENSEN M, 2001. Fungi associated with biological soil crusts in desert grasslands of Utah and Wyoming[J]. Mycologia, 93(3): 432-439.

STEWART T J, BEHRA R, SIGG L, 2015. Impact of chronic lead exposure on metal distribution and biological effects to periphyton[J]. Environmental Science and Technolog, 49(8): 5044-5051.

SU Y G, LI X R, ZHENG J G, et al., 2009. The effect of biological soil crusts of different successional stages and conditions on the germination of seeds of three desert plants[J]. Journal of Arid Environments, 73(10): 901-906.

SUCHARA I, SUCHAROVÁ J, 2004. Current atmospheric deposition loads and their trends in the Czech Republic determined by mapping the distribution of moss element contents[J]. Journal of Atmospheric Chemistry, 49(1-3): 503-519.

THOMAS A D, DOUGILL A J, 2006. Distribution and characteristics of cyanobacterial soil crusts in the Molopo Basin, South Africa[J]. Journal of Arid Environments, 64(2): 270-283.

TIAN G Q, BAI X L, XU J, et al., 2006. Experimental studies on the natural restoration and the artificial culture of the moss crusts on fixed dunes in the Tengger Desert, China[J]. Frontiers of Biology in China, 1(1): 13-17.

TITS L, 2012. The potential and limitations of a clustering approach for the improved efficiency of multiple endmember spectral mixture analysis in plant production system monitoring[J]. IEEE Transactions on Geoscience and Remote Sensing, 50(6): 2273-2286.

TOOREN B F V, 1990. Effect of a bryophyte layer on the emergence of seedlings of chalk grassland species[J]. Acta Oecologica, 11(2): 155-163.

TREMBLEY M L, RINGLI C, HONEGGER R, 2002. Morphological and molecular analysis of early stages in the resynthesis of the lichen *Baeomyces rufus*[J]. Mycological Research, 106(6): 768-776.

VASHISTHA B D, CHOPRA R N, 1987. In vitro studies on spore germination, protonemal differentiation and bud formation in three Himalayan mosses[J]. Journal of The Hattori Botanical Laboratory, (62): 121-136.

VASSILEV K, PEDASHENKO H, NIKOLOV S C, et al., 2011. Effect of land abandonment on the vegetation of upland semi-natural grasslands in the Western Balkan Mts., Bulgaria[J]. Plant Biosystems, 145(3): 654-665.

WANG W B, LIU Y D, LI D H, et al., 2009. Feasibility of cyanobacterial inoculation for biological soil crusts formation in desert area[J]. Soil Biology and Biochemistry, 41(5): 926-929.

WARREN S D, CLAIR L S, LEAVITT S D, 2018. Aerobiology and passive restoration of biological soil crusts[J]. Aerobiologia, 35(1): 45-56.

WASLEY J, 2004. The effect of climate change on Antarctic terrestrial flora[D]. Wollongong: University of Wollongong.

WEBER B, BÜDEL B, BELNAP J, 2016. Biological Soil Crusts: An Organizing Principle in Drylands[M]. Switzerland: Springer-Verlag.

WEBER B, OLEHOWSKI C, KNERR T, et al., 2008. A new approach for mapping of biological soil crusts in semidesert areas with hyperspectral imagery[J]. Remote Sensing of Environment, 112(5): 2187-2201.

WEST N E, 1990. Structure and function of microphytic soil crusts in wildland ecosystems of arid to semi-arid regions[J]. Advances in Ecological Research, 20: 179-223.

WILLIAMS W J, ELDRIDGE D J, Alchin B M, et al., 2008. Grazing and drought reduce cyanobacterial soil crusts in an Australian Acacia woodland[J]. Journal of Arid Environments, 72(6): 1064-1075.

WOJTUŃ B, SAMECKA-CYMERMAN A, KOLON K, et al., 2013. Metals in some dominant vascular plants, mosses, lichens, algae, and the biological soil crust in various types of terrestrial tundra, SW Spitsbergen, Norway[J]. Polar Biology, 36(12): 1799-1809.

WU L, LAN S B, ZHANG D L, et al., 2011. Small-scale vertical distribution of algae and structure of lichen soil crusts[J]. Microbial Ecology, 62(3): 715-724.

WU N, ZHANG Y M, DOWNING A, 2009. Comparative study of nitrogenase activity in different types of biological soil crusts in the Gurbantunggut Desert, Northwestern China[J]. Journal of Arid Environments, 73(9): 828-833.

WYATT R, DOUST J L, DOUST L L, 1988. Plant reproductive ecology: patterns and strategies[J]. Evolution, 93(3): 646-647.

XIAO B, ZHAO Y G, SHAO M A, 2010. Characteristics and numeric simulation of soil evaporation in biological soil crusts[J]. Journal of Arid Environments, 74(1): 121-130.

XIE Z M, LIU Y D, HU C X, et al., 2007. Relationships between the biomass of algal crusts in fields and their compressive strength[J]. Soil Biology and Biochemistry, 39(2): 567-572.

XU S J, YIN C S, HE M, et al., 2008. A technology for rapid reconstruction of moss-dominated soil crusts[J]. Environment Engineer Science, 25(8): 1129-1138.

YANG Y S, BU C F, MU X M, et al., 2014. Interactive effects of moss-dominated crusts and *Artemisia ordosica* on wind erosion and soil moisture in Mu Us sandland, China[J]. The Scientific World Journal, 2014: 649816.

YÜKSEK T, 2009. Effect of visitor activities on surface soil environmental conditions and aboveground herbaceous biomass in Ayder Natural Park[J]. Clean-Soil, Air, Water, 37(2): 170-175.

ZAADY E, BEN-DAVID E A, SHER Y, et al., 2010. Inferring biological soil crust successional stage using combined PLFA, DGGE, physical and biophysiological analyses[J]. Soil Biology and Biochemistry, 42(5): 842-849.

ZAADY E, GUTTERMAN Y, BOEKEN B, 1997. The germination of mucilaginous seeds of *Plantago coronopus*, *Reboudia pinnata*, and *Carrichtera annua* on cyanobacterial soil crust from the Negev Desert[J]. Plant and Soil, 190(2): 247-252.

ZAADY E, GROFFMAN P, SHACHAK M, 1998. Nitrogen fixation in macro- and microphytic patches in the Negev desert[J]. Soil Biology and Biochemistry, 30(4): 449-454.

ZAVALETA E S, HULVEY K B, 2007. Realistic variation in species composition affects grassland production, resource use and invasion resistance[J]. Plant Ecology, 188(1): 39-51.

ZHANG Y M, BELNAP J, 2015. Growth responses of five desert plants as influenced by biological soil crusts from a temperate desert, China[J]. Ecological Research, 30(6): 1037-1045.

ZHANG Z, DONG Z, ZHAO A, et al., 2008. The effect of restored microbiotic crusts on erosion of soil from a desert area in China[J]. Journal of Arid Environments, 72(5): 710-721.

ZHAO L J, XIAO H L, CHENG G D, et al., 2010. Correlation between $\delta^{13}C$ and $\delta^{15}N$ in C_4 and C_3 plants of natural and artificial sand-binding microhabitats in the Tengger Desert of China[J]. Ecological Informatics, 5(3): 177-186.

第 2 章　生物结皮的发育过程与空间分布

黄土高原实施退耕还林(草)工程以来，以苔藓结皮为主的生物结皮快速发育，广泛分布于退耕地等区域，部分地块盖度可达 70%以上(赵允格等，2006a)。虽然黄土高原生物结皮在改善土壤理化性质、提高抗蚀性(Gao et al.，2017，2012)、固碳和固氮、提高土壤肥力(Yang et al.，2019；Zhao et al.，2010)、参与土壤水文循环、影响维管植物生长(Bu et al.，2015)等方面具有重要作用，但对其时空发育特征及环境因子的驱动作用少有报道。了解黄土高原生物结皮发育过程特点，研究水蚀风蚀交错区小流域内生物结皮各发育指标空间分布特征及其影响因素和作用机理，能够为揭示生物结皮在干旱、半干旱地区的功能与地位提供基础。

本章将介绍在陕西省神木市六道沟小流域开展的生物结皮发育演替及空间分布研究，描述处于不同发育演替阶段的生物结皮在外观、物种组成、理化性状等方面的特点，明确生物结皮在小流域尺度下的空间分布特征，讨论不同环境因子对生物结皮发育的影响。通过野外试验，探究地块尺度下生物结皮发育过程中物种组成、盖度及厚度等生长指标动态特征。通过野外调查，考察整个流域与典型坡面上生物结皮的盖度、厚度、抗剪强度等发育指标的空间分布及其驱动因素，明确生物结皮发育过程的典型特征，揭示生物结皮空间分布与地形、土壤、植被、小气候等环境因子之间的关系，为评估与管理黄土高原生物结皮生态资源提供借鉴。

2.1　研究区概况

六道沟小流域(110°21′～110°23′E，38°46′～38°51′N)位于陕西省神木市以西 14km 处，海拔 1094～1274m，流域面积 6.89km^2(孟杰，2011)。地处黄土高原北部、毛乌素沙地东南缘，为黄土高原北部森林草原区和典型的水蚀风蚀交错区，是黄土高原北部水蚀风蚀最为严重的地区，年侵蚀模数达 7200t/km^2(黄婷婷等，2020)。气候属中温带半干旱气候，冬春季寒冷干燥，盛行西北风，年平均风速为 2.2m/s，常伴有沙尘暴，土壤风蚀严重(李勉等，2004)；夏秋酷热，多短时暴雨，水蚀作用强烈。年平均气温为 8.4℃；年均降水量约为 437mm，其中 6～9 月的降水量约占全年降水量的 77%(毛娜等，2017)；年潜在蒸发量超过 1000mm(卢龙彬等，2013)，平均干旱指数为 1.8。流域内风沙堆积地貌和流水侵蚀的丘陵沟壑地貌交错分布，主沟道自南向北汇入窟野河一级支流。该区夏秋两季以水蚀作用为主，冬春两季以风蚀为主(童永平，2019)。由于长期土壤侵蚀和土地沙化，地带性黑垆土现已侵蚀殆尽，以新黄土、红胶土、风沙土和淤土为主，黄土约占流域面积的 86.5%，主要分布在流域东侧；风沙土约占流域面积的 13.5%，多为固定沙丘，主要分布在流域西侧(贾恒义等，1993)。由于长期的开垦，流域内天然植被多遭严重破坏，退耕还林(草)后已被人工植被和退耕荒坡地次生演替植被取代。调查显示，次生植物群落以旱生禾草群落与旱生蒿类群落为主，主要有沙蒿(*Artemisia desertorum* Spreng.)、柠条锦鸡儿(*Caragana korshinskii* Kom.)、长芒草(*Stipa bungeana* Trin.)、苜蓿(*denticulata denticulata* Willd.)、达乌里胡枝子(*Lespedeza davarica*)、阿尔泰狗娃花(*Aster altaicus* Willd.)等，人工林以小叶杨、桃树(*Amygdalus persica* L.)和杏树(*Armeniaca vulgaris* Lam.)等经济树木为主(童永平，2019)。

2.2　生物结皮的发育过程

通过建立野外观测小区，结合野外调查结果来分析生物结皮的发育过程。本节通过分析生物结皮的盖度、厚度、容重、抗剪强度、物种组成等指标的动态变化，研究自然状态下土壤表层由物理结皮向生物结皮转化过程，进一步探讨研究区生物结皮的形成机理。

2008 年 8 月，在研究区选择一块平整地表，设置 4 个 1m×1m 的观测小区，用于观测自然条件下生物结皮的发育过程。小区中土壤为黄绵土，质地为砂质壤土，黏粒(＜0.002mm)、粉粒(0.002～0.02mm)和砂粒(＞0.02mm)质量分数分别为 6.0%、24.5%和 69.5%，砂粒主要为细砂粒(0.02～0.2mm)，粗砂粒(＞0.2mm)不足 1%。此外，粒径为 0.002～0.05mm 的颗粒占 56.1%。试验开始前，将观测小区表层土壤耙细并进行平整，使其在自然状态下发育生物结皮，定期管护。自然恢复一年后，在 2009 年、2010 年的雨季，定期观测生物结皮盖度，记录生物结皮中藻类及苔藓的生长状况。降水特征是影响土壤结皮形成和发育的关键因素。雨季是生物结皮形成和发育的关键时期，水热同步为生物结皮中藻类、苔藓的生长繁殖创造了有利条件。试验期间(2008～2010 年)的降水量月动态变化如图 2.1 所示，年平均降水量为 431.0mm；从年内分布来看，冬春季降水较少，夏秋季降水较多，其中 6～9 月的降水量占全年降水量之比分别为 81.5%、83.3%和 69.8%，且以大雨、暴雨为主。

为了减少干扰，仅采样测定雨季始末生物结皮的厚度、抗剪强度、容重，并鉴定藻类、苔藓结皮物种。为了更好地反映生物结皮的动态发育过程，以土壤类

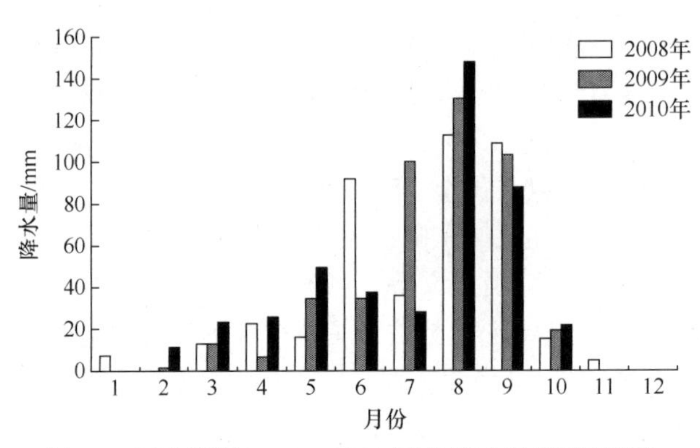

图 2.1　试验期间(2008～2010 年)的降水量月动态变化

型相同为前提，在神木侵蚀与环境试验站的封闭裸地内补充采集已发育 3 年、6 年的生物结皮样品，使取样厚度一致，取 0～2cm 的表层土壤。采得土样带回室内鉴定藻类和苔藓物种，先后加入 10%的 HCl 与 30%的 H_2O_2 去除样品中色素及有机质，水洗 4～5 遍至中性并浓缩后，置于显微镜下观察计数，对比相关文献进行藻种鉴定(胡鸿钧等，2006；郭玉洁等，2003；金德祥等，1960)。

2.2.1　表观动态特征

小区中首先出现物理结皮，后逐渐向生物结皮发展。为便于描述，根据观测小区实际情况，此处将土壤结皮表面颜色变深(相对于物理结皮而言)且有苔藓植物出现视为生物结皮形成的标志。在天然降水作用下，观测小区中首先形成物理结皮，经过形成-破坏-再形成过程不断趋于稳定(卜崇峰等，2009)。同时，该区冬春季降水稀少、风沙天气较多，大气降尘可能为土壤结皮的进一步发育提供一定的物质来源(Wang et al.，2017)。此外，气温较低也不利于土壤微生物及藻类等生长繁殖。图 2.2 展示了 2009 年土壤结皮的发育特征，可以看出，在雨季初期，土壤结皮的外观颜色、形态特征并没有明显变化，但此时的物理结皮已经具有一定的厚度和强度[图 2.2(a)～(c)]。而在恒温室内控制土壤含水量、气温与湿度并施用肥料的条件下，一个多月后即可在黄土表层形成苔藓和藻类结皮(贾志军等，2006)。雨季中后期，良好的水热条件为土壤微生物、藻类及苔藓植物的繁殖生长创造了有利条件，使土壤结皮快速发育。2009 年 8 月 21 日，各观测小区已出现明显的苔藓植物，结皮表层颜色略有加深，表明土壤结皮开始进入生物结皮发育阶段，此时生物结皮的盖度为 5%～15%[图 2.2(d)～(f)]。此外，生物结皮首先在地势低洼降水汇集处形成，水蚀搬运的土壤细颗粒汇聚于凹陷的微地形处，利于生物结皮的生长繁殖。至雨季结束时(2009 年 10 月 12 日)，生物结皮进一步发育和完善，此时盖度可达 20%～35%[图 2.2(g)～(i)]。

图 2.2　2009 年土壤结皮的发育特征(见彩图)(李金峰等，2014)

(a)～(i)分图题表示所摄土壤结皮发育状况照片的时间(月/日)

经过冬季干湿交替和反复冻融，生物结皮表面出现裂隙并破碎，尘埃与土壤细颗粒在风蚀与降水作用下沉降并填塞了裂隙。水平和垂直方向的土壤细颗粒分选与聚集，为生物结皮的进一步发育创造了条件。图 2.3 展示了 2010 年生物结皮的发育特征。可以看出，发育两年后(2010 年)，生物结皮颜色更深，干燥时呈灰黑色，结皮中藻类数量增多[图 2.3(a)～(c)]，盖度增加至 30%～40%，抗蚀性上升。

图 2.3　2010 年生物结皮的发育特征(见彩图)(李金峰等，2014)

(a)～(l)分图题表示所摄生物结皮发育状况照片的时间(月/日)

雨季降水充足，藓类植物快速生长，盖度进一步增大，2010 年 7 月 10 日与 8 月 28 日测得的生物结皮盖度分别为 50%～65%和 55%～75%[图 2.3(d)～(f)、图 2.3(g)～(i)]。雨季末期(2010 年 9 月 25 日)，小区中生物结皮盖度达 80%～90%，颜色进一步加深，苔藓株密度虽低却分布在观测小区 60%的面积上，湿润后呈鲜绿色，干燥时呈棕褐色或黑褐色[图 2.3(j)～(l)]。

2.2.2　物理性状的动态变化

本小节测定了 2009 年和 2010 年雨季始末生物结皮的厚度、抗剪强度和容重三个指标，以期反映生物结皮发育过程中物理性状的动态变化。2009 年雨季，生物结皮厚度增长 1.1mm，增长率约为 26%，抗剪强度上升 5.3kPa，增长率约为 31%；2010 年雨季，生物结皮厚度增长 0.9mm，增长率约为 16%，抗剪强度上升 10.6kPa，增长率约为 55%(图 2.4)。生物结皮厚度在发育初期上升较快，表明雨季是生物结皮厚度增加的关键时期[图 2.4(a)]。在之后的几年时间内，随着生物结皮的不断发育和演替，厚度增加趋势有所减缓，稳定厚度介于 9.8～11.8mm。2010 年观测期间的降水量少于 2009 年，这也可能会影响生物结皮厚度的增加。此外，裸地缺乏植物冠层保护，土壤侵蚀严重，影响了生物结皮厚度的增加。

抗剪强度动态变化趋势与厚度类似，随着生物结皮厚度增加，抗剪强度也随之上升[图 2.4(b)]。经历冬春反复冻融及生物体新老更替，生物结皮变得松散，使 2009 年雨季末的生物结皮抗剪强度大于 2010 年雨季初。2010 年，生物结皮中藻类和苔藓植物生物量明显增多，大大提高其抗剪强度。生物结皮容重变化不明显，介于 1.40～1.43g/cm^3，主要取决于物理结皮的容重，经历数次强降水的物理结皮

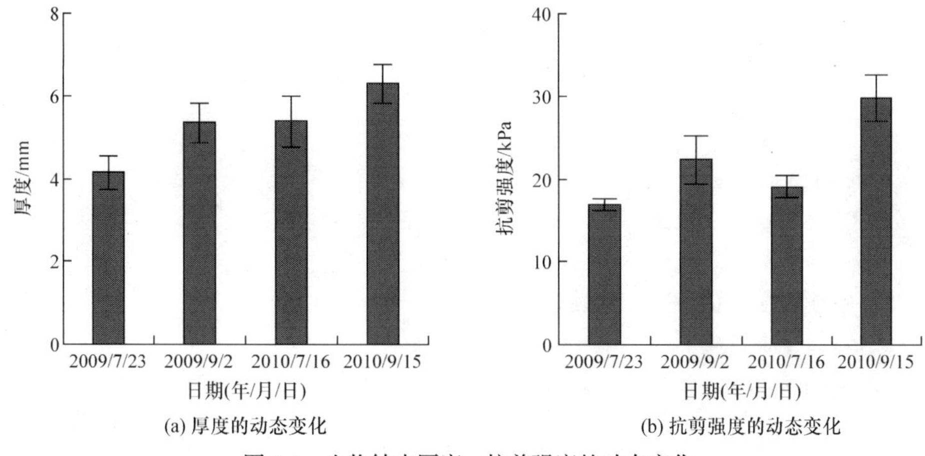

(a) 厚度的动态变化　(b) 抗剪强度的动态变化

图 2.4　生物结皮厚度、抗剪强度的动态变化

容重基本稳定，因此生物结皮形成初期，容重不会大幅变动。随着生物结皮的进一步发育，生物量上升，土壤有机质大量积累，改善了原有的土壤孔隙结构，容重开始下降。野外调查显示，该区生物结皮的容重从形成之初(2 年)的 1.40g/cm^{3}下降至稳定状态(6 年)的 1.08～1.30g/cm^3。

2.2.3　物种组成的动态变化

1. 藻类

发育初期的生物结皮(含发育 3 年、6 年)中共鉴定出藻类 26 科 35 属 50 种，包括蓝藻门(Cyanophyta)、硅藻门(Bacillariophyta)、绿藻门(Chlorophyta)、裸藻(Euglenophyta)、甲藻门(Pyrrophyta)、黄藻门(Xanthophyta)、隐藻门(Cryptophyta)7个门类。其中，蓝藻门、硅藻门占绝对优势，二者共计 16 科 23 属 38 种，占总种数 76.0%；其次是绿藻门，计 5 科 6 属 6 种，占总种数的 12.0%；而裸藻门、甲藻门、黄藻门和隐藻门各为 1～2 种(表 2.1)。硅藻门共有 23 种，多于蓝藻门的 15 种，这与其他地区的研究结果明显不同。与六道沟小流域相比，古尔班通古特沙漠不同发育阶段生物结皮的藻类物种多样性差异不大，均为蓝藻占绝对优势，蓝藻种数在裸沙、藻类结皮、地衣结皮和苔藓结皮中占藻类总种数的比例介于80.6%～87.5%，绿藻、硅藻及裸藻的种数相对很少(张丙昌等，2009)；在兰州北山黄土生物结皮中共发现藻类 53 种，其中蓝藻 34 种、绿藻 7 种、硅藻 10 种、裸藻 2 种，砂质黄土上的藻类种数明显多于黄黏土，不过二者均以非洲席藻(*Phormidium africanum* Lemm.)为第一优势种(胡春香等，2003)；另外，有灌溉条件的人工草地土表藻类最为丰富，以小球藻为优势种。土壤和气候条件(如降水)的差异可能是生物结皮藻类物种组成出现明显差异的重要原因。

表 2.1　发育初期生物结皮中藻类组成的科、属、种统计结果

门	科数	占总科数之比/%	属数	占总属数之比/%	种数	占总种数之比/%
蓝藻门 Cyanophyta	8	30.8	11	31.4	15	30.0
硅藻门 Bacillariophyta	8	30.8	12	34.3	23	46.0
绿藻门 Chlorophyta	5	19.3	6	17.1	6	12.0
裸藻门 Euglenophyta	1	3.8	2	5.7	2	4.0
甲藻门 Pyrrophyta	2	7.7	2	5.7	2	4.0
黄藻门 Xanthophyta	1	3.8	1	2.9	1	2.0
隐藻门 Cryptophyta	1	3.8	1	2.9	1	2.0
合计	26	100	35	100	50	100

观测小区中的蓝藻主要来自念珠藻科鱼腥藻属、拟鱼腥藻属(*Anabaenopsis*)及束丝藻属(*Aphanizomenon*)、色球藻科集胞藻属和平裂藻属(*Merismopedia*)。硅藻主要来自圆筛藻属(*Coscinodiscus*)、小环藻属(*Cyclotella*)、海链藻属(*Thalassiosira*)、直链藻属(*Melosira*)、菱形藻属(*Nitzschia*)和伪菱形藻属(*Pseudo-nitzschia*)。生物结皮中绿藻主要为小球藻、集球藻(*Palmellococcus miniatus*)、土生绿球藻(*Chlorococcum humicola*)和衣藻(*Chlamydomonas* sp.)等。

表 2.2 为观测小区内不同发育年限生物结皮中藻类组成的动态变化。可以看出，随着发育时间的延长，生物结皮中藻类物种组成与物种数量差异较大。生物结皮发育 1 年、2 年时，包含的藻类物种数分别为 17 种和 28 种，发育 3 年和 6 年时，藻类物种数分别为 12 种和 14 种，藻类物种数先增加后减少，这是因为随着生物结皮的发育，苔藓植物逐渐占据主导地位，藻类在生存竞争中往往处于劣势而逐渐被淘汰(张丙昌等，2008)。不同发育年限生物结皮藻类组成有较大差异，与在古尔班通古特沙漠得到的结果相似(张丙昌等，2009)，但黄土区藻类在物种组成、优势种及常见种等方面又具有独特性。

表 2.2　不同发育年限生物结皮中藻类组成的动态变化

藻类种名	生物结皮发育年限			
	1 年	2 年	3 年	6 年
阿氏拟鱼腥藻 *Anabaenopsis arnoldii* Aptekarj			++	
奥克席藻 *Phormidium okenii*				++
奥连微囊藻 *Microcystis orissica* W. West.		+		
颤藻 *Oscillatoria* sp.				+
丹麦细柱藻 *Leptocylindrus danicus*		+		

续表

藻类种名	生物结皮发育年限			
	1 年	2 年	3 年	6 年
短柄曲壳藻小形变种 *Achnanthes brevipes* var. *parvula* (Kuetz.) Cleve				+
多甲藻 *Peridinium* sp.	+			
多养扁裸藻 *Phacus polytrophos* Pochmann		+		
二分双色藻 *Cyanobium distomicola*	+			
辐环藻 *Actinocyclus* sp.		+		+
附生色球藻 *Chroococcus epiphyticus*		+		
海链藻 *Thalassiosira* sp.	+			
环圈拟鱼腥藻 *Anabaenopsis circularis*		+		
惠氏集胞藻 *Synechocystis willei*		+		
集球藻 *Palmellococcus miniatus*		+		
具边线形圆筛藻 *Coscinodiscus marginato-lineatus*	++	+++	+	+
具槽直链藻 *Melosira sulcata*	+	+		
卷曲鱼腥藻 *Anabaenopsis circinalis*		+		+
坑形细鞘丝藻 *Leptolyngbya foveolara*			+++	+++
裸甲藻 *Gymnodinium aeruginosum*	+	+		+
裸藻 *Euglena* sp.	+	+	+	+
拟短形颤藻 *Oscillatoria subbrevis*			++	
拟气球藻 *Botrydiopsis arhiza*			+	
念珠直链藻 *Melosira moniliformis*		+		
披针形舟形藻 *Navicula lanceolata*			+	
琴氏菱形藻 *Nitzschia panduriformis*		+		
琴氏菱形藻微小变种 *Nitzschia panduriformis* var. *minor* Grunow		+		
球网藻 *Sphaerodictyon coelastroides*			+	
舌形圆筛藻 *Coscindiscus blandus*		+		
双眉藻 *Amphora* sp.	+			
水华束丝藻 *Aphanizomenon flos-aquae*				+
水生集胞藻 *Synechocystis aquatilis*	+	+	+	

续表

藻类种名	生物结皮发育年限			
	1年	2年	3年	6年
碎片菱形藻 *Nitzschia frustulum*	+			
条纹小环藻 *Cyclotella striata*	+			+
土生绿球藻 *Chlorococcum humicola*		++	+	
美丽团藻 *Volvox aureus*	+			
微小海链藻 *Thalassiosira exigua*		+		
细弱圆筛藻 *Coscinodiscus subtilis*			+	
细弱圆筛藻小形变种 *Coscinodiscus subtilis* var. *minor*		+		
纤细楔形藻延长变种 *Licmophora gracilis* var. *elongta*		+		
小环藻 *Cyclotella* sp.	+			
小球藻 *Chlorella vulgaris*	++	+		+
小伪菱形藻漂白变种 *Pseudo-nitzschia sicula* var. *migrans*		+		
小伪菱形藻双楔变种 *Pseudo-nitzschia sicula* var. *bicuneata*		+		
小形舟形藻 *Navicula parva*	+			
衣藻 *Chlamydomonas* sp.	+			
隐藻 *Cryptomonas* sp.		+	+	
鱼腥藻 *Anabaena* sp.	+++	+		
中华平裂藻 *Merismopedia sinica*				++
舟形藻 *Navicula* sp.		+		+
物种数	17	28	12	14

注：+++为优势种，++为亚优势种，+为存在；1年、2年生物结皮样本分别于2009和2010年采自生物结皮发育过程研究观测小区。

发育1年的黄土生物结皮藻类组成中以鱼腥藻为优势种，以具边线形圆筛藻和小球藻为亚优势种。发育2年的生物结皮中藻类以具边线形圆筛藻为优势种，而以土生绿球藻为亚优势种。发育3到6年的生物结皮逐渐由苔藓植物主导，藻类物种数明显下降，组成发生变化，以坑形细鞘丝藻为优势种，发育3年生物结皮以阿氏拟鱼腥藻和拟短形颤藻为亚优势种，而6年生物结皮则以中华平裂藻和奥克席藻为亚优势种。新疆古尔班通古特沙漠、宁夏沙坡头、甘肃兰州北山地区生物结皮中绿藻的物种组成既有联系，又有区别，土生绿球藻、小球藻和衣藻是常见种，同时也是处于不同发育阶段生物结皮的共有种(郑云普等，2010)。影响生物结皮发育和演替的因素很多，不同气候、土壤及发育阶段生物结皮中藻类物种组成与相对丰度的动态变化规律及其生态意义还有待深入研究(Deng et al.，2020)。

2. 苔藓

发育初期生物结皮中苔藓植物组成如表 2.3 所示，观测小区中共发现 2 科 4 属 5 种。最早出现的物种为钝叶芦荟藓和短喙芦荟藓(*Aloina brevirostris* Kindb.)，持续生长良好且盖度高，为优势藓类；而厚肋流苏藓、真藓及土生对齿藓的分布较少。随生物结皮发育，苔藓植物区系组成不断变化，研究区发育稳定(3 年、6 年)的生物结皮中苔藓植物多样性高，优势种为尖叶对齿藓、真藓、狭网真藓等，与发育初期相比，物种数增加。明确不同发育阶段苔藓植物组成，对促进生物结皮的人工培养及其工程化应用具有指导意义。

表 2.3　发育初期生物结皮中苔藓植物组成

<table>
<tr><th>科</th><th>属</th><th>种</th></tr>
<tr><td rowspan="4">丛藓科
Pottiaceae</td><td rowspan="2">芦荟藓属 Aloina</td><td>钝叶芦荟藓 Aloina rigida (Hedw.) Limpr.</td></tr>
<tr><td>短喙芦荟藓 Aloina brevirostris Kindb.</td></tr>
<tr><td>流苏藓属 Crossidium</td><td>厚肋流苏藓 Crossidium crassinerve (De Not.) Jur.</td></tr>
<tr><td>对齿藓属 Didymodon</td><td>土生对齿藓 Didymodon vinealis (Brid.) Zand.</td></tr>
<tr><td>真藓科
Bryaceae</td><td>真藓属 Bryum</td><td>真藓 Bryum argenteum Hedw.</td></tr>
</table>

在黄土区生物结皮形成过程中，7～9 月的雨季提供了适于生物结皮生长的水热条件，藻类、苔藓得以大量繁殖，生物结皮盖度迅速增大。经过 2009 年、2010 年的雨季，生物结皮盖度由 0 增加至 80%～90%。发育初期藻类物种数与生物量上升，颜色变深，随后苔藓植物生物量上升，藻类物种数下降，尽管苔藓植株密度不大，但覆盖面积约占观测小区的 60%。

2.3　生物结皮的空间分布

空间分布是生物结皮发育的结果，量化生物结皮在一定地理范围内的空间分布并揭示其特点，能够指导生物结皮生态功能的评价与管理。通过对小流域与坡面尺度的研究，在总体上明确生物结皮物理性状的空间分布特征，比较黄土与风沙土生物结皮的异同，并为进一步使用环境因素对其加以解释提供基础。

2.3.1 小流域尺度

为了解六道沟小流域(总面积 6.89km^2)生物结皮的盖度、厚度、抗剪强度、容重及物种组成等指标的空间分布特征，基于全流域野外调查，本小节根据土地利用方式等因素选取典型样地表征全流域生物结皮发育状况。2009 年 8 月，根据土壤基质、植被状况和地形地貌等因素选定了调查样地，调查生物结皮小流域尺度空间分布。根据样地面积与地形特征，在各样地内布设 3～7 个样方，样方大小随植物群落不同而异，其中，草本、灌木、乔木分别采用 1m × 1m、5m × 5m、10m × 10m 样方。记录各样方内植物群落组成、盖度，测定生物结皮盖度、厚度、抗剪强度、容重等指标，鉴定其所含物种。利用流域基础图件，如数字高程模型(digital elevation model，DEM)数据、植被类型图、土地利用类型图等绘制生物结皮的空间分布特征图，并进行统计分析。

六道沟小流域风沙土和黄土分布如图 2.5 所示，主沟道东侧为黄土覆盖，占流域面积的 86.5%；西侧多为固定沙地，以风沙土为主，占流域面积的 13.5%(贾恒义等，1993)。

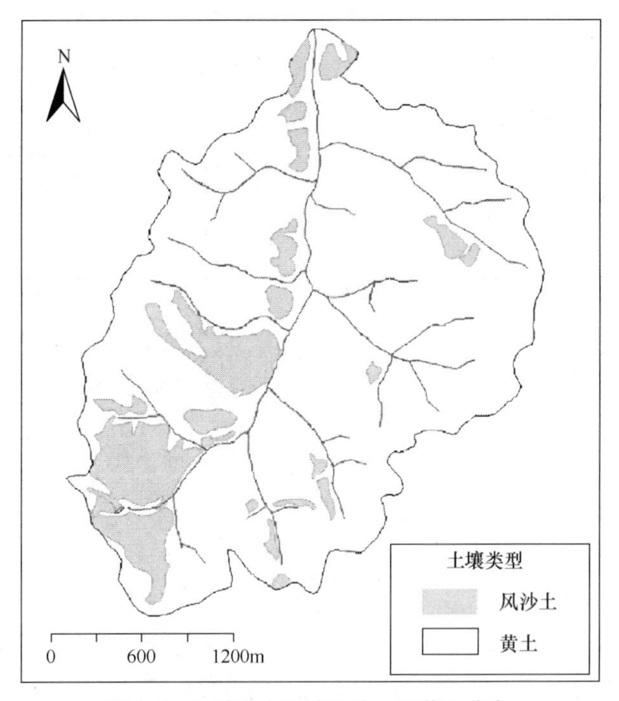

图 2.5 六道沟小流域风沙土和黄土分布

图 2.6 展示了六道沟小流域两种土壤类型上生物结皮的分布特征及表观发育

特征。根据调查结果可知，生物结皮在沙地与黄土地表皆有分布，且多以苔藓结皮为主导，主要分布于沙地背风坡或水分条件较好的中、下坡位及丘间低地，成片发育；黄土区生物结皮主要分布于植物群落间隙，仅局部地区连接成片，呈斑块状分布。

(a) 风沙土生物结皮分布特征

(b) 风沙土生物结皮表观发育特征

(c) 黄土生物结皮分布特征

(d) 黄土生物结皮表观发育特征

图 2.6　六道沟小流域不同土壤类型生物结皮的分布和表观发育特征(见彩图)
(卜崇峰等，2014)

六道沟小流域生物结皮的空间分布特征如图 2.7 所示。生物结皮主要分布于梁峁坡面与顶部，这些区域占流域面积的 60.7%，即生物结皮分布区面积约为 4.18km^2，具体的盖度空间分布特征如图 2.7(a)所示。盖度为 60%～70%的生物结皮面积为 2.01km^2，占比 48.1%；盖度 50%～60%的生物结皮面积为 0.99km^2，占比 23.7%；盖度小于 50%与介于 70%～80%的生物结皮面积占流域面积的比例分别为 10.3%与 11.4%；盖度在 80%以上的最少，占比 6.5%。对比黄土，风沙土上生物结皮的盖度普遍较大。

小流域内生物结皮厚度的最小值为 5.5mm，最大值为 19.0mm。厚度介于 10.0～12.5mm 的生物结皮占比 58.2%，小于 10.0mm 的占比 33.0%，介于 17.5～20.0mm

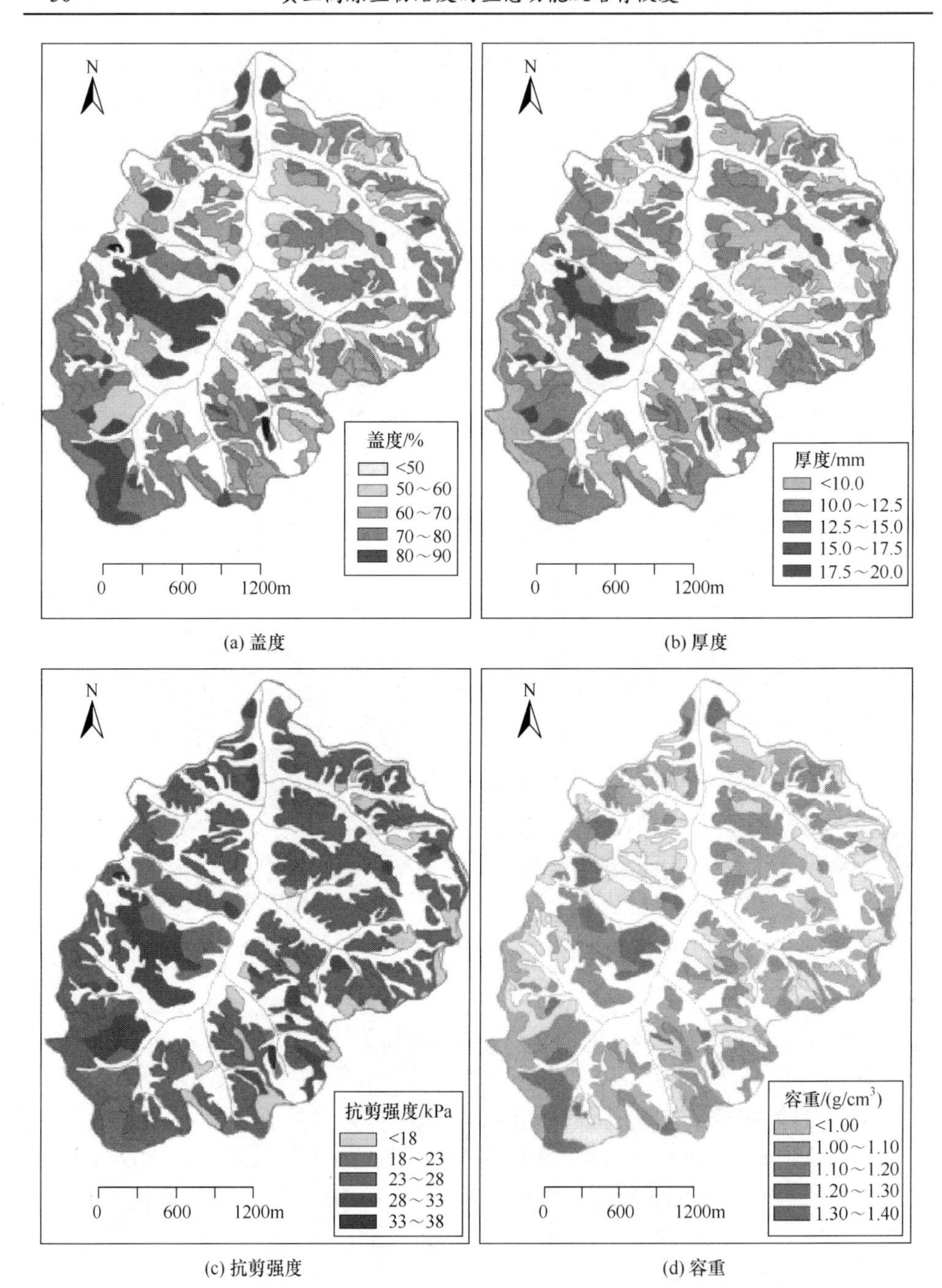

(a) 盖度　(b) 厚度

(c) 抗剪强度　(d) 容重

图 2.7　六道沟小流域生物结皮的空间分布特征(见彩图)

的占比 6.2%，主要分布于流域西侧固定沙地[图 2.7(b)]。

抗剪强度表征生物结皮中土粒与生物的胶结紧密程度,反映抗水蚀风蚀能力。

由图 2.7(c)可以看出，风沙土生物结皮的抗剪强度大于黄土生物结皮。据统计，抗剪强度介于 23～28kPa 的生物结皮占比 68.4%，小于 18kPa 和大于 33kPa 的生物结皮占比分别为 7.4%和 0.3%，介于 18～23kPa 和 28～33kPa 的生物结皮占比分别为 11.4%和 12.5%。

生物结皮的容重主要取决于形成结皮的土壤，同时受到人畜碾压、踩踏等干扰的影响。在六道沟小流域内，风沙土生物结皮的容重变化范围为 1.08～1.42g/cm^3，黄土生物结皮的变化范围较大，为 0.76～1.42g/cm^3。据统计，容重介于 1.10～1.20g/cm^3 和介于 1.20～1.30g/cm^3 的生物结皮占比分别为 33.0%和 30.4%，小于 1.10g/cm^3 的生物结皮占比为 25.1%，其中主要为发育时间较长的黄土生物结皮，而容重大于 1.30g/cm^3 的生物结皮主要分布于沙地中[图 2.7(d)]。

2.3.2　坡面尺度

在坡面尺度下，选定一处撂荒 30 年以上的典型梁峁坡面进行研究(图 2.8 廓线内区域)(张朋，2015)。于 2014 年 6～10 月开展生物结皮空间分布调查工作，以研究黄土高原水蚀风蚀交错区生物结皮的盖度、厚度、抗剪强度小尺度的空间分

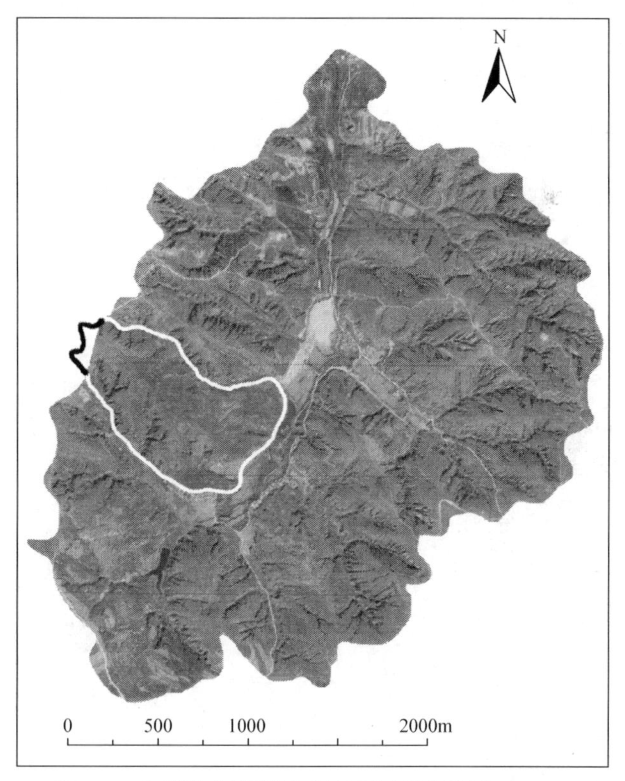

图 2.8　六道沟小流域试验坡面位置图(张朋，2015)

布细节特征及其差异，了解生物结皮空间分布整体格局、局部特征、空间变异性和空间自相关性。试验采用无样地取样，记录采样点高程与经纬度，测录以采样点为圆心、半径 10m 内生物结皮的盖度(%)、厚度(mm)、抗剪强度(kPa)，重复 3～5 次[图 2.9(a)]。降低采样点密度后，再测录植被类型与盖度(%)，土壤容重(g/cm^3)和土壤含水量(%)，之后通过克里金插值法(Kriging interpolation)制成空间分布栅格图[图 2.9(b)和(c)]。使用 DEM 数据生成地形湿度指数(topographic wetness index，

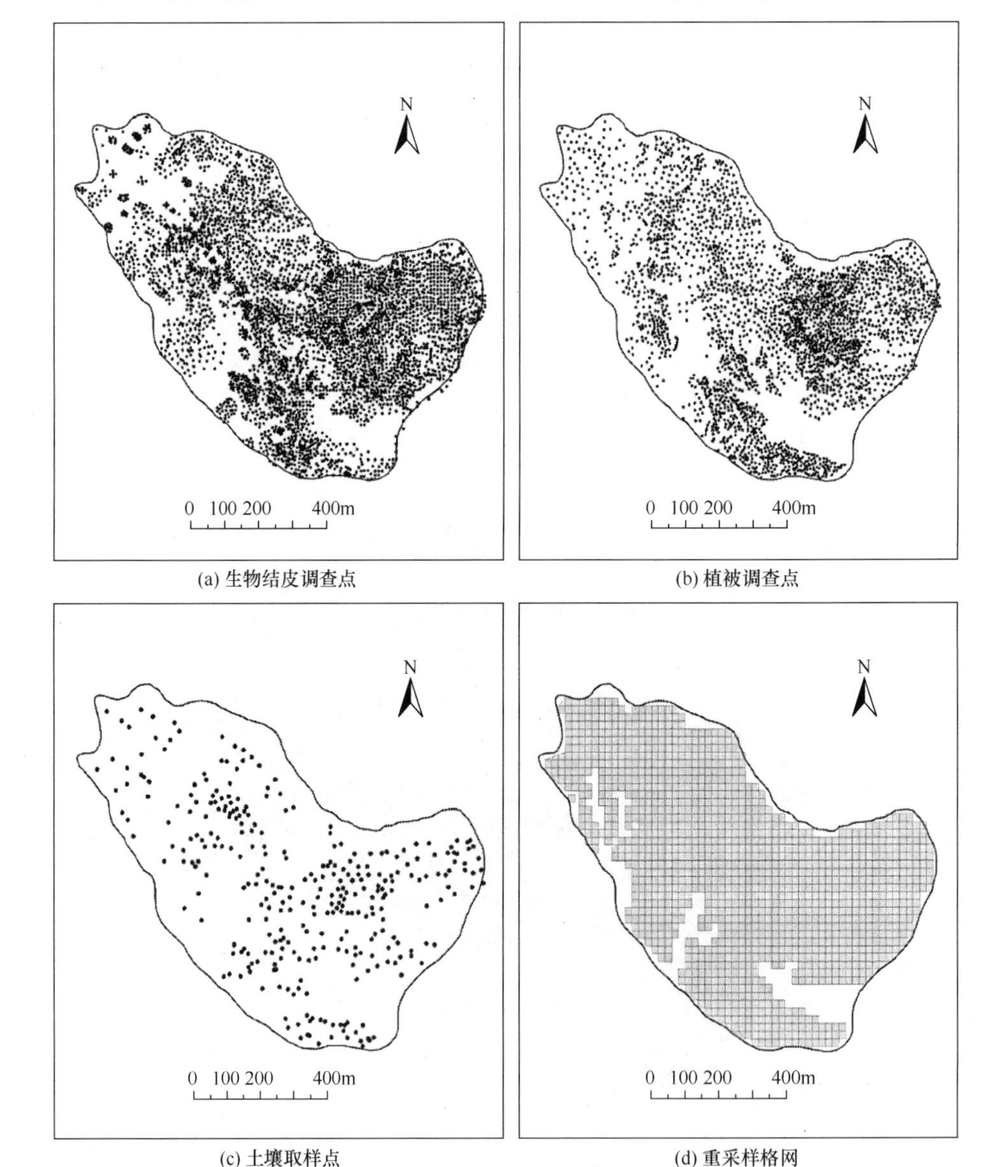

(a) 生物结皮调查点　(b) 植被调查点

(c) 土壤取样点　(d) 重采样格网

图 2.9　采样点分布及重采样格网

TWI)、汇流动力指数(stream power index, SPI)和沉积物运移指数(sediment transport index，STI)，并选择当地苔藓发育旺盛期内(9～11 月)的一天(10 月 1 日)，生成当日 8: 00、10: 00、12: 00、14: 00 和 16: 00 的太阳高度角空间分布栅格图，表征太阳辐射状况。以 20m×20m 格网对上述指标栅格图下采样，得到环境因子与生物结皮生长指标数据矩阵[图 2.9(d)]。

通常，区域化随机变量的自相关性随空间距离的增加而减小，当空间变异程度上升，达到最大自相关距离时自相关性消失，该距离被称为变程(A_0)，此时，空间变异函数有最大值，该值被称为基台值，用符号 C 表示；当距离为零时，依然存在由各种误差综合引起的空间变异，称为“块金值”或“块金方差”，用符号 C_0 表示。C_0 与 C 的比值反映了区域化随机变量空间自相关性的大小，比值越小则空间自相关性越强、结构越明显(李俊晓等，2013)。

1. 生物结皮盖度的空间分布特征

生物结皮的空间分布具有明显的分异性和连续性。图 2.10(a)展示了生物结皮盖度的空间分布特征，结合土壤类型的空间分布特征[图 2.10(b)]，直观上可以看出，六道沟小流域试验坡面内的生物结皮主要分布在风沙土区，呈现成片的连续分布，平均盖度在 30%以上(表 2.4)。

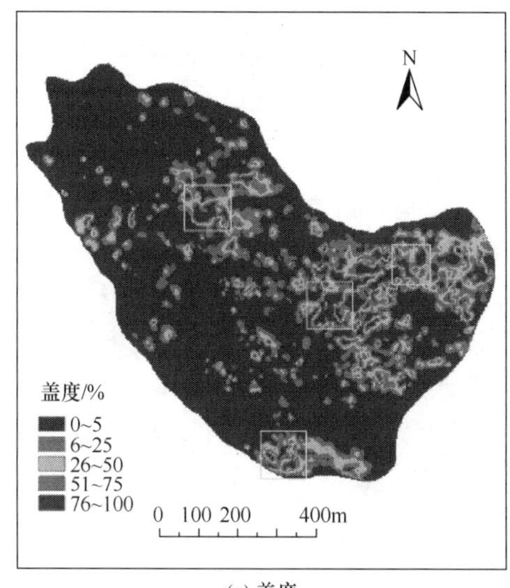

(a) 盖度

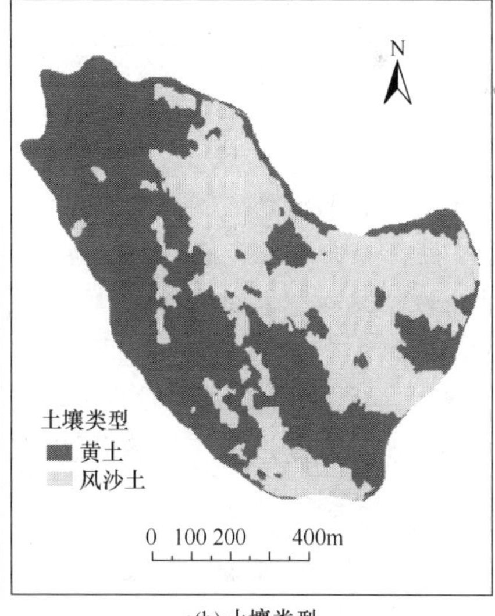

(b) 土壤类型

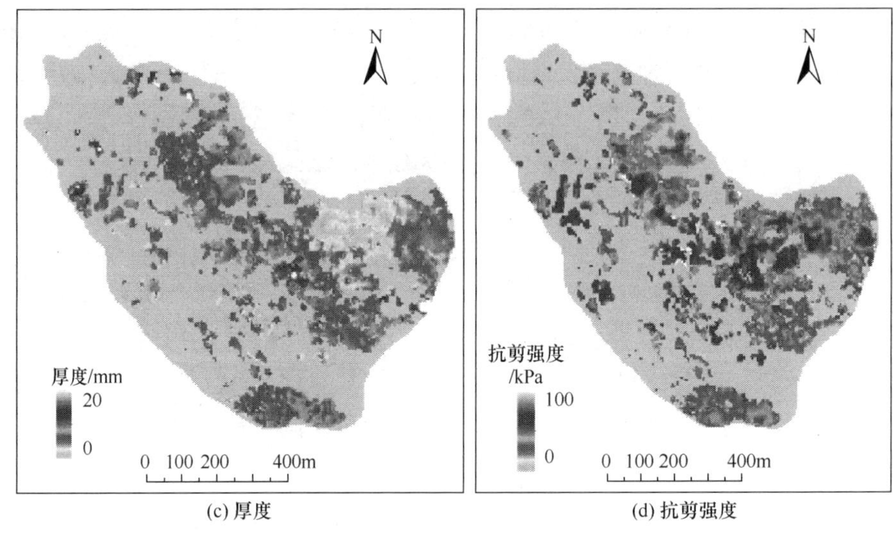

(c) 厚度　　(d) 抗剪强度

图 2.10　坡面尺度生物结皮的空间分布特征(见彩图)

表 2.4　坡面尺度风沙土区和黄土区生物结皮发育特征对比结果

发育指标	风沙土区		黄土区		t 检验
	平均值	标准误	平均值	标准误	
盖度/%	32.6	0.73	22.0	1.16	-7.72^{**}
厚度/mm	13.1	0.42	12.8	0.13	$0.59^{n.s}$
抗剪强度/kPa	49.6	2.01	47.6	0.99	$0.95^{n.s}$

注：**表示差异极显著(P<0.01)；n.s 表示差异不显著(P>0.05)。

进一步分析表明,风沙土生物结皮的空间分布具有明显的空间自相关性[$C/(C_0+C)$=0.898]。在假设各向同性的前提下，对其空间自相关的半方差函数用指数模型拟合，所得最大空间自相关距离为 90～100m(图 2.11)。从生物结皮盖度的空间分布图上看，风沙土生物结皮的空间分布具有明显的发源地[图 2.10(a)框线区域]，大都处在风沙土和黄土交界的低洼处，其土壤水分和养分状况极有利于生物结皮的发育；且经过 30 多年的发育，其在发源地的盖度可以达到 90%以上。而在黄土区，生物结皮则呈现离散的零星分布，盖度大都在 20%以下，且主要分布在坡的边缘和末端。

2. 生物结皮厚度和抗剪强度的空间分布特征

调查分析结果表明，坡面尺度下，生物结皮的厚度和抗剪强度具有一定的空间变异性，但总体差异不大。图 2.10(c)和(d)分别展示了生物结皮厚度和抗剪强度的

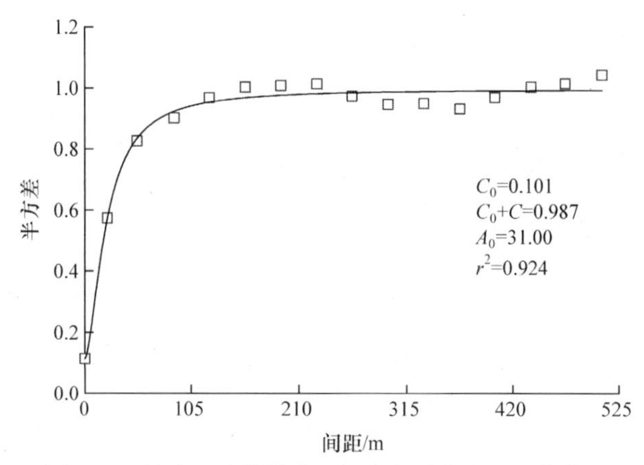

图 2.11　风沙土生物结皮空间自相关半方差函数模型

空间分布特征，可以看出生物结皮厚度整体为 12～14mm，抗剪强度为 40～60kPa；在发育良好的区域，厚度可以达到 20mm 以上，抗剪强度可以达到 70kPa 以上。

风沙土与黄土生物结皮的平均厚度分别为 13.1mm 和 12.8mm，平均抗剪强度分别为 49.6kPa 和 47.6kPa(表 2.4)。黄土生物结皮厚度及抗剪强度与风沙土相比，差异并不明显。

发育年限、测量误差和局部随机效应是造成生物结皮厚度和抗剪强度总体空间变异不大的主要原因。赵允格等(2008)提出，生物结皮厚度主要受发育年限的影响，该研究所调查地块的撂荒年限都在 30 年以上，生物结皮已充分发育，厚度基本稳定。所测厚度为生物结皮与下层土壤自然分离时的厚度，而实际测定时几乎不可能完全分离，且分离面也并非绝对平整、坚硬，加之生物结皮厚度不大(10～20mm)，测量误差影响较大且难以控制，测定值甚至出现纯块金效应。虽然尽可能测录较完整的典型生物结皮，但袖珍剪力仪依然会破坏结皮层。此外，干湿程度也会影响测量结果(张朋等，2015)。

总体上，小流域尺度生物结皮发育良好，由苔藓结皮主导，分布状况与地形、植被条件高度相关。风沙土生物结皮较黄土生物结皮发育得更好，两者均具有一定的盖度、厚度与抗剪强度。坡面尺度分布在继承了小流域尺度特点的同时，其空间分布呈现聚集-扩散状，厚度和抗剪强度的空间变异不大，不同土壤类型之间生物结皮的发育状况差异并不明显，风沙土上发育的生物结皮整体上略好于黄土。空间自相关分析能够表征生物结皮生长指标的分布特征。对不同尺度分布特征加以综合，将为认识生物结皮发育分布提供新视角。

2.4　生物结皮发育分布的影响因素

在小流域与坡面尺度下，根据野外调查与室内制图获得的数据，利用回归分析、典范对应分析(canonical correspondence analysis，CCA)等统计方法研究地形、土壤、植被、小气候等环境因子与生物结皮空间分布和发育特征之间的关系。地形因子包括坡度、坡向、海拔、TWI、SPI、STI，土壤因子包括土壤类型、容重、含水量，植被因子包括植被类型、植被盖度等，小气候因子包括太阳辐射强度(用太阳高度角表征)。

基于地块尺度获取的详细数据，使用通径分析(path analysis)与结构方程模型(structural equation model，SEM)等统计方法，研究环境因子对生物结皮各生长指标的作用。通径分析将环境因子的作用分解为直接与间接两部分，能够比较不同环境因子的作用大小，筛选关键因子。建立关键环境因子与生物结皮发育指标之间的结构方程模型，能够验证生物结皮发育指标与环境因子之间可能存在的联系。

2.4.1 小流域尺度

基于野外调查得到的数据，利用回归模型的方法，分析生物结皮盖度、厚度、抗剪强度、容重及物种组成同土壤质地、植物群落类型、坡向之间的关系。

1. 土壤质地

土壤作为生物结皮形成和发育的物质基础，不同土壤质地及土壤理化性质往往决定了生物结皮的分布特征、物种组成、结构及生态功能的差异性(Weber et al.，2016；李新荣等，2009；刘利霞等，2007；肖波等，2007)。在小流域中，风沙土与黄土上生物结皮发育分布特征存在差异。风沙土生物结皮多分布于地势平缓处，结皮厚度局部较一致，全局变异主要是因为发育程度不同；黄土生物结皮分布范围更广，受微地形、水蚀、干扰等因素影响，厚度变化大，加之生物结皮与黏土粒不易分离，测定厚度时误差较大。因此，风沙土生物结皮盖度与厚度均大于黄土生物结皮，同时厚度变异系数小于黄土生物结皮。风沙土生物结皮的平均抗剪强度略大于黄土，分别为27.8kPa和25.2kPa，二者变异系数介于35.6%～36.7%，差异较大。这是由于生物结皮抗剪强度除了受自身性质的影响外，还受土壤含水量的影响，尽管调查测算工作选择在土壤相对比较干燥的情况下进行，但不同土壤质地、不同植被和地形条件下的土壤含水量很难保持一致，会对试验结果产生一定影响。生物结皮容重主要受土壤基质与发育时长影响，风沙土生物结皮平均容重为1.30g/cm^3，变异系数为6.8%，而黄土生物结皮的平均容重和变异系数分别为1.15g/cm^{3}和14.4%，表明黄土生物结皮发育差异程度相对较大。

2. 植物群落类型

植被是影响生物结皮分布的关键性因素(Su et al.，2007；李守中等，2002)，维管植物创造了相对稳定的地表环境，可以降低风速，促进降尘积累并增加空气湿度，为生物结皮的发育创造了适宜条件(Zhou et al.，2019)。本小节研究了六道沟小流域内黄土区典型样地植物群落类型对生物结皮盖度、厚度、抗剪强度与容重的影响。表 2.5 为调查样地内植物群落类型及主要伴生植物种类，其中，猪毛蒿为一年生草本植物，草木樨状黄芪、苜蓿、长芒草为多年生草本植物，杏树、柠条锦鸡儿、小叶杨为乔灌植物。调查结果表明，不同群落类型下的生物结皮发育程度总体呈现为乔灌下生物结皮＞多年生草本下生物结皮＞一年生草本下生物结皮的趋势。

表 2.5　调查样地内植物群落类型及主要伴生植物种类

样地编号	群落类型	主要伴生植物种类
ZMH	猪毛蒿群落	达乌里胡枝子、草木樨状黄芪、阿尔泰狗娃花、硬质早熟禾等
HQ+ZMH	草木樨状黄芪+猪毛蒿群落	长芒草、硬质早熟禾、达乌里胡枝子、狭叶米口袋、铁杆蒿等
MX	苜蓿群落	猪毛蒿、狭叶米口袋、草木樨状黄芪、田旋花等
CMC	长芒草群落	苜蓿、糙隐子草、华北米蒿、硬质早熟禾等
XS	杏树群落	草木樨状黄芪、狗尾草、远志、阿尔泰狗娃花等
NT	柠条锦鸡儿群落	沙蒿、草木樨状黄芪、赖草、达乌里胡枝子等
XYY	小叶杨群落	沙蒿、柠条锦鸡儿、铁杆蒿、草木樨状黄芪等

注：猪毛蒿，*Artemisia scoparia* Waldst. et Kit.；草木樨状黄芪，*Astragalus melilotoides* Pall. var. *tenuis* Ledeb.；长芒草，*Stipa bungeana* Trin.；苜蓿，*Medicago sativa* Willd.；杏树，*Armeniaca vulgaris* Lam.；柠条锦鸡儿，*Caragana korshinskii* Kom.；小叶杨(俗称“小老树”)，*Populus simonii* Carr.；达乌里胡枝子，*Lespedesa davarica*；阿尔泰狗娃花，*Aster altaicus* Willd.；硬质早熟禾，*Poa sphondylodes* Trin.；狭叶米口袋，*Gueldenstaedtia stenophylla* Bunge；田旋花，*Convolvulus arvensis* Linn.；糙隐子草，*Cleistogenes squarrosa* (Trin.) Keng；华北米蒿，*Artemisia giraldii* Pamp.；狗尾草，*Setaria viridis* (L.) Beauv.；赖草，*Leymus secalinus* (Georgi) Tzvel.；远志，*Polygala tenuifolia* Willd.；沙蒿，*Artemisia desertorum* Spreng；铁杆蒿(学名为灰莲蒿)，*Artemisia gmelinii* var. *incana* (Besser) H. C. Fu in Ma。

1) 生物结皮盖度

图 2.12 展示了不同植物群落生物结皮的盖度。可以看出，苜蓿和小叶杨群落发育的生物结皮盖度最小，介于 40%～50%。苜蓿为多年生草本，自身盖度较大，产生较多枯落物，不利于生物结皮发育，当地表被完全覆盖时则几乎无生物结皮发育；小叶杨盖度不大，但枯落物较厚，阻碍生物结皮发育，使其盖度较低。猪毛蒿、长芒草、杏树群落发育的生物结皮盖度相差不大，介于 55%～58%。草木樨状黄芪+猪毛蒿与柠条锦鸡儿群落植被盖度较低，枯落物相对较少，因此植被下发育的生物结皮盖度最大，分别为 65.5%和 67.8%。

图 2.13 展示了生物结皮盖度与植被盖度的回归关系。可以看出，当植被盖度小于 30%时，其与生物结皮盖度呈正相关，之后随着植被盖度的增加，生物结皮盖度逐渐下降。生物结皮是演替过程中的先锋物种，随着维管植被逐渐趋于稳定，

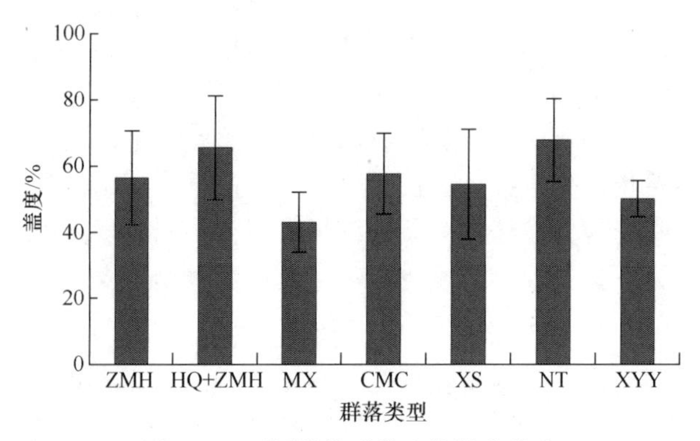

图 2.12　不同植物群落生物结皮盖度

生物结皮在生存竞争中处于不利地位。在我国盐池地区，当环境条件适合植被大量生长繁衍时，植被盖度与生物结皮盖度呈极显著负相关(P<0.05)(卢晓杰等，2007)。

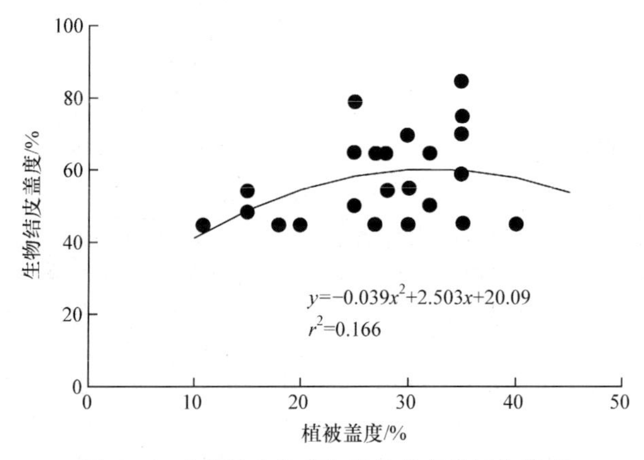

图 2.13　生物结皮盖度与植被盖度的回归关系

2) 生物结皮厚度与抗剪强度

图 2.14 展示了不同植物群落生物结皮的厚度，可以看出不同植物群落生物结皮的厚度不同，但总体差异不大，介于 9.8～11.8mm。小叶杨群落遮阴良好、水

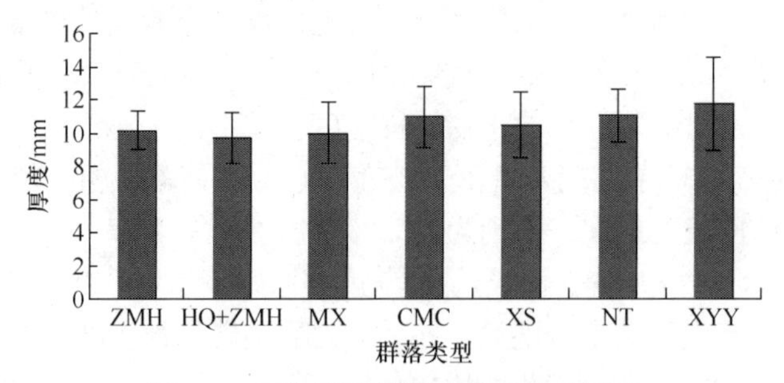

图 2.14　不同植物群落生物结皮的厚度

分充足，生物结皮厚度最大(11.8mm)；其次是柠条锦鸡儿与长芒草群落，生物结皮厚度分别为 11.1mm 和 11.0mm；杏树群落发育的生物结皮厚度为 10.5mm；猪毛蒿、草木樨状黄芪+猪毛蒿及苜蓿群落枯落物较多，可通过物理、化学和生物作用对生物结皮发育产生不利影响(张健等，2008)，群落间生物结皮厚度相差不大，介于 9.8～10.2mm。统计结果表明，不同植物群落的生物结皮厚度为乔灌(小叶杨、柠条锦鸡儿)＞多年生草本(如长芒草)＞一年生草本(猪毛蒿)。

不同植物群落生物结皮的抗剪强度差异较大，猪毛蒿群落出现于退耕地自然恢复初期，其下的生物结皮发育时间较短，结构薄而脆，抗剪强度最小，为 14.9kPa，抗干扰能力差(图 2.15)。杏树和小叶杨群落生物结皮抗剪强度最大，平均值分别为 32.0kPa 和 29.4kPa，这是因为杏树群落受人为干扰影响较大，地表紧实，抗剪强度相应增大，而小叶杨冠幅较大，为结皮层中喜阴的苔藓植物提供了较好的生长环境和保护作用，另外高大乔木冠层对降雨雨滴特征的影响也可能使地表紧实致密(罗德等，2008)。草木樨状黄芪+猪毛蒿群落生物结皮抗剪强度为 27.4kPa，苜蓿、长芒草和柠条锦鸡儿群落生物结皮抗剪强度相差不大，分别为 23.8kPa、25.4kPa 和 23.6kPa。由于不同植被盖度、类型的地表水分状况不同，抗剪强度差异较大。土壤含水量增大，抗剪强度迅速减小，因此应在地表干燥、水分相对一致时测定其抗剪强度。

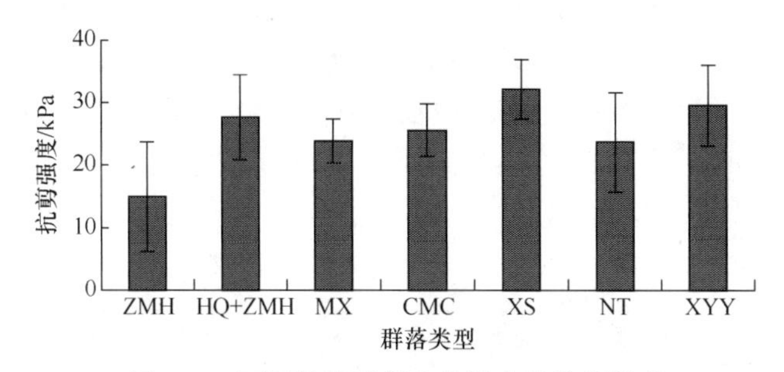

图 2.15　不同植物群落生物结皮的抗剪强度

3) 生物结皮容重

不同植物群落类型生物结皮容重差异较大。从图 2.16 可以看出，小叶杨和杏树群落的生物结皮容重最大，分别为 1.28g/cm^3 和 1.25g/cm^3；猪毛蒿、草木樨状黄芪+猪毛蒿和苜蓿群落生物结皮容重差异不明显，分别为 1.21g/cm^3、1.18g/cm^3 和 1.23g/cm^3；长芒草和柠条锦鸡儿群落最小，为 1.00g/cm^3。随着生物结皮的不断发育，土壤中的有机物逐渐积累，使得生物结皮的厚度上升，而容重下降(Gao et al.，2017)。长芒草作为天然草场或退耕地次生演替的顶级群落，其下发育的生物结皮容重明显小于苜蓿。在黄土区，生物结皮的容重随退耕年限的延长而逐渐减小，退耕 10 年后，容重由最初的 1.40g/cm^3 下降至 1.10g/cm^3(赵允格等，2006b)。

但沙漠或沙地上的生物结皮则未见这种趋势(杨建振等，2009；郭轶瑞等，2008)。

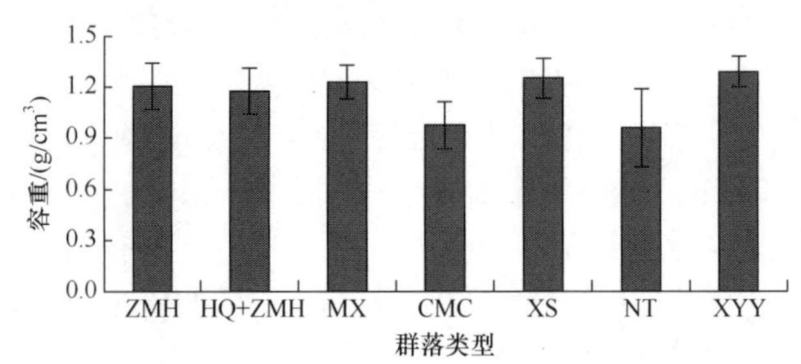

图 2.16 不同植物群落生物结皮的容重

3. 坡向

在一处原为人工种植苜蓿、演替 30 年、主要植物群落为长芒草的典型坡面上，研究坡向对生物结皮发育的影响。虽然植被盖度差异不大(约 30%)，但阴坡上的生物结皮盖度(约 73%)远大于阳坡(约 46%)。

表 2.6 展示了不同坡向上生物结皮厚度、抗剪强度和容重的差异。可以看出，阴坡上生物结皮的平均厚度极显著高于阳坡($P<0.01$)，而容重极显著低于阳坡($P<0.01$)，抗剪强度略低于阳坡。这是因为阴坡的水分、养分条件往往优于阳坡(Rodríguez-Caballero et al.，2019；周萍等，2008；刘春利等，2005)，为藓类创造了良好的生长条件，提高了生物结皮的盖度和厚度；而阳坡光照较强，土壤水分蒸发强烈，地表干燥，因此生物结皮抗剪强度较高。在黄土高原地区，坡向也影响藻类结皮的分布，其盖度、厚度均为阴坡大于阳坡(吕建亮等，2010)。

表 2.6 不同坡向上生物结皮厚度、抗剪强度和容重的差异

评价指标	阴坡		阳坡		t 检验
	平均值	标准误	平均值	标准误	
厚度/mm	13.30	0.60	9.20	0.30	6.40**
抗剪强度/kPa	23.80	1.50	26.50	1.20	1.43n.s
容重/(g/cm³)	0.96	0.03	1.26	0.02	7.54**

注：**表示差异极显著($P<0.01$)；n.s 表示差异不显著($P>0.05$)。

小流域尺度下，土壤质地、植物群落类型、坡向深刻影响了生物结皮盖度、厚度、容重和抗剪强度。总体发育状况为风沙土＞黄土，乔灌下生物结皮＞多年生草本下生物结皮＞一年生草本下生物结皮，阴坡＞阳坡。生物结皮发育是一个结构复杂化和功能多样化的过程，容重、抗剪强度也与发育时长相关。随着生物结皮发育进行，其厚度增加、物种数与组成变化、土壤孔隙增加，导致容重下降，抗剪强度发生变化。

2.4.2　坡面尺度

在小流域尺度下，研究了土壤质地、植物群落类型、坡向对生物结皮分布的影响。在坡面尺度下，本小节考察了更为丰富的环境因素(植物种数、海拔、土壤含水量、坡向、坡度、土壤容重、太阳辐射、地形湿度指数、汇流动力指数、沉积物运移指数)与采样点，以便使用数学模型更为细致地了解环境因子与生物结皮间的关系。首先使用 CCA 从总体上反映环境因子与生物结皮之间关系的强弱，由排序图直观表征各类环境因子与维管植物群落、生物结皮生长状况的关系。随后使用通径分析研究影响生物结皮各生长指标的关键因素，最后建立结构方程模型，通过构建隐变量与解释变量及其关系(李欣玫等，2018)，验证环境因子对生物结皮发育状况的影响。

1. 基于 CCA 的影响因素综合分析

植被与环境因子之间的 CCA 结果如表 2.7 所示，表明包括生物结皮在内的物种空间分布与第一排序轴(横轴)的关系最大，相关系数可达 0.910，可以解释物种与环境关系的 60.7%，之后与其他各排序轴的相关系数依次减小，四个排序轴总共可以解释物种与环境因子关系的 87.8%，对物种和环境因子之间关系的还原能力较强，对解读二者的关系很有意义。

表 2.7　植被与环境因子的 CCA 结果

排序轴	特征值	物种-环境相关系数	累计解释变异百分比/%		总惯量
			对于物种数据	对于物种与环境关系	
1	0.553	0.910	15.4	60.7	3.602
2	0.106	0.639	18.3	72.3	
3	0.094	0.551	20.9	82.6	
4	0.047	0.484	22.2	87.8	

图 2.17 为生物结皮与植物群落和环境因子关系的 CCA 排序图。从图中可以看出，植物群落可分成风沙土生、黄土生、阴生、阳生四种灌木-草本类型与小叶杨类型，主要包括沙蒿群落、北沙柳+沙蒿群落、柠条锦鸡儿+长芒草群落、猪毛蒿群落、阿尔泰狗娃花+狗尾草群落、硬质早熟禾群落、小叶杨群落等。第一排序轴(横轴)主要由土壤类型和容重构成，沿轴的方向，左侧为风沙土，对应以沙蒿、北沙柳、小叶杨为主的植物群落；右侧为黄土，对应以柠条锦鸡儿、长芒草为主的植物群落。纵轴主要由坡度、坡向和太阳辐射构成，沿纵轴方向，上部为阴坡、陡坡环境，对应以早熟禾、硬质早熟禾、铁杆蒿为主的植物群落；下部为

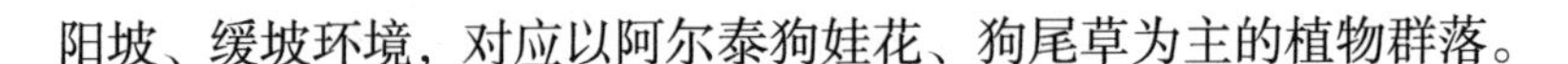

阳坡、缓坡环境，对应以阿尔泰狗娃花、狗尾草为主的植物群落。

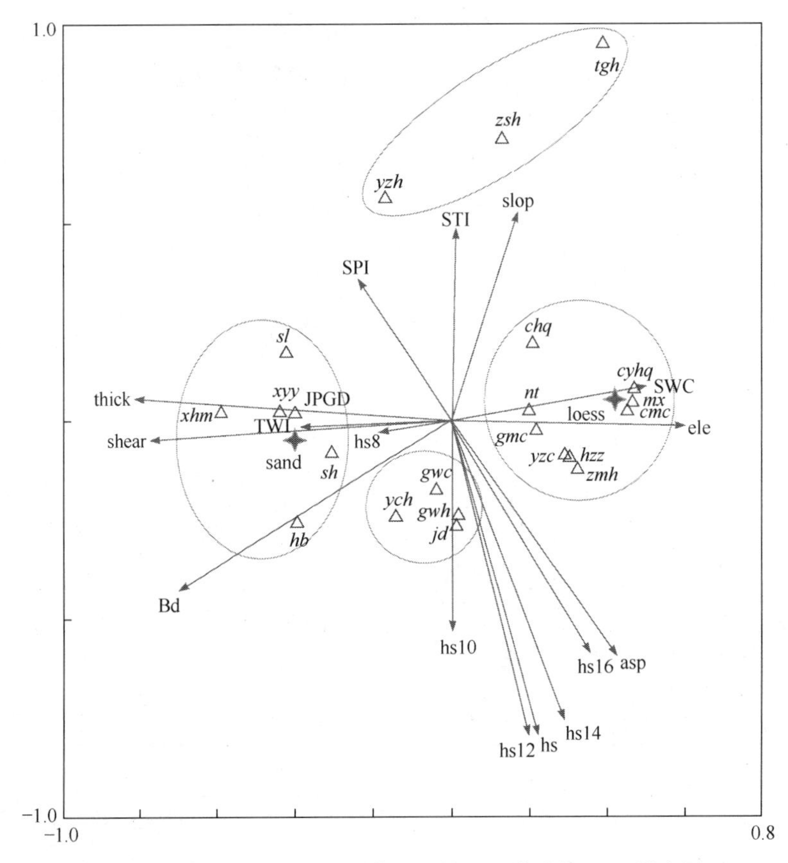

图 2.17　生物结皮与植物群落和环境因子关系的 CCA 排序图

图中箭头代表环境因子，其中，ele 表示海拔；SWC 表示土壤含水量；asp 表示坡向；slop 表示坡度；Bd 表示土壤容重；hs 表示平均太阳高度角；hs8～hs16 表示白天 8：00～16：00 的太阳高度角；TWI 表示地形湿度指数；SPI 表示汇流动力指数；STI 表示沉积物运移指数；JPGD 表示生物结皮盖度；thick 表示生物结皮厚度；shear 表示生物结皮抗剪强度；星状质心代表黄土(loess)和风沙土(sand)两种土壤类型；三角形质心代表植物种，其中，*tgh* 表示铁杆蒿，*zsh* 表示早熟禾(*Poa annua* L.)，*yzh* 表示硬质早熟禾，*sl* 表示北沙柳(*Salix psammophila* C. Wang & C. Y. Yang)，*xyy* 表示小叶杨，*xhm* 表示小画眉草(*Eragrostis minor* Host)，*sh* 表示沙蒿，*hb* 表示花棒〔*Corethrodendron scoparium* (Fisch. & C. A. Mey.) Fisch. & Basiner〕(学名为细枝羊柴)，*gwc* 表示狗尾草，*ych* 表示茵陈蒿(*Artemisia capillaris* Thunb.)，*gwh* 表示阿尔泰狗娃花，*jd* 表示二色棘豆(*Oxytropis bicolor* Bunge)、砂珍棘豆(*Oxytropis racemose* Turcz.)，*zmh* 表示猪毛蒿，*hzz* 表示达乌里胡枝子，*yzc* 表示糙隐子草，*gmc* 表示冠芒草，*nt* 表示柠条锦鸡儿，*cyhq* 表示糙叶黄芪(*Astragalus scaberrimus* Bunge)，*chq* 表示草木樨状黄芪，*mx* 表示苜蓿，*cmc* 表示长芒草

2. 地形因子

地形(包括坡度、坡向、海拔等)是影响生物结皮发育和空间分布的一个重要因素，对与生物结皮发育直接相关的光、温、水条件的空间分布产生一定影响，

形成生态梯度从而影响了生物结皮发育扩张的方向。

CCA 排序图很好地展示了生物结皮盖度、厚度和抗剪强度与坡度、坡向、海拔、TWI、SPI 和 STI 等地形因子之间的关系(图 2.17)。由图 2.17 可以看出，生物结皮的盖度、厚度、抗剪强度三者具有良好的一致性，与坡度、坡向、海拔均呈一定程度的负相关，说明生物结皮倾向于生长在低海拔、坡度较缓的阴坡。TWI、SPI 和 STI 是表征特定景观中水分和沉积物运移的综合地形变量(连纲等，2008)。从图 2.17 可以看出，生物结皮盖度与 TWI 呈明显的正相关，说明生物结皮倾向于生长在土壤长期稳定、湿度比较高的地方；与 SPI 存在比较弱的正相关，原因可能是生物结皮的繁殖扩散方向与径流分布存在一定程度的一致性和连续性；与 STI 几乎无关，可能是因为 STI 与坡度呈较强的正相关，而生物结皮倾向于生长在坡度较缓的地方，说明 SPI 比 STI 更适合预测生物结皮的空间分布。

地形还会通过影响太阳高度角来改变地表太阳辐射。由图 2.17 可知，生物结皮的盖度与上午 8: 00 的太阳高度角呈较强的正相关，或者说生物结皮比较倾向于分布在 10 月 1 日上午 8: 00 太阳高度角比较大的地方。结合其他学者有关研究结论(贾艳等，2012；赵允格等，2010；张静等，2009)，推测这种分布趋势可能与生物结皮在一天中的活动时间有关，上午 8: 00 的露水凝结比较多，生物结皮开始活跃，并进行光合作用，因此生物结皮更倾向分布于上午 8: 00 太阳高度角比较大的地方，以获取更多的太阳辐射。而与上午 10: 00 的太阳高度角几乎无关，说明 10: 00 露水已经蒸发殆尽，生物结皮活动强度减弱，太阳高度角与其分布的关系变弱。此后与中午 12: 00 和下午 14: 00、16: 00 的太阳高度角及白天平均太阳高度角呈负相关，说明生物结皮更倾向于生长在阴凉处。

3. 土壤因子

土壤直接影响生物结皮发育，土壤类型在一定程度上决定了景观生态格局(陈利顶等，2003)。生物结皮更倾向于生长在风沙土区，在黄土与风沙土交界处发育最好，有最适容重范围。在黄土区的群落竞争中，生物结皮往往处于不利地位，加之黄土本身的干硬性、湿陷性和垂直节理，限制了生物结皮进一步的发育拓展。需要指出的是，土壤对生物结皮的影响是多方面的，土壤表层含水量对生物结皮的影响比较直接，但含水量也受制于土壤其他方面的理化性质，如容重、孔隙度等。容重只是土壤孔隙状况、机械组成和土壤结构的间接反映，而非直接因素，更为本质的直接因素如土壤 pH、各种土壤养分元素的含量及状态、土壤结构和孔隙度等对生物结皮发育的影响则需要进一步研究(Castillo-Monroy et al.，2016)。

4. 植物群落

维管植物的冠层结构、个体形态、种群密度、根系深度、植物的枯落物和分泌物等，都会对生物结皮的发育产生影响(Briggs et al., 2008; Belnap et al., 2003)。根据野外调查的结果和CCA排序图来看(图2.17)，调查区内具有明显的植物群落类型，大致可以分成风沙土生植物群落(包括沙蒿、北沙柳、花棒、小画眉草等，其中沙蒿、北沙柳为优势种)、黄土生植物群落(包括长芒草、柠条锦鸡儿、猪毛蒿、达乌里胡枝子等，其中猪毛蒿为优势种)、阴生植物群落(包括硬质早熟禾、早熟禾、铁杆蒿等，其中硬质早熟禾为优势种)和阳生植物群落(包括阿尔泰狗娃花、狗尾草、茵陈蒿、二色棘豆、砂珍棘豆等，其中狗尾草为优势种)四类灌木-草本群落和小叶杨群落。生物结皮是群落演替过程中的先锋物种，有明显的群落选择性，主要分布在以沙蒿、硬质早熟禾、小画眉草为主的风沙土生、阴生草本植物群落和以小叶杨为优势种和建群种的群落中，与阿尔泰狗娃花、狗尾草、刺藜、小画眉草等随后迁入的植物共存，盖度可达40%以上。

生物结皮盖度与沙蒿盖度正相关，而与柠条锦鸡儿及长芒草的盖度负相关，与沙蒿、小叶杨、小画眉草的盖度呈弱正相关(相关系数分别为0.19、1.17、0.22)，与柠条锦鸡儿、长芒草、阿尔泰狗娃花呈弱负相关(相关系数分别为–0.24、–0.13、–0.13)。非建群种与偶见种同样会对生物结皮的空间分布产生影响，例如，冠芒草倾向于生长在黄土区内较湿润的片沙质次生迹地上，而其下往往发育有生长良好的生物结皮。

5. 生物结皮生长指标与环境因子统计建模

基于上述数据，本小节构建了能够量化、检验生物结皮各发育指标与不同环境因子关系的统计模型，以便明确各环境因子的作用途径和相对重要性，进而为在更大尺度上调查和预测生物结皮资源空间分布，了解其生态功能，开发行之有效的培育恢复技术提供支持。

1) 通径分析

对于生物结皮盖度，根据逐步回归结果，选取风沙土、沉积物运移指数、坡向、沙蒿盖度、海拔及土壤含水量作为自变量，生物结皮盖度为因变量进行相关性及通径分析。

表2.8展示了各环境因子与生物结皮盖度的相关性与回归分析结果。可以看出，风沙土和沙蒿盖度与生物结皮盖度呈正相关关系，其余均为负相关关系。除土壤含水量以外，其他环境因子均与生物结皮盖度的相关性均达到极显著水平($P<0.01$)。此外，各环境因子之间也存在显著的相关性，即共线性。各环境因子与生物结皮盖度之间标准化回归方程的分析结果达到极显著水平($P<0.01$)，表明

进行生物结皮盖度与上述 6 个环境因子的通径分析是必要的(袁方等，2015)。

表 2.8　环境因子与生物结皮盖度的相关性与回归分析结果

变量	sand	STI	asp	sh	ele	SWC	JPGD
sand	1.000	—	—	—	—	—	—
STI	−0.254**	1.000	—	—	—	—	—
asp	−0.144**	−0.161**	1.000	—	—	—	—
sh	0.586**	−0.306**	0.059	1.000	—	—	—
ele	−0.343**	−0.106	0.334**	−0.223**	1.000	—	—
SWC	−0.580**	0.117	0.013	−0.313**	0.238**	1.000	—
JPGD	0.787**	−0.380**	−0.454**	0.638**	−0.602**	−0.086	1.000
非标准化系数	31.727	−3.704	−8.853	0.239	−0.207	2.928	—
标准化偏回归系数	0.720	−0.272	−0.295	0.235	−0.358	0.526	—

注：**表示在 0.01 水平(双侧)上显著相关；sand 表示风沙土；STI 表示沉积物运移指数；asp 表示坡向；sh 表示沙蒿盖度；ele 表示海拔；SWC 表示土壤含水量；JPGD 表示生物结皮盖度。

各环境因子对生物结皮盖度的影响都可分为直接影响和间接影响两种，可用直接通径系数和间接通径系数进行表征，值越大，表明影响越大。表 2.9 展示了不同环境因子对生物结皮盖度的通径系数，图 2.18 为生物结皮盖度与环境因子间的通径关系，展示了不同环境因子的直接和间接影响。从表 2.9 可以看出，风沙土对生物结皮盖度的直接通径系数最大(0.720)，间接通径系数和仅有 0.067；土壤含水量的直接通径系数次之(0.526)，但随着含水量上升，促使了维管植物的发育，限制了生物结皮发育，间接通径系数和达到了−0.613；沙蒿盖度的直接通径系数较小(0.235)，但其通过风沙土对生物结皮盖度的间接通径系数较大(0.422)，说明沙蒿盖度对生物结皮盖度的间接作用更为主要，是其主要作用路径；海拔对生物结皮盖度的影响也比较明显，其直接通径系数为−0.358，间接通径系数和为−0.244，仅通过风沙土的间接通径系数就达到−0.247，说明海拔越高，风沙土越少，生物结皮盖度也越低。

表 2.9　各环境因子对生物结皮盖度的通径系数

环境因子	相关系数	直接通径系数	间接通径系数						间接通径系数和
			sand	STI	asp	sh	ele	SWC	
sand	0.787	0.720	—	0.069	0.042	0.138	0.123	−0.305	0.067
STI	−0.380	−0.272	−0.183	—	0.047	−0.072	0.038	0.062	−0.108
asp	−0.454	−0.295	−0.104	0.044	—	0.014	−0.120	0.007	−0.159

续表

环境因子	相关系数	直接通径系数	间接通径系数						间接通径系数和
			sand	STI	asp	sh	ele	SWC	
sh	0.638	0.235	0.422	0.083	–0.017	—	0.080	–0.165	0.403
ele	–0.602	–0.358	–0.247	0.029	–0.099	–0.052	—	0.125	–0.244
SWC	–0.086	0.526	–0.418	–0.032	–0.004	–0.074	–0.085	—	–0.613

注：表中间接通经系数为行变量通过列变量的间接作用。sand 表示风沙土；STI 表示沉积物运移指数；asp 表示坡向；sh 表示沙蒿盖度；ele 表示海拔；SWC 表示土壤含水量。

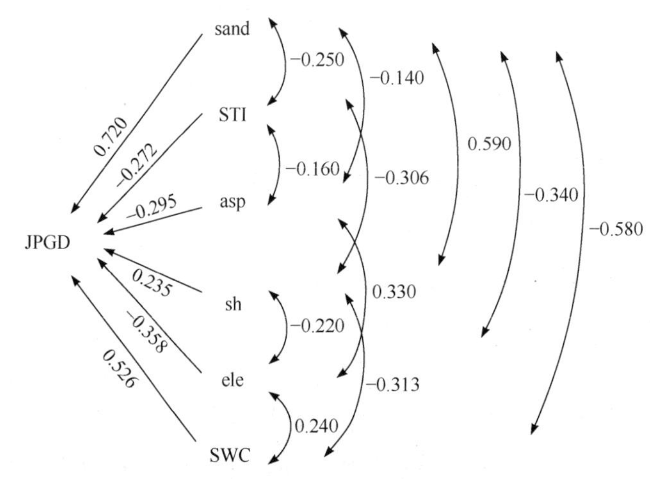

图 2.18　生物结皮盖度与环境因子间的通径关系图

sand 表示风沙土；STI 表示沉积物运移指数；asp 表示坡向；sh 表示沙蒿盖度；ele 表示海拔；SWC 表示土壤含水量；JPGD 表示生物结皮盖度

表2.10给出了各环境因子对生物结皮盖度的决定系数和决策系数，可以看出，6 个环境因子的直接决定系数的大小依次为风沙土(0.518)＞土壤含水量(0.277)＞海拔(0.128)＞坡向(0.087)＞沉积物运移指数(0.074)＞沙蒿盖度(0.055)，即风沙土对生物结皮盖度的直接决定作用最大。共同决定系数中，风沙土和土壤含水量的共同决定系数最大(–0.440)，其次是风沙土和沙蒿盖度(0.198)及风沙土和海拔(0.176)。

决策系数中，6 个环境因子决策系数绝对值的大小依次为风沙土＞土壤含水量＞海拔＞沙蒿盖度＞坡向＞沉积物运移指数，即风沙土、土壤含水量、海拔和沙蒿盖度是主要决策因子。当土壤含水量较高时利于维管植物生长，抑制生物结皮生长，使其盖度减少，因此决策系数为负。

表 2.10　各环境因子对结皮盖度的决定系数和决策系数

环境因子	决定系数						决策系数
	sand	STI	asp	sh	ele	SWC	
sand	0.518	0.100	0.062	0.198	0.176	−0.440	0.615
STI	—	0.074	−0.026	0.040	−0.020	−0.034	0.133
asp	—	—	0.087	−0.008	0.070	−0.004	0.181
sh	—	—	—	0.055	0.038	−0.078	0.245
ele	—	—	—	—	0.128	−0.090	0.303
SWC	—	—	—	—	—	0.277	−0.367

注：表中下划线所标为直接决定系数，其他为共同决定系数。sand 表示风沙土；STI 表示沉积物运移指数；asp 表示坡向；sh 表示沙蒿盖度；ele 表示海拔；SWC 表示土壤含水量。

对于生物结皮厚度，根据逐步回归结果，选取坡向、沉积物运移指数、海拔、沙蒿盖度、小叶杨冠层盖度及硬质早熟禾盖度作为生物结皮厚度的自变量。表 2.11 展示了环境因子与生物结皮厚度的相关性与回归分析结果，可以看出，各环境因子与生物结皮厚度的相关性均达到极显著水平($P<0.01$)，其中，三种植被盖度与生物结皮厚度呈极显著正相关关系，其余均为负相关关系。

表 2.11　环境因子与生物结皮厚度的相关性与回归分析结果

变量	asp	STI	ele	sh	xyy	yzh	thick
asp	1.000	—	—	—	—	—	—
STI	−0.126	1.000	—	—	—	—	—
ele	0.446**	−0.208*	1.000	—	—	—	—
sh	−0.313**	−0.196*	−0.089	1.000	—	—	—
xyy	−0.232**	−0.171*	−0.141	0.094	1.000	—	—
yzh	−0.499**	0.200*	−0.558**	−0.044	−0.105	1.000	—
thick	−0.525**	−0.235**	−0.412**	0.473**	0.361**	0.323**	1.000
非标准化系数	−0.244	−0.065	−0.006	0.011	0.015	0.009	—
标准化偏回归系数	−0.215	−0.237	−0.196	0.329	0.233	0.193	—

注：**表示在 0.01 水平(双侧)上显著相关；*表示在 0.05 水平(双侧)上显著相关。asp 表示坡向；STI 表示沉积物运移指数；ele 表示海拔；sh 表示沙蒿盖度；xyy 表示小叶杨冠层盖度；yzh 表示硬质早熟禾盖度；thick 表示生物结皮厚度。

表 2.12 为各环境因子对生物结皮厚度的通径系数，图 2.19 通过生物结皮厚度与环境因子间的通径关系图展示了不同环境因子的直接和间接影响。可以看出沙蒿盖度、小叶杨冠层盖度、硬质早熟禾盖度均表现为正效应，坡向、沉积物运移

指数、海拔表现为负效应。沙蒿盖度、坡向、海拔和小叶杨冠层盖度是关键环境因子，沙蒿盖度和小叶杨冠层盖度以直接作用为主，而坡向和海拔以间接作用为主。

表 2.12　各环境因子对生物结皮厚度的通径系数

环境因子	相关系数	直接通径系数	间接通径系数						间接通径系数和
			asp	STI	ele	sh	xyy	yzh	
asp	−0.526	−0.215	—	0.030	−0.087	−0.103	−0.054	−0.096	−0.310
STI	−0.235	−0.237	0.027	—	0.041	−0.064	−0.040	0.039	0.003
ele	−0.412	−0.196	−0.096	0.049	—	−0.029	−0.033	−0.108	−0.217
sh	0.474	0.329	0.067	0.046	0.017	—	0.022	−0.008	0.144
xyy	0.362	0.233	0.050	0.041	0.028	0.031	—	−0.020	0.130
yzh	0.323	0.193	0.107	−0.047	0.109	−0.014	−0.024	—	0.131

注：asp 表示坡向；STI 表示沉积物运移指数；ele 表示海拔；sh 表示沙蒿盖度；xyy 表示小叶杨冠层盖度；yzh 表示硬质早熟禾盖度。

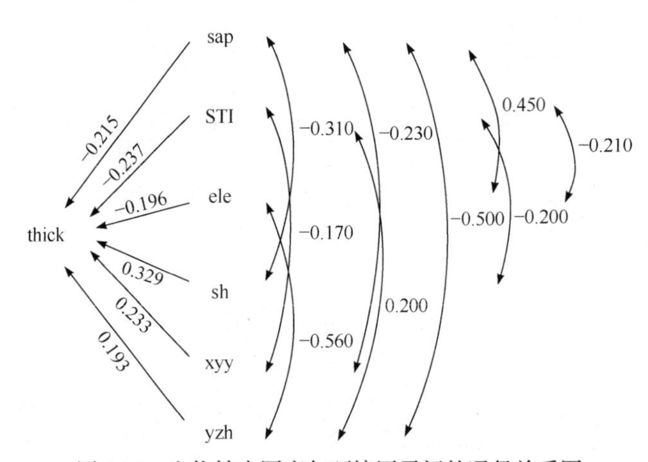

图 2.19　生物结皮厚度与环境因子间的通径关系图

asp 表示坡向；STI 表示沉积物运移指数；ele 表示海拔；sh 表示沙蒿盖度；xyy 表示小叶杨冠层盖度；yzh 表示硬质早熟禾盖度；thick 表示生物结皮厚度

表2.13展示了各环境因子对生物结皮厚度的决定系数和决策系数。可以看出，沙蒿盖度对生物结皮厚度的直接决定系数最大(0.108)，沉积物运移指数和小叶杨冠层盖度次之，沙蒿盖度、坡向、海拔和小叶杨冠层盖度是比较重要的决策环境因子。由于发育年限主导了生物结皮的厚度，环境因子的总决定作用仅为 55.2%，且样地撂荒年限在 30 年以上，生物结皮已充分发育，厚度空间变异小，而测量误差却相对大，导致环境因素的解释效果并不显著。

表 2.13　各环境因子对生物结皮厚度的决定系数和决策系数

环境因子	决定系数						决策系数
	asp	STI	ele	sh	xyy	yzh	
asp	0.046	−0.012	0.038	0.044	0.024	0.042	0.180
STI	—	0.056	−0.020	0.030	0.018	−0.018	0.055
ele	—	—	0.038	0.012	0.012	0.042	0.123
sh	—	—	—	0.108	0.014	−0.006	0.203
xyy	—	—	—	—	0.054	−0.010	0.114
yzh	—	—	—	—	—	0.037	0.088

注：表中下划线所标为直接决定系数，其他为共同决定系数。asp 表示坡向；STI 表示沉积物运移指数；ele 表示海拔；sh 表示沙蒿盖度；xyy 表示小叶杨冠层盖度；yzh 表示硬质早熟禾盖度。

2) 结构方程模型

结构方程模型建立在因子分析基础之上，主要讨论的是根据观测变量(表观因子)提取的抽象因子(本质因子)内部的相互关系，发现事物的内部联系和相互作用，使之更接近事物的本质规律。首先，分别对自变量组和因变量组提取若干公共因子，得到两个测量模型；然后建立这若干个公共因子之间的路径关系，即结构方程模型。

综合生物结皮盖度、厚度和抗剪强度均不为零的 518 个样本，在最大方差方向投影海拔、坡度、坡向等 24 个自变量矩阵提取公共因子，对原始变量进行主成分提取，最大方差法进行旋转，提取特征值大于 1 的因子。根据分析结果，共提取出 8 个公共因子，表 2.14 展示了主成分提取和旋转后的方差及所占比例。

表 2.14　主成分提取和旋转后的方差及所占比例

公共因子	特征值(主成分特征值)			旋转平方和(因子特征值)		
	特征值	占总方差的比例/%	累积所占比例/%	平方和	占总方差的比例/%	累积所占比例/%
1	6.182	22.898	22.898	4.591	17.005	17.005
2	5.227	19.359	42.257	3.410	12.629	29.634
3	2.435	9.019	51.276	3.373	12.494	42.128
4	1.934	7.164	58.440	2.935	10.871	52.999
5	1.641	6.078	64.518	2.376	8.801	61.800
6	1.567	5.804	70.322	2.080	7.704	69.504
7	1.143	4.232	74.554	1.297	4.804	74.308
8	1.088	4.031	78.585	1.154	4.276	78.584

原始变量的因子分析结果(因子载荷矩阵)如表 2.15 所示。根据因子载荷矩阵对各公共因子进行命名，主要包括 2 个小气候因子(向阳性、向晨性)、1 个地形因

子(侵蚀性)、1 个土壤因子(土壤质地)、3 个植物群落因子(次生性、郁闭性、北沙柳密度)和 1 个生物结皮发育特征指标(发育程度)作为结构方程模型的解释变量。

表 2.15　原始变量的因子分析结果(因子载荷矩阵)

原始变量	公共因子							
	1	2	3	4	5	6	7	8
	向阳性	侵蚀性	土壤质地	发育程度	向晨性	次生性	郁闭性	北沙柳密度
hs14	**0.910**	0.296	0.077	0.006	−0.071	0.118	−0.005	−0.037
hs	**0.850**	0.248	0.044	0.047	0.410	0.125	−0.001	−0.033
hs12	**0.830**	0.300	0.034	0.055	0.415	0.130	−0.004	−0.025
hs16	**0.820**	0.162	0.115	−0.053	−0.467	0.087	0.005	−0.067
asp	**0.790**	−0.115	0.050	−0.098	0.146	0.179	0.238	−0.161
yzh	**−0.550**	−0.214	−0.013	0.095	0.103	−0.053	0.382	−0.316
slop	−0.178	**−0.909**	0.054	−0.155	−0.052	−0.084	0.089	−0.054
SPI	−0.280	**−0.819**	−0.055	0.026	0.022	0.004	−0.029	−0.002
STI	−0.226	**−0.744**	−0.113	−0.205	−0.114	−0.055	−0.055	−0.078
TWI	−0.016	**0.680**	−0.275	0.068	−0.079	−0.013	−0.209	−0.057
cmc	0.232	0.060	**0.794**	−0.304	−0.132	0.040	0.069	0.025
SWC	−0.084	−0.024	**0.782**	0.019	0.019	0.062	0.051	−0.238
Bd	0.021	0.417	**−0.749**	0.116	−0.072	0.158	0.123	0.166
nt	−0.062	0.200	**0.606**	−0.368	−0.077	0.325	0.120	−0.042
sh	0.037	0.431	**−0.562**	0.263	0.123	−0.272	0.380	0.015
ele	0.283	0.177	**0.530**	−0.213	−0.013	−0.070	0.120	0.423
hzz	0.266	−0.073	**0.465**	0.053	−0.015	0.368	0.007	0.112
thick	−0.070	0.090	−0.203	**0.918**	0.084	0.038	0.031	0.030
shear	0.049	0.167	−0.084	**0.916**	0.050	−0.019	−0.095	0.075
JPGD	−0.045	0.128	−0.152	**0.824**	0.042	−0.137	−0.164	−0.041
hs8	−0.074	−0.083	−0.065	0.092	**0.972**	0.006	0.002	0.025
hs10	0.447	0.182	−0.028	0.090	**0.859**	0.098	−0.003	−0.004
gwh	0.170	0.129	0.002	−0.075	−0.017	**0.771**	0.159	−0.218
gwc	0.039	0.039	−0.020	0.009	0.120	**0.730**	−0.171	0.124
zmh	0.284	−0.078	0.371	−0.108	−0.034	**0.690**	0.104	−0.012
xyy	−0.088	0.118	−0.073	0.268	0.033	−0.048	**−0.858**	−0.112
sl	−0.198	0.012	−0.225	0.104	0.039	−0.019	0.070	**0.804**

注：黑色加粗数字为原始变量在其公共因子分类中的共同度，表示其对公共因子的表征能力。共同度绝对值大，变量与因子间的关系强，能够更好地表示公共因子。hs8～hs16 表示 8: 00～16: 00 的太阳高度角；hs 表示平均太阳高度角；asp 表示坡向；yzh 表示硬质早熟禾盖度；slop 表示坡度；SPI 表示汇流动力指数；STI 表示沉积物运移指数；TWI 表示地形湿度指数；cmc 表示长芒草盖度；SWC 表示土壤含水量；Bd 表示土壤容重；nt 表示柠条锦鸡儿盖度；sh 表示沙蒿盖度；ele 表示海拔；hzz 表示达乌里胡枝子盖度；thick 表示生物结皮厚度；shear 表示生物结皮抗剪强度；JPGD 表示生物结皮盖度；gwh 表示阿尔泰狗娃花盖度；gwc 表示狗尾草盖度；zmh 表示猪毛蒿盖度；xyy 表示小叶杨冠层盖度；sl 表示北沙柳盖度。

最终调整后的模型卡方自由度比为 5.042，调整适配指数为 0.860(表 2.16)，能够在一定程度上揭示变量之间的关系。

表 2.16　调整后的模型最终检验结果

拟合指标	待估参数个数	卡方值	自由度	卡方自由度比	显著性	适配指数	调整适配指数	渐进误差均方根
检验值	45	378.15	75	5.042	0.00	0.913	0.860	0.088

图 2.20 的结构方程模型路径图是模型最终的运行结果。土壤质地对生物结皮发育的作用最大，其次是次生性，且土壤质地和次生性相关；向阳性和侵蚀性的负效应相似。生物结皮在太阳辐射和侵蚀作用较弱的沙地和沙地次生地上发育较好。另外，小叶杨林地郁闭度高，能减少太阳辐射并能提高林内空气湿度，为生物结皮提供了理想发育环境。而北沙柳作为沙地优势灌木，分布于环境条件不良处，极低的冠层常扰动地表，其下堆积的枯落物阻碍了生物结皮发育，但在一定条件下其防风固沙作用又有利于生物结皮发育，在六道沟小流域，北沙柳灌丛保护下的生物结皮可以占据大面积迎风坡。结构方程模型较好地验证了在小流域、坡面尺度所发现的环境因子对生物结皮的影响。

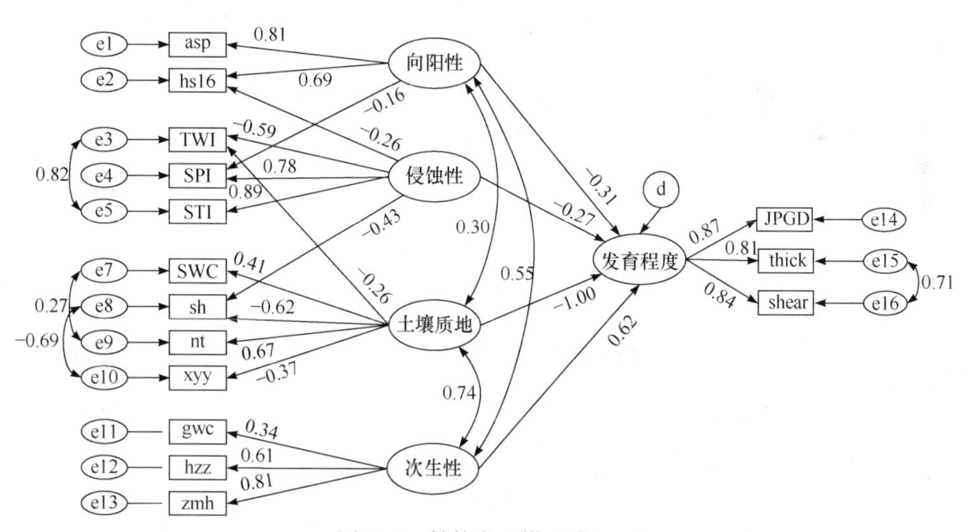

图 2.20　结构方程模型路径图

hs16 表示 16: 00 的太阳高度角；asp 表示坡向；SPI 表示汇流动力指数；STI 表示沉积物运移指数；TWI 表示地形湿度指数；SWC 表示土壤含水量；nt 表示柠条锦鸡儿盖度；sh 表示沙蒿盖度；hzz 表示达乌里胡枝子盖度；thick 表示生物结皮厚度；shear 表示生物结皮抗剪强度；JPGD 表示生物结皮盖度；gwc 表示狗尾草盖度；zmh 表示猪毛蒿盖度；xyy 表示小叶杨冠层盖度；e1～e16 表示各因子的误差；d 表示隐变量的误差，代表由向阳性、侵蚀性、土壤质地和次生性无法解释的生物结皮发育程度差异的部分

参 考 文 献

卜崇峰, 蔡强国, 张兴昌, 等, 2009. 黄土结皮的发育机理与侵蚀效应研究[J]. 土壤学报, 46(1): 16-23.

卜崇峰, 张朋, 叶菁, 等, 2014. 陕北水蚀风蚀交错区小流域苔藓结皮的空间特征及其影响因子[J]. 自然资源学报, 29(3): 490-499.

陈利顶, 张淑荣, 傅伯杰, 等, 2003. 流域尺度土地利用与土壤类型空间分布的相关性研究[J]. 生态学报, 23(12): 2497-2505.

郭轶瑞, 赵哈林, 左小安, 等, 2008. 科尔沁沙地沙丘恢复过程中典型灌丛下结皮发育特征及表层土壤特性[J]. 环境科学, 29(4): 1027-1034.

郭玉洁, 钱树本, 2003. 中国海藻志(第五卷, 硅藻门, 第一册, 中心纲)[M]. 北京: 科学出版社.

胡春香, 张斌才, 马红樱, 等, 2003. 兰州北山生物结皮中陆生藻种类组成与群落结构[J]. 西北师范大学学报(自然科学版), 39(1): 59-63.

胡鸿钧, 魏印心, 2006. 中国淡水藻类: 系统、分类及生态[M]. 北京：科学出版社.

黄婷婷, 史扬子, 曹琦, 等, 2020. 黄土高原六道沟小流域近 30 年来土壤侵蚀变化评价[J]. 中国水土保持科学, 18(1): 8-17.

贾恒义, 雍绍萍, 王富乾, 1993. 神木试区的土壤资源[J]. 水土保持研究, 2(2): 36-46.

贾艳, 白学良, 单飞彪, 等, 2012. 藓类结皮层人工培养试验和维持机制研究[J]. 中国沙漠, 32(1): 54-59.

贾志军, 蔡强国, 卜崇峰, 2006. 晋西黄土丘陵沟壑区土壤抗侵蚀能力的试验研究[J]. 水土保持研究, 13(6): 1-3.

金德祥, 程兆第, 1960. 中国海洋底栖硅藻类(上、下)[M]. 北京: 海洋出版社.

李金峰, 孟杰, 叶菁, 等, 2014. 陕北水蚀风蚀交错区生物结皮的形成过程与发育特征[J]. 自然资源学报, 29(1): 67-79.

李俊晓, 李朝奎, 殷智慧, 2013. 基于 ArcGIS 的克里金插值方法及其应用[J]. 测绘通报, (9): 87-90.

李勉, 李占斌, 刘普灵, 等, 2004. 黄土高原水蚀风蚀交错带土壤侵蚀坡向分异特征[J]. 水土保持学报, 3(1): 63-65.

李守中, 肖洪浪, 宋耀选, 等, 2002. 腾格里沙漠人工固沙植被区生物土壤结皮对降水的拦截作用[J]. 中国沙漠, 22(6): 612-616.

李欣玫, 左易灵, 薛子可, 等, 2018. 不同荒漠植物根际土壤微生物群落结构特征[J]. 生态学报, 38(8): 2855-2863.

李新荣, 张元明, 赵允格, 2009. 生物土壤结皮研究: 进展、前沿与展望[J]. 地球科学进展, 24(1): 11-24.

连纲, 郭旭东, 傅伯杰, 等, 2008. 黄土高原小流域土壤养分空间变异特征及预测[J]. 生态学报, 28(3): 946-954.

刘春利, 邵明安, 张兴昌, 等, 2005. 神木水蚀风蚀交错带退耕坡地土壤水分空间变异性研究[J]. 水土保持学报, 19(1): 132-135.

刘利霞, 张宇清, 吴斌, 2007. 生物结皮对荒漠地区土壤及植物的影响研究述评[J]. 中国水土保持科学, 6(5): 106-112.

卢龙彬, 付强, 黄金柏, 2013. 黄土高原北部水蚀风蚀交错区产流条件及径流系数[J]. 水土保持研究, 20(4): 17-23.

卢晓杰, 张克斌, 李瑞, 2007. 北方农牧交错带生物结皮的主要影响因子探讨[J]. 水土保持研究, 14(6): 1-4.

罗德, 余新晓, 董磊, 2008. 密云山区林冠层对天然降雨能量影响的初步研究[J]. 水土保持学报, 22(3): 60-63.

吕建亮, 廖超英, 孙长忠, 等, 2010. 黄土地表藻类结皮分布影响因素研究[J]. 西北林学院学报, 25(1): 11-14.

毛娜, 邵明安, 黄来明, 2017. 六道沟小流域地形序列土壤碳剖面分布特征及影响因素[J]. 水土保持学报, 31(5): 222-230, 239.

孟杰, 2011. 黄土高原水蚀交错区生物结皮的时空发育特征研究[D]. 杨凌: 西北农林科技大学.

童永平, 2019. 黄土关键带深剖面土壤水分时空分布特征与 Hydrus 模型模拟[D]. 西安: 长安大学.

肖波, 赵允格, 邵明安, 2007. 陕北水蚀风蚀交错区两种生物结皮对土壤理化性质的影响[J]. 生态学报, 27(11): 4662-4670.

杨建振, 卜崇峰, 张兴昌, 2009. 陕北毛乌素沙地生物结皮发育特征的初步研究[J]. 水土保持学报, 23(6): 162-165, 189.

袁方, 张振师, 张朋, 等, 2015. 陕北小流域生物结皮空间分布影响因子的通径分析[J]. 水土保持研究, 22(6): 30-35.

张丙昌, 张元明, 赵建成, 等, 2009. 古尔班通古特沙漠生物结皮不同发育阶段中藻类的变化[J]. 生态学报, 29(1): 9-17.

张丙昌, 赵建成, 张元明, 等, 2008. 新疆古尔班通古特沙漠南部沙垄不同部位藻类的垂直分布特征[J]. 植物生态学报, 32(2): 456-464.

张健, 刘国彬, 许明祥, 等, 2008. 黄土丘陵区影响生物结皮退化因素的初步研究[J]. 中国水土保持科学, 6(6): 14-20.

张静, 张元明, 周晓兵, 等, 2009. 生物结皮影响下沙漠土壤表面凝结水的形成与变化特征[J]. 生态学报, 29(12): 6600-6608.

张朋, 2015. 陕北小流域坡面尺度生物结皮空间分布特征及其影响因子与建模[D]. 杨凌: 西北农林科技大学.

张朋, 卜崇峰, 杨永胜, 等, 2015. 基于 CCA 的坡面尺度生物结皮空间分布[J]. 生态学报, 35(16): 5412-5420.

赵允格, 徐冯楠, 许明祥, 2008. 黄土丘陵区藓结皮生物量测定方法及其随发育年限的变化[J]. 西北植物学报, 28(6): 1228-1232.

赵允格, 许明祥, 王全九, 等, 2006a. 黄土丘陵区退耕地生物结皮对土壤理化性状的影响[J]. 自然资源学报, 21(3): 441-448.

赵允格, 许明祥, 王全九, 等, 2006b. 黄土丘陵区退耕地生物结皮理化性状初报[J]. 应用生态学报, 17(8): 1429-1434.

赵允格, 许明祥, BELNAP J, 2010. 生物结皮光合作用对光温水的响应及其对结皮空间分布格局的解译——以黄土丘陵区为例[J]. 生态学报, 30(17): 4668-4675.

郑云普, 赵建成, 张丙昌, 等, 2010. 荒漠生物结皮中藻类和苔藓植物研究进展[J]. 植物学报, 44(3): 371-378.

周萍, 刘国彬, 侯喜禄, 2008. 黄土丘陵区侵蚀环境不同坡面及坡位土壤理化特征研究[J]. 水土保持学报, 22(1): 7-12.

BELNAP J, LANGE O L, 2003. Biological Soil Crusts: Structure, Function, and Management[M]. Berlin, Springer-Verlag.

BRIGGS A, MORGAN J, 2008. Morphological diversity and abundance of biological soil crusts differ in relation to landscape setting and vegetation type[J]. Australian Journal of Botany, 56(3): 246-253.

BU C F, WU S F, HAN F P, et al., 2015. The combined effects of moss-dominated biocrusts and vegetation on erosion and soil moisture and implications for disturbance on the Loess Plateau, China[J]. PLoS One, 10(5): e0127394.

CASTILLO-MONROY A P, BENITEZ A, REYES-BUENO F, et al., 2016. Biocrust structure responds to soil variables along a tropical scrubland elevation gradient[J]. Journal of Arid Environments, 124: 31-38.

DENG S Q, ZHANG D Y, WANG G H, et al., 2020. Biological soil crust succession in deserts through a 59-year-long case study in China: how induced biological soil crust strategy accelerates desertification reversal from decades to years[J]. Soil Biology and Biochemistry, 141: 107665.

GAO L Q, BOWKER M A, XU M X, et al., 2017. Biological soil crusts decrease erodibility by modifying inherent soil properties on the Loess Plateau, China[J]. Soil Biology and Biochemistry, 105: 49-58.

GAO L Q, ZHAO Y G, QIN N Q, et al., 2012. Impact of biological soil crust on soil physical properties in the hilly Loess

Plateau region, China[J]. Journal of Natural Resources, 27(8): 1316-1326.

RODRÍGUEZ-CABALLERO E, ROMÁN J R, CHAMIZO S, et al., 2019. Biocrust landscape-scale spatial distribution is strongly controlled by terrain attributes: topographic thresholds for colonization in a semiarid badland system[J]. Earth Surface Processes Landforms, 44(14): 2771-2779.

SU Y G, LI X R, CHENG Y W, et al., 2007. Effects of biological soil crusts on emergence of desert vascular plants in North China[J]. Plant Ecology, 191(1): 11-19.

WANG F, MICHALSKI G, LUO H, et al., 2017. Role of biological soil crusts in affecting soil evolution and salt geochemistry in hyper-arid Atacama Desert, Chile[J]. Geoderma, 307: 54-64.

WEBER B, BÜDEL B, BELNAP J, 2016. Biological Soil Crusts: An Organizing Principle in Drylands[M]. Switzerland: Springer-Verlag.

YANG Q Y, ZHAO Y G, BAO T L, et al., 2019. Soil ecological stoichiometry characteristics under different types of biological soil crusts in the hilly Loess Plateau region, China[J]. The Journal of Applied Ecology, 30(8): 2699-2706.

ZHAO Y G, XU M X, BELNAP J, 2010. Potential nitrogen fixation activity of different aged biological soil crusts from rehabilitated grasslands of the hilly Loess Plateau, China[J]. Journal of Arid Environments, 74(10): 1186-1191.

ZHOU X J, AN X L, PHILIPPIS R D, et al., 2019. The facilitative effects of shrub on induced biological soil crust development and soil properties[J]. Applied Soil Ecology, 137: 129-138.

第3章 生物结皮的土壤养分效应

生物结皮作为陆地生态系统的重要组成部分，其生物组分如蓝藻、地衣、绿藻、苔藓等地上部分含有大量的叶绿素，可利用大气中有限的水分，如雾、露、降雨等进行光合作用，进而固定大气中的 CO_2，为自身及其他生物的生长发育提供必需的碳源并增加土壤中的有机碳含量，也为碳元素进入土壤提供了除维管植物以外的途径(Belnap et al.，2003；Zaady et al.，2000；Garcia-Pichel et al.，1996)。

生物结皮对土壤碳元素的影响集中在表层土壤-生物结皮下方几厘米深范围内，且土壤有机碳含量随生物结皮发育年限增加而逐渐增加(Chamizo et al.，2012)；同时，生物结皮显著增加地表 0～5cm 土层的有机质含量，并且表现出由表及里的递减趋势，对更深土层有机质含量则无显著影响(张元明等，2005)。在黄土高原地区，生物结皮对土壤碳元素分布的影响范围主要集中在表层 0～2cm (杨巧云等，2019)。Su 等(2013)在腾格里沙漠研究了恢复 15 年和 51 年两个时期的生物结皮固碳作用，发现生物结皮年累积固碳量与土壤有机碳含量呈正相关关系。在黄土丘陵区，随生物结皮的发育，土壤有机碳含量呈显著增加趋势，10 年以上的苔藓结皮土壤有机质质量分数可达 20.9g/kg，是研究区农田土壤的 4～5 倍(Gao et al.，2017；赵允格等，2006)。在区域尺度上，李宜坪(2018)通过克里金插值法估算出毛乌素沙地生物结皮及下伏 0～5cm 土层的总碳储量为 22.2Tg C；Saugier 等(2001)估计 27.7km^2 的沙漠生物结皮大约容纳着 101015g C；Garcia-Pichel 等(2003)则估算 38.7km^2 沙漠地区的蓝藻结皮固碳量达到 561012g C。

同时，生物结皮中包含多种固氮微生物，能将大气中的 N_2 还原、固定为可被生物所利用的铵态氮。在干旱、半干旱区和试验条件下的研究表明，生物结皮的存在增加了氮元素在表土中的含量，黄土丘陵区退耕地生物结皮向土壤输入的氮元素可以达到 0.8～13.0kg/(hm^2 · a)(明姣等，2013)。对于土壤养分贫瘠的地区，生物结皮的存在有益于当地生态系统生物生产力的提高(Harper et al.，2001；Rogers et al.，1994)。生物结皮中固氮的藻类主要由一些具异形细胞类[如鱼腥藻属、眉藻属(*Calothrix*)，裂须藻属(*Schizothrix*)和伪枝藻属]和一些非异形细胞类(如鞘丝藻属、微鞘藻属、颤藻属和单歧藻属)组成(Belnap，2002)。

生物结皮的固氮活性与其物种组成有关，以具鞘微鞘藻为主，并有 20%以上具鞘微鞘藻和伪枝藻地衣覆盖的深色藻类结皮氮累积量可达 9g/(hm^2 · a)，显著高于以具鞘微鞘藻占 98%以上的浅色藻类结皮(Belnap et al.，2003)。大约 70%以上的由蓝藻和蓝藻地衣固定的养分被立即释放到土壤环境中，而这些养分对相关的生物体包括维管植物、苔藓和其他微生物群是有效的，尤其表现在胶衣属和微鞘藻属等形成的生物结皮中(Silvester et al.，1996；Magee et al.，1954)。此外，还有研究表明，由于藻类结皮中固氮蓝藻建群种的不同，生物结皮对土壤氮元素的贡献有所差异，固氮活性一般为藻类结皮＞地衣结皮＞苔藓结皮(苏延桂等，2011；Wu et al.，2009)，地衣结皮中含有固氮作用较强的胶衣属，而苔藓结皮本身不具有固氮作用，其固氮作用主要靠寄生在其周围的固氮藻类完成，苔藓植物利用藻类固定的氮元素维持机体的生理活动，分解后作为土壤氮元素的来源之一(王闪闪，2017；Hu et al.，2003)。国外学者对南美、澳大利亚、极地气候区等国家和地区分布的生物结皮进行研究，估算出全球范围内生物结皮的固氮量为 0.7～100.0kg N/(hm^2 · a)(Caputa et al.，2013；Stewart et al.，2011a，2011b，2011c；Russow et al.，2005)。

本章通过野外采样与室内分析相结合的方法，探讨了生物结皮对土壤养分的影响，明确其对土壤养分的集聚效应，以期为科学认识生物结皮的生态功能提供理论依据。

3.1 生物结皮对土壤养分的影响

本节通过对陕北风蚀水蚀交错区的六道沟小流域进行全面踏查，综合考虑流域的地形因素、土壤条件、植被与生物结皮的分布情况及其干扰因子，确定 5 个典型苔藓结皮样地，探讨生物结皮的养分效应。在每个样地内随机布设 5 个调查样方，调查、记录每个样方内的植物群落组成、盖度及生物结皮盖度、厚度和抗剪强度后，采集生物结皮层(layer of biological soil crusts，LBSC)样品及其下层 0～2cm、2～5cm、5～10cm 和 10～20cm 土层的土壤样品，每个样方随机选 5 个采样点，同层土样混合作为土壤养分的分析样品。为了对比分析，于每个生物结皮样地或与其邻近区域选择 3～5 个无生物结皮发育的采样区作为对照，按 0～2cm、2～5cm、5～10cm 和 10～20cm 分层进行多点混合取样。采样时尽量远离植物根系，以消除其对土壤养分含量的影响(孟杰等，2010)。

1. 生物结皮对土壤有机质的影响

生物结皮对土壤有机质的聚集作用主要集中在生物结皮层，其土壤有机质质量分数(15.67g/kg)显著高于生物结皮下 0～2cm 和无生物结皮 0～2cm 土层(P＜0.05)(图 3.1)。生物结皮下土壤有机质的剖面平均质量分数为 3.79g/kg，无生物结皮处理为 3.09g/kg，且有生物结皮存在时，0～2cm、2～5cm、5～10cm 和 10～20cm 土层土壤有机质质量分数大于无生物结皮的相应土层，但相同土层之间的差异均未达到显著水平。

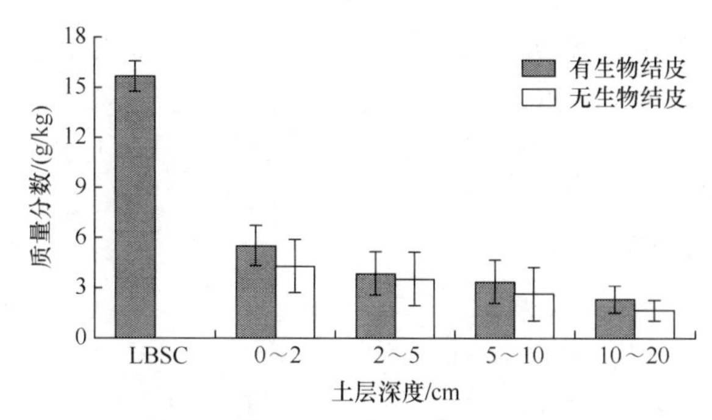

图 3.1　有、无生物结皮条件下土壤有机质质量分数随土层深度变化情况

2. 生物结皮对土壤全氮与速效氮质量分数的影响

生物结皮对土壤全氮的聚集作用主要集中在生物结皮层(0.65g/kg)，且显著高于生物结皮下 0～2cm 和无生物结皮 0～2cm 土层($P<0.05$)(图 3.2)。有生物结皮存在时，0～2cm、2～5cm、5～10cm 和 10～20cm 土层全氮质量分数大于无生物结皮的相应土层，但相同土层之间的差异均未达到显著水平，且对下伏土壤的作用不显著。与之类似的，生物结皮层内的速效氮质量分数为 22.51mg/kg，显著高于其下 0～2cm 和无生物结皮 0～2cm 土层($P<0.05$)，在 0～20cm 土层深度土壤剖面上，有生物结皮的土壤速效氮质量分数的变化范围为 12.90～15.60mg/kg，且随土层深度的增加，速效氮变化规律不明显。相同土层内，有生物结皮存在的速效氮质量分数略高于无生物结皮，但未达到显著水平。

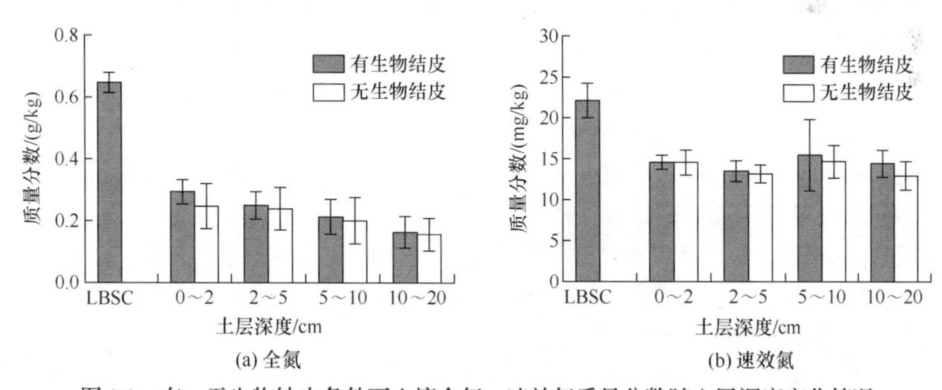

图 3.2　有、无生物结皮条件下土壤全氮、速效氮质量分数随土层深度变化情况

3. 生物结皮对土壤速效磷与速效钾质量分数的影响

图 3.3 展示了有、无生物结皮条件下土壤速效磷和速效钾质量分数随土层深度的变化情况。可以看出，在 0～20cm 土层深度剖面上，生物结皮对速效磷和速效钾质量分数的影响不显著。随着土层深度的增加，速效磷质量分数总体上呈逐渐

减小趋势，而速效钾质量分数则呈明显的下降趋势。有生物结皮条件下 0～2cm、2～5cm、5～10cm 和 10～20cm 土层与无生物结皮相应土层之间速效磷、速效钾质量分数的差异也均未达到显著水平。生物结皮形成后对土壤速效养分含量有提高作用，但由于受土壤基质、环境因素及发育时间的影响，生物结皮的土壤养分效应可能不同。

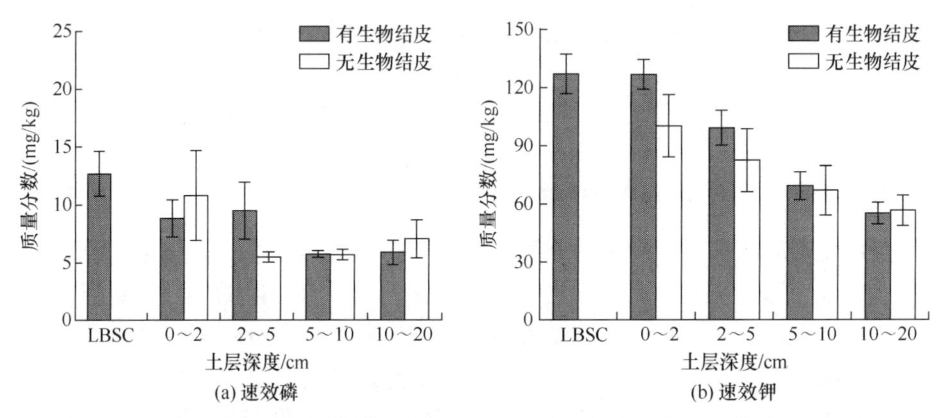

图 3.3　有、无生物结皮条件下土壤速效磷、速效钾质量分数随土层深度变化情况

3.2　侵蚀条件下生物结皮的土壤养分效应

生物结皮作为黄土高原坡地的典型地被物，一方面可通过固碳、固氮作用增加土壤养分含量(Chamizo et al.，2012；李新荣等，2009；Belnap et al.，2003)，另一方面可通过减少土壤侵蚀来对土壤养分起到保蓄作用(Chamizo et al.，2017；Bu et al.，2015)。但是，在侵蚀条件下生物结皮对坡面土壤养分的分布特征产生了怎样的影响目前尚未明确，研究并了解该影响对认识生物结皮的生态功能和开展生态环境治理具有重要的理论和实践意义。因此，本节以水蚀风蚀交错区六道沟小流域自然条件下发育的生物结皮为研究对象，通过野外小区对比试验，分析有、无生物结皮坡面土壤侵蚀状况和土壤碳元素的分布特征，明确该区生物结皮的生态功能，为保护和利用生物结皮资源提供科学依据。

试验于陕西省神木市的六道沟小流域内的一个坡面上展开(110°21′46.2″E，38°47′39.9″N)，海拔 1196m，坡向北偏东，坡度为 15°。在坡面上修建 4 个 4m × 2m 的径流小区，设置有生物结皮和无生物结皮(裸地)2 种处理，各处理重复 2 次。其中有生物结皮处理为采集流域内自然发育较好的生物结皮铺设而成，采集过程中尽量保持生物结皮的完整性，铺设时用铁耙将土壤表面耙平耙细，使生物结皮更好地与下伏土壤表面接触，布设时间为 2008 年 7 月。生物结皮的基本特征如

表 3.1 所示，主要生物结皮类型为苔藓结皮，以真藓、尖叶对齿藓和狭网真藓为优势藓种。供试土壤为黄绵土(黄土正常新成土)，质地为砂质壤土，其黏粒质量分数为 6.3%，粉粒为 22.1%，砂粒为 71.6%，土壤 pH 为 8.5 左右。各径流小区底部安装径流桶，用于天然降水侵蚀泥沙和地表径流的收集观测。2009 年 10 月，在每个径流小区的上坡位和下坡位采集土壤样品，以 0～2cm，2～5cm，5～10cm，10～15cm 和 15～20cm 分层采样，同一坡位多点取样，同层土壤混匀作为分析样品进行各指标的测定(孟杰等，2011)。

表 3.1　生物结皮的基本特征

指标	数值
厚度/mm	10.20±1.90
抗剪强度/kPa	36.20±7.30
有机质质量分数/(g/kg)	18.75±1.08
全氮质量分数/(g/kg)	0.80±0.08
硝态氮质量分数/(mg/kg)	1.12±0.23
铵态氮质量分数/(mg/kg)	17.19±2.51
速效磷质量分数/(mg/kg)	6.21±0.82
速效钾质量分数/(mg/kg)	102.03±26.07
pH	8.07±0.06

3.2.1　生物结皮对土壤侵蚀的影响

从图 3.4 可以看出，相对于无生物结皮处理，有生物结皮覆盖时可显著减少土壤侵蚀量，平均减少量为 93.8%，这对坡面土壤碳氮积累具有重要意义。试验中观察发现，有生物结皮覆盖和无生物结皮的径流小区均以面蚀为主，无明显细沟侵蚀现象；从观测的数据来看，无生物结皮处理年侵蚀泥沙量平均为 134.1t/km^2，是有生物结皮处理的 16.2 倍；而两种处理下的地表径流量差异不显著。

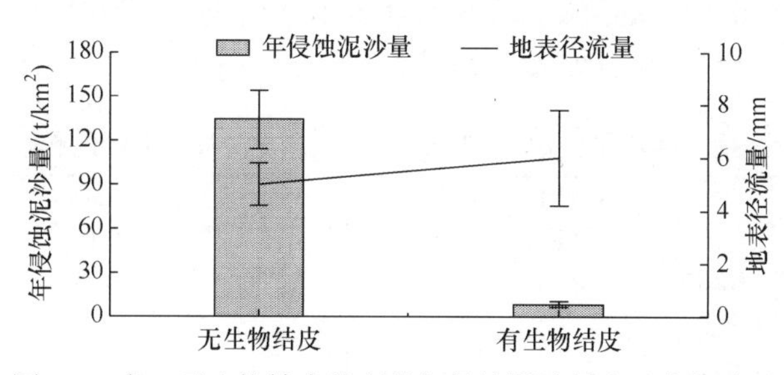

图 3.4　有、无生物结皮处理的年侵蚀泥沙量和地表径流量

3.2.2　侵蚀条件下生物结皮对土壤有机质质量分数的影响

生物结皮对坡面土壤有机质质量分数的影响如图 3.5 所示，可以看出，无论有无生物结皮覆盖，土壤有机质质量分数在 0～20cm 土层深度剖面上均呈现逐渐递减趋势，而处于下坡位上的无生物结皮处理递减趋势最为明显，从 0～2cm 土层的 4.57g/kg 下降至 15～20cm 土层的 1.95g/kg。而无论有无生物结皮覆盖，上坡位土壤有机质质量分数明显高于下坡位。在相同坡位下，土壤有机质质量分数均表现为有生物结皮＞无生物结皮，其中下坡位间的差异较大，而且随剖面土层深度的增加，两处理间的差异越显著，原因是下坡位土壤侵蚀强烈，生物结皮能够更好地发挥其对土壤养分的保蓄作用，这意味着生物结皮对下坡位土壤有机质的积累具有更重要的意义。

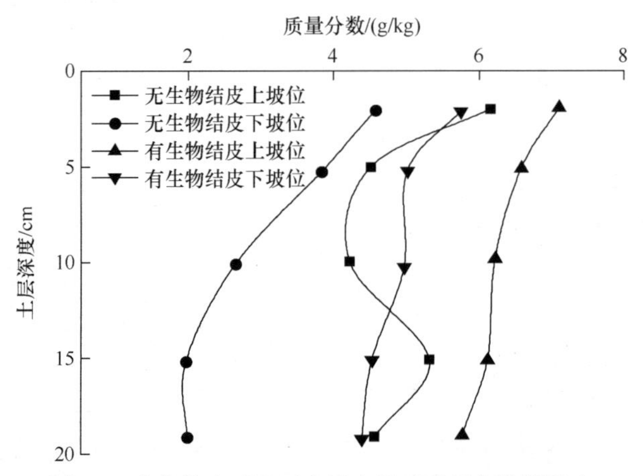

图 3.5　生物结皮对坡面土壤有机质质量分数的影响

在不考虑坡位的前提下，生物结皮对 0～20cm 土层土壤养分质量分数的影响如表 3.2 所示。结果表明，在 2～5cm 和 5～10cm 土层内，两种处理下的土壤有机质质量分数差异均达到显著水平($P<0.05$)，而在表层 0～2cm 土层内，差异未达到显著水平，可能是由于无生物结皮处理在试验期未受经常性干扰，试验后期地表已出现了无明显层次结构的浅灰黑色藻类结皮雏形，加之无生物结皮处理地表捕获了一定的大气降尘，对本试验结果产生了一定影响。

表 3.2　生物结皮对 0～20cm 剖面土壤养分质量分数的影响

土层深度/cm	处理	有机质质量分数/(g/kg)	全氮质量分数/(g/kg)	硝态氮质量分数/(mg/kg)	铵态氮质量分数/(mg/kg)
0～2	无生物结皮	5.35±0.45a	0.40±0.02a	0.70±0.04a	13.04±1.91a
	有生物结皮	6.42±0.39a	0.43±0.02a	1.08±0.13b	15.60±1.27a
2～5	无生物结皮	4.15±0.27a	0.32±0.01a	0.69±0.06a	10.69±0.28a
	有生物结皮	5.79±0.48b	0.39±0.03b	1.07±0.14b	9.51±0.44b

续表

土层深度/cm	处理	有机质质量分数/(g/kg)	全氮质量分数/(g/kg)	硝态氮质量分数/(mg/kg)	铵态氮质量分数/(mg/kg)
5～10	无生物结皮	3.42±0.47a	0.30±0.01a	0.96±0.13a	9.96±0.73a
	有生物结皮	5.60±0.40b	0.37±0.03b	1.22±0.23a	10.29±0.99a
10～15	无生物结皮	3.64±0.99a	0.29±0.03a	0.86±0.14a	11.31±0.84a
	有生物结皮	5.33±0.49a	0.35±0.02a	1.25±0.35a	12.20±1.23a
15～20	无生物结皮	3.24±0.77a	0.30±0.04a	0.92±0.09a	11.20±2.35a
	有生物结皮	5.04±0.41b	0.36±0.02a	1.25±0.14a	11.52±1.10a

注：表中数据为平均值±标准误；同层土壤有无生物结皮之间差异显著性用 t 检验(单尾，P<0.05)，同列不同字母表示处理间差异显著。

3.2.3　侵蚀条件下生物结皮对土壤氮元素质量分数的影响

图 3.6 展示了生物结皮对坡面土壤全氮质量分数的影响。总体来看，有无生物结皮处理下土壤全氮质量分数随土层深度的增加都表现为降低趋势，但降低幅度不同。有生物结皮覆盖时，上坡位和下坡位土壤全氮质量分数在 5cm 以下土层降低幅度较小；而在无生物结皮处理下，下坡位降低幅度较大，从 2～5cm 土层的 0.39g/kg 下降至 15～20cm 土层的 0.23g/kg，与土壤有机质质量分数变化规律相似。在相同坡位下，土壤全氮质量分数都表现为有生物结皮＞无生物结皮。从表 3.2 可知，2～5cm 和 5～10cm 土层内，有生物结皮与无生物结皮处理下土壤的全氮质量分数差异均达到显著水平(P＜0.05)，而表层 0～2cm 土层则未达到显著水平，同前文对土壤有机质质量分数的分析一致。

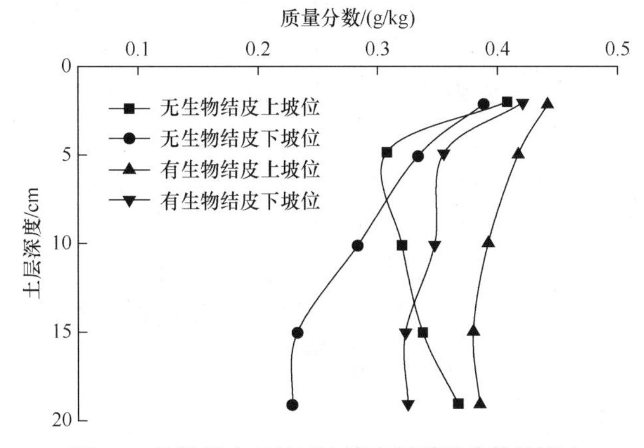

图 3.6　生物结皮对坡面土壤全氮质量分数的影响

土壤全氮中的矿质氮(硝态氮和铵态氮)占比为 3.1%～3.6%。由图 3.7 和表 3.2 可知，在相同坡位下，0～20cm 剖面土壤硝态氮质量分数都表现为有生物结皮>无生物结皮，而有、无生物结皮覆盖的土壤的铵态氮质量分数差异不显著。生物结皮能显著增加 0～2cm 和 2～5cm 土层硝态氮质量分数($P<0.05$)，这除了生物结皮对土壤养分的保蓄效应外，还可能与生物结皮向土壤释放硝态氮有关。由于铵态氮流失特征不同于硝态氮，加之生物结皮可能会利用或释放铵态氮，使生物结皮对其影响表现出无明显规律性。与无生物结皮相比，有生物结皮处理的 0～10cm 土层硝态氮和铵态氮储量分别增加了 39.2%和 4.3%。

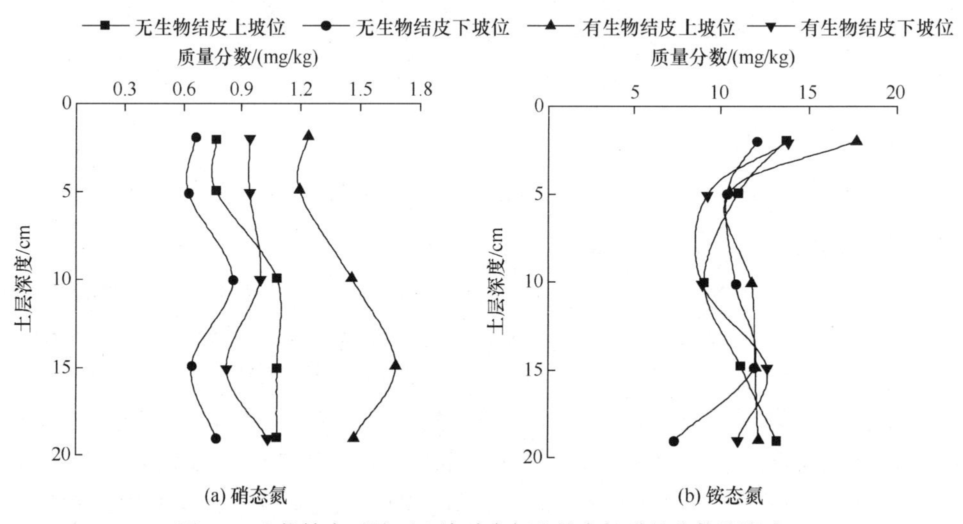

图 3.7　生物结皮对坡面土壤硝态氮和铵态氮质量分数的影响

3.3　生物结皮影响土壤养分的机理

生物结皮能够富集土壤养分，一方面得益于生物结皮通过影响土壤微生物及其酶活性，促进了养分的转化与富集；另一方面，生物结皮与周围植物合作共生，共同捕捉风沙流中的粉尘，有利于空气中矿物质、有机质的沉积，提高土壤肥力(宋阳等，2004)。生物结皮富集土壤养分机理的生物过程包括两个方面：①生物结皮土壤微生物代谢过程及其产物改善了土壤理化性质，达到富集养分的效果；②生物结皮土壤酶对于土壤物质循环和转化的生物催化功能。生物结皮富集土壤养分机理的非生物过程主要是生物结皮对大气中粉尘的捕获作用以及对溶解于降水中矿物质的拦截作用。这两个过程共同促进了生物结皮土壤养分的积累。

3.3.1　生物因素

1. 生物结皮对土壤微生物的影响

土壤微生物的种类、数量、分布与土壤水热条件、肥力状况及植物群落特征有密切关系。土壤微生物的分布和活跃程度与土壤结构的形成、营养物质转化息息相关，它能矿化有机物，将植物不能直接吸收的难溶性无机物变得可溶，从而增加土壤肥力(赵吉等，1997)。许多固氮微生物都能够改善土壤的营养状况(张继贤等，1994)，在生长过程中向体外分泌代谢产物，促进生物结皮更好地发育(玛伊努尔·依克木等，2013)。

土壤中微生物数量多、群落活跃程度高，一定程度上代表了该生态系统具有较强的物质循环能力。生物结皮中的微生物类型主要包括细菌、放线菌、真菌。土壤细菌可以促进碳氮元素循环，增加土壤中有机质和 N 含量，另外还可以产生胞外代谢物以稳定土壤团聚体；放线菌能够分解有机质及多数细菌和真菌不能分解的有机化合物(胡忠旭等，2017)。

在固定沙丘的生物结皮中，细菌、放线菌和真菌数量的关系为细菌＞放线菌＞真菌(尹瑞平等，2014)，不同演替阶段生物结皮下土壤微生物的组成、数量及其比例存在差异。胡忠旭等(2017)分析了黄土丘陵区不同类型生物结皮的发育特征及土壤微生物的分布特征，发现土壤微生物总数和细菌数量从浅色藻类结皮到苔藓结皮总体呈增加趋势，苔藓结皮中细菌、放线菌和真菌数量显著高于其他生物结皮。在生物结皮层，苔藓结皮中细菌比例较藻类结皮有所增加，放线菌比例相应减少，苔藓结皮中真菌比例最高；苔藓结皮下 0～2cm 土层真菌比例显著大于其他生物结皮，这种规律表明苔藓结皮能够创造更好的生境条件以利于微生物及维管植物的生长发育(宁远英等，2009)。生物结皮层微生物总数和细菌、放线菌、真菌数量总体表现为随生物结皮的发育呈增加的趋势。微生物数量与粉粒、黏粒等细颗粒物和有机质、全氮、碱解氮等养分含量呈显著或极显著正相关关系(尹瑞平等，2014)，苔藓或藻类结皮层细菌、放线菌、真菌含量均显著高于流动沙土，同时生物结皮层三大微生物含量也高于下层土壤，说明沙漠地区生物结皮不仅是土壤养分聚集的中心，也是土壤微生物聚集的中心(闫德仁等，2008)。

2. 生物结皮对土壤酶活性的影响

土壤酶在土壤物质循环和转化中发挥着重要的生物催化功能，土壤酶活性是土壤生物化学过程的总体现(关松荫，1986)，是表征土壤肥力水平和土壤质量的重要生物学指标(王兵等，2009；董莉丽等，2008)。土壤酶活性越强，越能加速土壤中各种酶促反应，有利于养分积累和土壤性质的改善，反过来会进一步促进生物结皮的发育。研究表明，沙地生物结皮不仅能明显增加表层土壤有机质和土壤养分含量(张元明等，2005)，而且能提高土壤的酶活性，生物结皮层的各类土壤酶活性是相同地带流动沙丘表层酶活性的数倍甚至数百倍(陈祝春，1989)，土壤酶活性随沙丘固定时间的延长逐渐提高(齐雁冰等，2006)。

脲酶是尿素酰胺水解酶类的通称，与土壤生态系统中氮元素循环密切相关，受土壤有机质、全氮含量的影响很大(安韶山等，2005)。碱性磷酸酶是石灰性土壤中表征土壤有效磷状况的主要酶类，对增加土壤磷元素的生物有效性具有重要意义，其活性大小是评价土壤磷元素生物转化方向和强度的重要指标(唐东山等，2007)。过氧化氢酶是土壤中重要的氧化还原酶，能催化土壤中对生物体有害的过氧化氢分解，与土壤肥力关系密切(周礼恺，1987)。研究生物结皮条件下土壤酶活性状况，有助于认识生物结皮在土壤养分循环和转化、土壤发育等方面的生态意义。为了解生物结皮影响土壤养分含量的机理，孟杰等(2011)以陕北水蚀风蚀交错区六道沟小流域的生物结皮为对象，研究了其对土壤酶活性和土壤养分特征的影响，明确生物结皮对土壤养分的集聚效应，旨在为科学认识生物结皮的生态功能提供依据。

图3.8反映了有、无生物结皮条件下不同土壤酶活性随土层深度的变化情况。

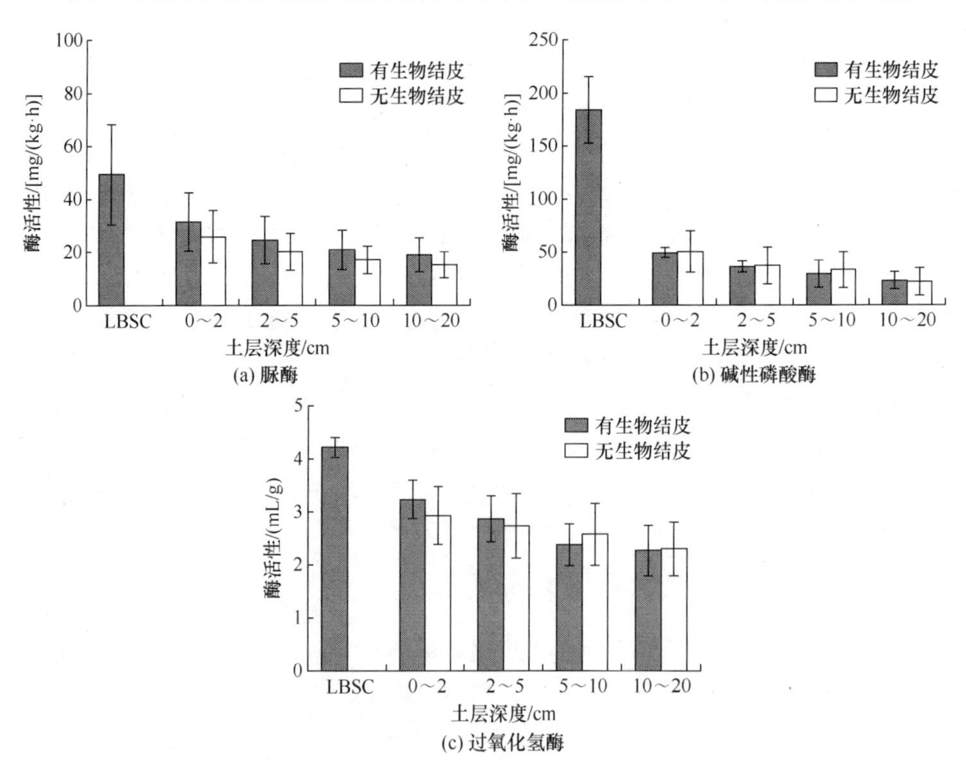

(a) 脲酶　(b) 碱性磷酸酶　(c) 过氧化氢酶

图3.8　有、无生物结皮条件下不同土壤酶活性随土层深度的变化情况

可以看出，无论有无生物结皮，土壤脲酶、碱性磷酸酶和过氧化氢酶活性均随土层深度的增加而逐渐降低，这与土壤养分、水分、通气状况等环境因子及土壤微生物活动状况密切相关。但是，生物结皮层具有明显较高的土壤酶活性，特别是碱性磷酸酶，为生物结皮下 0～2cm 土层土壤酶活性的 3.72 倍，脲酶和过氧化氢酶酶活性则分别为 1.56 倍和 1.31 倍。配对样本 *t* 检验结果表明，生物结皮层的土壤碱性磷酸酶、脲酶和过氧化氢酶活性均显著高于其下 0～2cm 及无生物结皮处理的 0～2cm 土层($P<0.05$)；在 0～20cm 土层的土壤剖面上，有生物结皮条件下 0～2cm、2～5cm、5～10cm 和 10～20cm 土层土壤脲酶活性平均值均分别大于无生物结皮相应土层的土壤脲酶活性，而碱性磷酸酶活性与无生物结皮相当，过氧化氢酶则仅在 5cm 以上土层表现为有生物结皮处理大于无生物结皮处理。然而，有生物结皮条件下各土层与无生物结皮相应土层之间，3 种酶活性差异均未达到显著水平，表明生物结皮对下伏土壤酶活性无明显影响。

综上可知，生物结皮的发育能不同程度提高结皮层的土壤酶活性，而对下伏土壤的酶活性作用并不显著。生物结皮层土壤酶活性的增强使得表层土壤中的物质循环和转化加速，这对脆弱生态系统内土壤养分的循环与转化、土壤的形成与发育具有积极意义，反过来这种土壤生态效应又将促进生物结皮的形成、演变及发挥生态功能。

3.3.2　非生物因素

大气粉尘中的养分是干旱生态系统养分输入的重要组成部分(Littmann，1997)。生物结皮在提高和维持土壤肥力方面起到至关重要的作用，它们固定 C 和 N，并把其中的绝大部分释放到周围土壤中。同时，它们可以捕获、截留营养丰富的大气粉尘和降水中的矿质颗粒及有机物，在维持自身生命活动的同时，合成大量土壤矿物质，促进植物生长(贺韵雅等，2011；连宾，2010)。

水分与氮元素是限制植物生长的重要因素。通常在旱地生态系统中，存在两种向生态系统输入氮元素的途径：①生物结皮中的蓝藻和固氮维管植物对大气中氮元素的生物固定(生物学过程)；②通过降水湿沉降、含氮化合物粉尘干沉降和气态沉降的大气氮元素输入(非生物过程)(Russow et al.，2004)。在干旱、半干旱生态系统中，土壤氮元素利用率通常较低，并且可能会限制净初级生产力(net primary productivity，NPP)。通过生物结皮进行的氮循环可能会通过调节土壤的短期氮利用以支持维管植物的生长、氮的长期积累和土壤肥力的维持，是氮元素缺乏的旱地生态系统的重要氮源(Green et al.，2008；Schwinning et al.，2005)。但是，随着全球气候变化，生物结皮盖度受到影响，大气氮沉降可能成为旱地生态系统中氮元素输入的主要途径。

Russow 等(2004)发现不同氮库的自然 ^{15}N 丰度差异很大，生物结皮的 ^{15}N 丰度表现为负值，原因可能是大气中存在附加的氮元素输入，如气态氮(NO_x)，其 ^{15}N 丰度为负值。Littmann(1997)的研究表明，大气降尘最容易在覆有生物结皮的稳定坡面及较高的林分内形成。在覆有生物结皮的稳定坡面，表面的细粒物质含量显然处于粉尘净沉积速率的平衡状态。然而，大气粉尘净沉积量的空间模式与生物结皮的分布及厚度并无直接关系。相比于生物结皮对粉尘的直接“捕获作用”，稳定的环境单元以及由沙丘坡度、坡向所致的水文差异，对大气降尘具有更重要的作用。

关于生物结皮对于大气降尘的“捕获作用”所致的土壤养分富集，进而对生物结皮生长发育及空间分布的影响，亟待更多的研究成果来证明。

参考文献

安韶山, 黄懿梅, 郑粉莉, 2005. 黄土丘陵区草地土壤脲酶活性特征及其与土壤性质的关系[J]. 草地学报, 13(3): 233-237.

陈祝春, 1989. 不同地带沙丘结皮层的土壤酶活性[J]. 中国沙漠, 9(1): 88-95.

董莉丽, 郑粉莉, 2008. 黄土丘陵区不同土地利用类型下土壤酶活性和养分特征[J]. 生态环境, 17(5): 2050-2058.

关松荫, 1986. 土壤酶及其研究法[M]. 北京: 农业出版社.

贺韵雅, 于海峰, 逄圣慧, 2011. 生物土壤结皮的生物学功能及其修复研究[J]. 地球与环境, 39(1): 91-96.

胡忠旭, 赵允格, 王一贺, 2017. 黄土丘陵区不同类型生物结皮下土壤微生物的分布特征[J]. 西北农林科技大学学报(自然科学版), 45(6): 105-114.

李新荣, 张元明, 赵允格, 2009. 生物土壤结皮研究: 进展、前沿与展望[J]. 地球科学进展, 24(1): 11-24.

李宜坪, 2018. 毛乌素沙地生物结皮及其下伏土壤的养分特征与碳储量研究[D]. 杨凌: 西北农林科技大学.

连宾, 2010. 碳酸盐岩风化成土过程中的微生物作用[J]. 矿物岩石地球化学通报, 29(1): 52-56.

玛伊努尔·依克木, 张丙昌, 买提明·苏来曼, 2013. 古尔班通古特沙漠生物结皮中微生物量与土壤酶活性的季节变化[J]. 中国沙漠, 33(4): 1091-1097.

孟杰, 卜崇峰, 李莉, 等, 2011. 侵蚀条件下生物结皮对坡面土壤碳氮的影响[J].中国水土保持科学, 9(3): 45-51.

孟杰, 卜崇峰, 赵玉娇, 等, 2010. 陕北水蚀风蚀交错区生物结皮对土壤酶活性及养分含量的影响[J]. 自然资源学报, 25(11): 1864-1874.

明姣, 赵允格, 许明祥, 等, 2013. 黄土高原不同侵蚀类型区生物结皮固氮活性及对水热因子的响应[J]. 应用生态学报, 24(7): 1849-1855.

宁远英, 徐杰, 张功, 2009. 科尔沁沙地放牧干扰恢复过程中植被组成和生物结皮微生物数量的变化[J]. 内蒙古大学学报(自然科学版), 40(6): 670-676.

齐雁冰, 常庆瑞, 惠泱河, 2006. 高寒地区人工植被恢复过程中沙表生物结皮特性研究[J]. 干旱地区农业研究, 24(6): 98-102.

宋阳, 严平, 张宏, 等, 2004. 荒漠生物结皮研究中的几个问题[J]. 干旱区研究, 2(4): 439-443.

苏延桂, 李新荣, 赵昕, 等, 2011. 不同类型生物土壤结皮固氮活性及对环境因子的响应研究[J]. 地球科学进展, 26(3): 332-338.

唐东山, 王伟波, 李敦海, 等, 2007. 人工藻结皮对库布齐沙地土壤酶活性的影响[J]. 水生生物学报, 31(3): 339-344.

王兵, 刘国彬, 薛萐, 等, 2009. 黄土丘陵区撂荒对土壤酶活性的影响[J]. 草地学报, 17(3): 282-287.

王闪闪, 2017. 黄土丘陵区干扰对生物结皮土壤氮素循环的影响[D]. 杨凌: 西北农林科技大学.

闫德仁, 王素英, 吕景辉, 等, 2008. 生物结皮层土壤微生物含量的变化[J]. 内蒙古林业科技, 34(2): 1-5.

杨巧云, 赵允格, 包天莉, 等, 2019. 黄土丘陵区不同类型生物结皮下的土壤生态化学计量特征[J]. 应用生态学报, 30(8): 2699-2706.

尹瑞平, 王峰, 吴永胜, 等, 2014. 毛乌素沙地南缘沙丘生物结皮中微生物数量及其影响因素[J]. 中国水土保持, (12): 40-44.

张继贤, 邸醒民, 王淑湘, 1994. 沙坡头地区防护体系建立过程中生态环境变化的特点[J]. 干旱区资源与环境, 8(3): 68-79.

张元明, 杨维康, 王雪芹, 等, 2005. 生物结皮影响下的土壤有机质分异特征[J]. 生态学报, 25(12): 3420-3425.

赵吉, 邵玉琴, 1997. 库布齐沙地土壤的生物学活性研究[J]. 内蒙古大学学报(自然科学版), 28(5): 83-85.

赵允格, 许明祥, 王全九, 等, 2006. 黄土丘陵区退耕地生物结皮对土壤理化性状的影响[J]. 自然资源学报, 21(3): 441-448.

周礼恺, 1987. 土壤酶学[M]. 北京: 科学出版社.

BELNAP J, 2002. Nitrogen fixation in biological soil crusts from southeast Utah, USA[J]. Biology and Fertility of Soils, 35(2): 128-135.

BELNAP J, LANGE O L, 2003. Biological Soil Crusts: Structure, Function, and Management[M]. Berlin: Springer-Verlag.

BU C F, WU S F, HAN F P, et al., 2015. The combined effects of moss-dominated biocrusts and vegetation on erosion and soil moisture and implications for disturbance on the Loess Plateau, China[J]. PLoS One, 10(5): e0127394.

CAPUTA K, COXSON D, SANBORN P, 2013. Seasonal patterns of nitrogen fixation in biological soil crusts from British Columbia's Chilcotin grasslands[J]. Botany, 91(9): 631-641.

CHAMIZO S, CANTÓN Y, MIRALLES I, et al., 2012. Biological soil crust development affects physicochemical characteristics of soil surface in semiarid ecosystems[J]. Soil Biology and Biochemistry, 49: 96-105.

CHAMIZO S, RODRÍGUEZ-CABALLERO E, ROMÁN J R, et al., 2017. Effects of biocrust on soil erosion and organic carbon losses under natural rainfall[J]. Catena, 148: 117-125.

GAO L Q, BOWKER M A, XU M X, et al., 2017. Biological soil crusts decrease erodibility by modifying inherent soil properties on the Loess Plateau, China[J]. Soil Biology and Biochemistry, 105: 49-58.

GARCIA-PICHEL F, BELNAP J, 1996. Microenvironments and microscale productivity of cyanobacterial desert crusts[J]. Journal of Phycology, 32(5): 774-782.

GARCIA-PICHEL F, BELNAP J, NEUER S, et al., 2003. Estimates of global cyanobacterial biomass and its distribution[J]. Algological Studies, 109(1): 213-227.

GREEN L E, PORRAS-ALFARO A, SINSABAUGH R L, 2008. Translocation of nitrogen and carbon integrates biotic crust and grass production in desert grassland[J]. Journal of Ecology, 96(5): 1076-1085.

HARPER K T, BELNAP J, 2001. The influence of biological soil crusts on mineral uptake by associated vascular plants[J]. Journal of Arid Environments, 47(3): 347-357.

HU C X, LIU Y D, 2003. Primary succession of algal community structure in desert soil[J]. Acta botanica sinica, 45(8):917-924.

LITTMANN T, 1997. Atmospheric input of dust and nitrogen into the Nizzana sand dune ecosystem, north-western Negev, Israel[J]. Journal of Arid Environments, 36(3): 433-457.

MAGEE W E, BURRIS R H, 1954. Fixation of N_2 and utilization of combined nitrogen by *Nostoc muscorum*[J]. American Journal of Botany, 41(9): 777-782.

ROGERS S L, BURNS R G, 1994. Changes in aggregate stability, nutrient status, indigenous microbial populations, and seedling emergence, following inoculation of soil with *Nostoc muscorum*[J]. Biology and Fertility of Soils, 18(3): 209-215.

RUSSOW R, VESTE M, BÖHME F, 2005. A natural ^{15}N approach to determine the biological fixation of atmospheric nitrogen by biological soil crusts of the Negev Desert[J]. Rapid Communications in Mass Spectrometry, 19(23): 3451-3456.

RUSSOW R, VESTE M, LITTMANN T, 2004. Using the natural ^{15}N abundance to assess the main nitrogen inputs into the sand dune area of the north-western Negev Desert (Israel)[J]. Isotopes in Environmental and Health Studies, 40(1): 57-67.

SAUGIER B, ROY J, MOONEY H A, 2001. Terrestrial Global Productivity[M]. London: Academic Press.

SCHWINNING S, STARR B I, WOJCIK N J, et al., 2005. Effects of nitrogen deposition on an arid grassland in the Colorado Plateau cold desert[J]. Rangeland Ecology and Management, 58(6): 565-574.

SILVESTER W B, PARSONS R, WATT P W, 1996. Direct measurement of release and assimilation of ammonia in the *Gunnera-Nostoc* symbiosis[J]. New Phytologist, 132(4): 617-625.

STEWART K J, COXSON D, GROGAN P, 2011a. Nitrogen inputs by associative cyanobacteria across a low arctic tundra landscape[J]. Arctic, Antarctic, and Alpine Research, 43(2): 267-278.

STEWART K J, COXSON D, SICILIANO S D, 2011b. Small-scale spatial patterns in N_2-fixation and nutrient availability in an arctic hummock-hollow ecosystem[J]. Soil Biology and Biochemistry, 43(1): 133-140.

STEWART K J, LAMB E G, COXSON D S, et al., 2011c. Bryophyte-cyanobacterial associations as a key factor in N_2-fixation across the Canadian Arctic[J]. Plant and Soil, 344(1-2): 335-346.

SU Y G, LI X R, WU C Y, et al., 2013. Carbon fixation of cyanobacterial-algal crusts after desert fixation and its implication to soil organic matter accumulation in desert[J]. Land Degradation and Development, 24(4): 342-349.

WU N, ZHANG Y M, DOWNING A, 2009. Comparative study of nitrogenase activity in different types of biological soil crusts in the Gurbantunggut Desert, Northwestern China[J]. Journal of Arid Environments, 73(9): 828-833.

ZAADY E, KUHN U, WILSKE B, et al., 2000. Patterns of CO_2 exchange in biological soil crusts of successional age[J]. Soil Biology and Biochemistry, 32(7): 959-966.

第4章　生物结皮的土壤水文-水蚀效应

黄土高原是我国水土流失最为严重的地区，生态环境十分脆弱。近年来，随着国家退耕还林(草)工程的实施和推进，生物结皮在该地区普遍存在。有研究显示，黄土高原生物结皮盖度为55.1%～80.8%(王一贺等，2016)，已成为该地区生态系统的重要组成部分(冉茂勇等，2009；王翠萍等，2009；赵允格等，2006)。生物结皮的存在不仅影响土壤的物理、化学和生物学特性，而且会影响降雨入渗、土壤水分蒸发、土壤侵蚀、地球化学循环等过程(李新荣等，2009；卜崇峰等，2008)。大量研究表明，生物结皮可以增加土壤肥力(孟杰等，2010；肖波等；2007)，提高土壤稳定性(Bowker et al.，2008)。然而，在不同条件下，生物结皮对降雨入渗、径流、蒸发及土壤侵蚀的影响的结论不尽相同(杨凯等，2019；肖波等，2008；李守中等，2005，2004)。目前，对生物结皮影响植被-土壤系统水文、侵蚀过程的综合分析涉及甚少(张冠华等，2019)。因此，综合研究该地区生物结皮对入渗、蒸发、土壤侵蚀及土壤水分再分配等过程的影响，具有重要的科学意义和实践价值，也是对全球生物结皮认知的补充。

鉴于此，本章以陕西省神木市六道沟小流域的生物结皮为研究对象，在不同处理下，对生物结皮覆盖下的土壤水分入渗、蒸发、径流量、土壤含水量及泥沙量进行观测分析，探讨其在土壤水文-水蚀过程中的作用。

4.1　生物结皮的土壤水文效应

黄土高原地区气候干旱，降水量少且分布不均。生物结皮作为黄土高原地区广泛存在的活性地被物，要么在土壤水文的研究中未被加以区分，要么在植被水文的研究中被忽视，但实际上这层地被物对水文过程有着非常大的影响。有关生物结皮土壤水文过程(蒸发、入渗、径流等)的研究一直是学术界关注的热点，但由于研究区域、研究方法、生物结皮发育程度和生境条件等方面的差异，至今对二者的关系和响应机制尚无定论，尤其在生物结皮影响土壤蒸发和降雨入渗的研究上存在很大争议。因此，本节以黄土高原水蚀风蚀交错区的六道沟小流域为研究区，从土壤蒸发量、入渗量、径流量与土壤含水量变化等多个方面探讨生物结皮对土壤水分运动与循环的影响程度及机理，揭示生物结皮的水文功能。其结论可为研究区生物结皮的科学管理和土壤水分的有效利用提供理论依据，对区域植被恢复和生态环境建设具有一定指导意义。

4.1.1 试验设计

1. 蒸发试验

采用 PVC 管制作微型土壤蒸发器(外径 11cm，高 15cm)采集原状土壤进行试验。试验布设 2 种干扰方式，以保留生物结皮、无干扰的处理为对照，共 5 组处理，每组处理 4 次重复，具体的土壤蒸发试验设计如表 4.1 所示。取样选在雨后进行，取样时用与蒸发器直径相当的铁片及塑料胶带进行封底，以防止土壤漏出。取样结束后将蒸发器置于水桶内，加水至水面与蒸发器内土壤表面接近但未超过为宜，吸水饱和 48h 后静置 24h，以沥去多余水分。完成后将蒸发器置于野外平整地段，进行蒸发试验。为了方便称量和减小试验误差，每个蒸发器设一个直径略大的 PVC 外筒，将其埋入土壤中并使其上沿与土壤表面齐平。

表 4.1 土壤蒸发试验设计

干扰方式	处理	说明
无干扰	保留生物结皮	对照，取土柱高为 14.5cm
直接干扰	移除生物结皮	去除生物结皮，取样土柱高 14.5cm
间接干扰	5mm 沙埋	取样土柱高为 14.0cm，加入 5mm 厚的风干流沙
	10mm 沙埋	取样土柱高为 13.5cm，加入 10mm 厚的风干流沙
	20mm 沙埋	取样土柱高为 12.5cm，加入 20mm 厚的风干流沙

采用精度为 0.1g 的天平进行称重，蒸发器前后质量变化即为日蒸发量。试验历时共计 15d，期间无降雨。同时，对气象因子和水面蒸发量进行同步观测。其中，气象资料来自神木侵蚀与环境试验站的野外气象观测站，水面蒸发量用 E-601 型水面蒸发器进行测定，蒸发器直径为 20cm。试验评价指标为土壤蒸发抑制率，它是指某处理土壤水分蒸发量(E_t)与相同条件下对照处理(保留生物结皮、无干扰)的土壤水分蒸发量(E_B)相比而减少的百分数，其计算公式为

$$\text{蒸发抑制率} = (E_B - E_t)/E_B \times 100\% \tag{4.1}$$

每组处理各设 4 次重复，结果取其平均值。

2. 入渗试验

设置裸地对照、生物结皮、长茅草、柠条锦鸡儿、长茅草+生物结皮、柠条锦鸡儿+生物结皮 6 组处理，每组处理设 2 次重复。试验小区为 2008 年修建的 4m×2m 的径流小区，坡度为 15°。小区所含生物结皮均从同一点移植而来，以真藓和尖叶对齿藓为优势种，厚度约为 10mm，盖度＞90%；柠条锦鸡儿为种子种

植，试验时株行距为 30cm；长茅草种植方式为移栽，行宽 30cm，列宽 50cm。试验于 2010 年进行，此时长茅草、柠条锦鸡儿和生物结皮的盖度分别为 45%、55%和 95%。

采用圆盘入渗仪法测量 30min 内各处理下的入渗速率及累积入渗量，用于表征生物结皮对水分入渗的短期影响；采用 6 月与 9 月各小区内 0～300cm 土层深度的土壤含水量、径流量变化来表征生物结皮对水分入渗的长期影响。其中土壤含水量采用时域反射仪(time domain reflectometer，TDR)监测，径流量收集自小区下方的径流桶。据统计，试验期间共有 9 次降雨，总降雨量为 224.5mm。每次降雨量用放置在径流小区附近的标准雨量计测量。

在分析生物结皮对土壤水分入渗的长期影响时，除了土壤含水量、径流量外，还需要计算一些指标来衡量生物结皮对水分入渗及产流的贡献率，计算方法如下。

(1) 对径流的影响：

$$\mathrm{RC} = R/R_a \tag{4.2}$$

式中，RC 为径流系数(runoff coefficient)；R 为径流量(mm)；R_a 为降雨量(mm)。

$$\mathrm{IC} = I/R_a \tag{4.3}$$

式中，IC 为入渗系数(infiltration coefficient)；I 为入渗量(mm)。

$$\mathrm{ERR} = (1 - R_t/R_b) \times 100\% \tag{4.4}$$

式中，ERR 为径流量降低效率(efficiency of runoff reduction)(简称“减流率”)，表示与裸地对照相比，不同处理减少径流量的效率；R_t 为有处理时产生的径流量(mm)；R_b 为裸地对照处理下产生的径流量(mm)。

$$\mathrm{CBRR} = \left[(1 - R_B/R_b) - (1 - R_{NB}/R_b)\right] \times 100\% = \mathrm{ECTRR} - \mathrm{EVTRR} \tag{4.5}$$

式中，CBRR 为生物结皮对减少径流量的贡献率(contribution of BSCs to runoff reduction)；ECTRR 为混合处理减少径流量的效率(efficiency of the combined treatment in runoff reduction)；EVTRR 为只有灌草植被处理时减少径流量的效率(efficiency of the vegetation-only treatment in runoff reduction)；R_B 为有生物结皮时的径流量(mm)；R_{NB} 为无生物结皮时的径流量(mm)。

(2) 对入渗的影响：

$$\mathrm{EII} = (I_t/I_b - 1) \times 100\% \tag{4.6}$$

式中，EII 为与裸地对照相比，入渗量增加的效率(efficiency of increased infiltration)(简称“增渗率”)；I_t 为有处理时的入渗量(mm)；I_b 为裸地对照上的入渗量(mm)。

$$\mathrm{CBII} = \left[(1 - I_B/I_b) - (1 - I_{NB}/I_b)\right] \times 100\% = \mathrm{ECTII} - \mathrm{EVTII} \tag{4.7}$$

式中，CBII 为生物结皮对增加入渗量的贡献率(contribution of BSCs to increased

infiltration)；ECTII 为混合处理增加入渗量的效率(efficiency of the combined treatment in increasing infiltration)；EVTII 为只有灌草植被处理时增加入渗量的效率(efficiency of the vegetation-only treatment in increasing infiltration)；I_B 为有生物结皮时的入渗量(mm)；I_{NB} 为无生物结皮时的入渗量(mm)。

4.1.2 土壤水分蒸发效应

不同处理下土壤日蒸发量和累积蒸发量随时间的变化情况如图 4.1 所示。可以看出，这两种处理的土壤日蒸发量变化趋势基本一致，均表现为随时间的延长而逐渐减小。这是因为在蒸发初期，土壤含水量高，即供水能力强，蒸发量也就越大，而随着蒸发时间的延长，土壤含水量逐渐减小，供水能力受到制约，土壤蒸发量也相应减少。

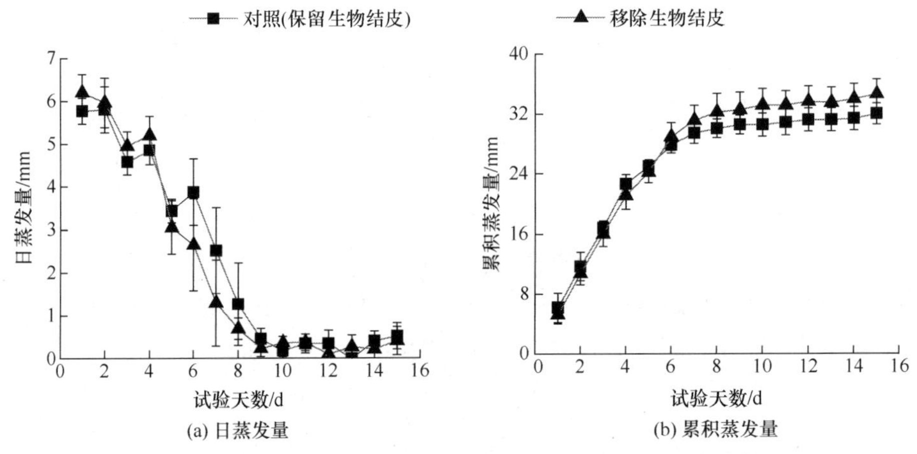

图 4.1 不同处理下土壤日蒸发量和累积蒸发量随时间的变化情况

将土壤蒸发量与水面蒸发量的比值定义为参数 K(用平均值±标准误表示)，以便于对蒸发阶段进行划分。移除生物结皮和对照处理下土壤蒸发阶段划分结果列于表 4.2。可以看出，在试验前 4d，土壤供水充足，土壤蒸发量与水面蒸发量接近，K 变幅较小，移除生物结皮的 K 为 0.845±0.027，对照为 0.805±0.032，表明此阶段移除生物结皮的土壤日蒸发量略高于对照的日蒸发量，累积蒸发量分别为 22.15mm 和 21.10mm，差异未达到显著水平。试验第 5～8 天，K 迅速降低，此阶段移除生物结皮处理的土壤日蒸发量低于对照，但累积蒸发量之间的差异未达到显著水平。随后第 9～15 天，移除生物结皮和对照的 K 均降至 0.1 以下，表明土壤含水量基本稳定。试验结束时，移除生物结皮和对照处理下的累积蒸发量分别为 31.82mm 和 34.31mm，二者之间的差异并不显著。因此，移除生物结皮并不能起到显著地抑制土壤蒸发的作用。此外，由于移除生物结皮和对照处理的夜间凝结水状况可能不同，会对本试验结果产生影响，还需进一步研究加以验证。

表 4.2　移除生物结皮和对照处理下土壤蒸发阶段划分

处理	K	持续阶段	阶段累计蒸发量/mm
移除生物结皮	0.845±0.027	第 1～4 天	22.15
	0.358±0.115	第 5～8 天	7.77
	0.039±0.007	第 9～15 天	1.89
对照	0.805±0.032	第 1～4 天	21.10
	0.508±0.119	第 5～8 天	11.22
	0.041±0.008	第 9～15 天	1.99

注：参数 K 为土壤蒸发量与水面蒸发量之比(平均值±标准误)。

图 4.2 为不同沙埋处理下的土壤日蒸发量和累积蒸发量随时间的变化情况。可以看出，随着蒸发时间的延长，各处理的日蒸发量均不断减少，且不同时段各处理的减小幅度不同[图 4.2(a)]。在试验前 7d，无沙埋处理的日蒸发量明显大于沙埋处理，正因为如此，生物结皮在此蒸发阶段损失水量较多，之后其蒸发量逐渐降低，至第 10 天时低于其他沙埋处理。不同厚度的沙埋处理在前 7d 内的日蒸发量明显低于无沙埋处理，特别是沙埋 20mm，而沙埋 5mm 和沙埋 10mm 间的日蒸发量差异不显著；从第 8 天开始，沙埋 5mm 下的日蒸发量开始大于无沙埋处理，沙埋 10mm 和沙埋 20mm 下的日蒸发量于第 9 天起也开始大于无沙埋处理，且总体表现出沙埋厚度越大，日蒸发量越小的变化规律。这是由于前期埋沙层失水逐渐变干而起到抑制土壤水分蒸发的作用，前期土壤损失的水量少，而在中后期仍能维持一定的蒸发强度。

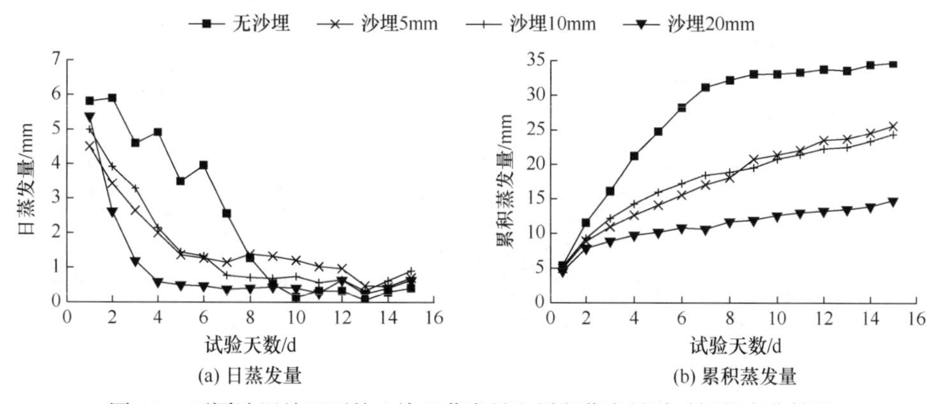

(a) 日蒸发量　　(b) 累积蒸发量

图 4.2　不同沙埋处理下的土壤日蒸发量和累积蒸发量随时间的变化情况

从图 4.2(b)的累积蒸发量变化趋势来看，无沙埋生物结皮的累积蒸发量最大，且在前期增加迅速，中后期趋于平稳，而不同厚度沙埋处理表现出缓慢的增加趋势。试验第 1～7 天，沙埋 5mm、沙埋 10mm 和沙埋 20mm 的蒸发抑制率分别为 44.86%、40.15%和 64.33%，对土壤蒸发具有显著的抑制作用($P<0.01$)，其中沙埋 20mm 的抑制作用最强；试验末期，沙埋 5mm、沙埋 10mm 和沙埋 20mm 的蒸发抑制率分别为 25.20%、28.29%和 58.15%。可以看出，随时间的变化，沙埋 20mm 的蒸发抑制率上升而其余处理均下降，表明沙埋厚度越大，抑制土壤水分蒸发的作用就越明显，且持续时间越长。

图 4.3 表示在试验第 1～4 天不同沙埋处理的 K 随时间变化情况。可以看出，无沙埋对照处理下的 K 基本维持在 0.8 左右，说明此阶段地表蒸发强度相对较大，土壤蒸发主要受气象因子的影响，而受土壤供水能力影响较小；不同厚度沙埋处理的 K 表现出明显下降趋势，尤其是沙埋 20mm 时的下降幅度最大(从 0.770 降至 0.086)，说明在蒸发初期，湿沙层很快失水形成干沙层，阻碍了土壤水分的传导，而起到明显抑制土壤蒸发的作用，也表明了此阶段土壤蒸发受气象因子的决定性作用在迅速减弱，而土壤供水能力的制约作用在不断增强。可见沙埋对于改善土壤水分状况具有积极意义，但应控制沙埋的厚度。

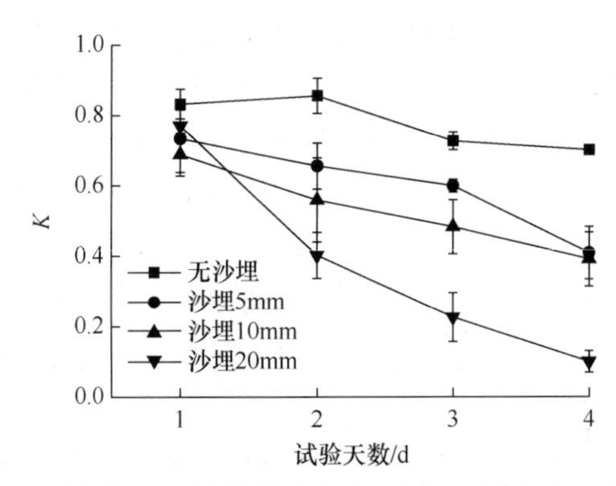

图 4.3 试验第 1～4 天不同沙埋处理下的 K 随时间变化情况

土壤水分蒸发是土壤水分循环的一个重要环节，受到地被物、土壤含水量、潜水埋深、土壤质地、土壤结构及太阳辐射等因素的影响。生物结皮在黄土高原地区广泛发育，可通过对入渗蒸发的影响改变土壤-植被系统中水分的空间分配格局，对该区土壤水分蒸发过程有着重要影响。

有关生物结皮对土壤水分蒸发的影响存在争议，即促进蒸发、抑制蒸发和无影响三种观点，这可能是由生物结皮自身特性、外界立地环境条件及研究方法等差异导致的。

孟杰等(2011)研究表明，生物结皮促进了土壤水分蒸发，通过移除生物结皮没有明显抑制土壤水分蒸发过程。这是由于随着生物结皮的发育，其盖度逐渐增加，土壤表面的颜色变深。例如，生物结皮在干燥时多呈现黑色或黑褐色，提高了浅层土壤毛管作用并降低了地表反射率，使得地表易于吸收较多的太阳辐射，从而提高了地表土壤温度。同时，生物结皮自身具有较强的蓄水能力，降水后可快速吸收大量水分，增加了地表粗糙度，延长了水分在地表的滞留时间，提高了土壤水分的蒸发潜力。另外，生物结皮在发育过程中可捕获风沙流中的降尘，这些细小颗粒可阻塞土壤孔隙，阻碍水分下渗，可较长时间地把土壤水分维持在表层，不利于维管植物对水分的吸收利用，从而提高了表层土壤水分被蒸发的可能性，促进了土壤水分蒸发(张志山等，2007；West，1990)。而支持生物结皮抑制土壤水分蒸发的研究者认为，生物结皮阻塞地表土壤孔隙后，因其连片分布，阻碍了地下水向地面的输移，同时降低了地表土壤温度，进一步抑制了土壤水分蒸发(杨永胜，2012)。

生物结皮累积蒸发量在前期增加迅速，中后期趋于平稳，是因为前期生物结皮下土壤含水量较高，蒸发过程主要受气象因子的影响，而受土壤供水能力影响较小，中后期随着土壤含水量的降低，蒸发过程受到了土壤供水能力的限制。这与张志山等(2007)的研究结果一致，他们同样发现不同类型的生物结皮土壤水分蒸发量存在差异。生物结皮土壤的蒸发量明显高于流沙，苔藓结皮高于藻类结皮，并随固沙年限的延长而增加。对生物结皮进行了沙埋处理，发现此措施可以显著抑制生物结皮土壤水分蒸发，且随沙埋厚度的增加，蒸发抑制率提高，这是由于蒸发前期沙埋沙层快速失水后形成了一个阻碍下层土壤水分传导的干沙层，从而有效抑制了土壤蒸发。

可见，生物结皮主要是通过对降雨的截留、阻碍扩散及改变下伏土壤性质来影响土壤蒸发的。

4.1.3　土壤水分入渗效应

1. 生物结皮对土壤水分入渗的短期影响

图 4.4 展示了 30min 内不同处理下的入渗速率及累积入渗量随时间的变化情况。由图 4.4(a)可以看出，不论有、无生物结皮，初始入渗速率均较高，之后随着时间的推移急剧下降，大约 10min 后趋于稳定。有生物结皮时，初始入渗速率低于无生物结皮处理，稳定入渗速率也低于无生物结皮处理，达到稳定入渗速率所需时间较长；与此对应，30min 内无生物结皮处理的累积入渗量明显高于有生物结皮的累积入渗量[图 4.4(b)]。而在试验期间，两者的土壤容重和含水量之间无显著差异，产生这种结果主要是因为生物结皮中生物组分分泌的物质堵塞了土壤的孔隙，减少了水分通过孔隙的入渗量，降低了水分入渗速率，延迟了稳定入渗

速率的出现的时间(Eldridge et al.，1994)。由此可知，短期内生物结皮阻碍了土壤水分的入渗。

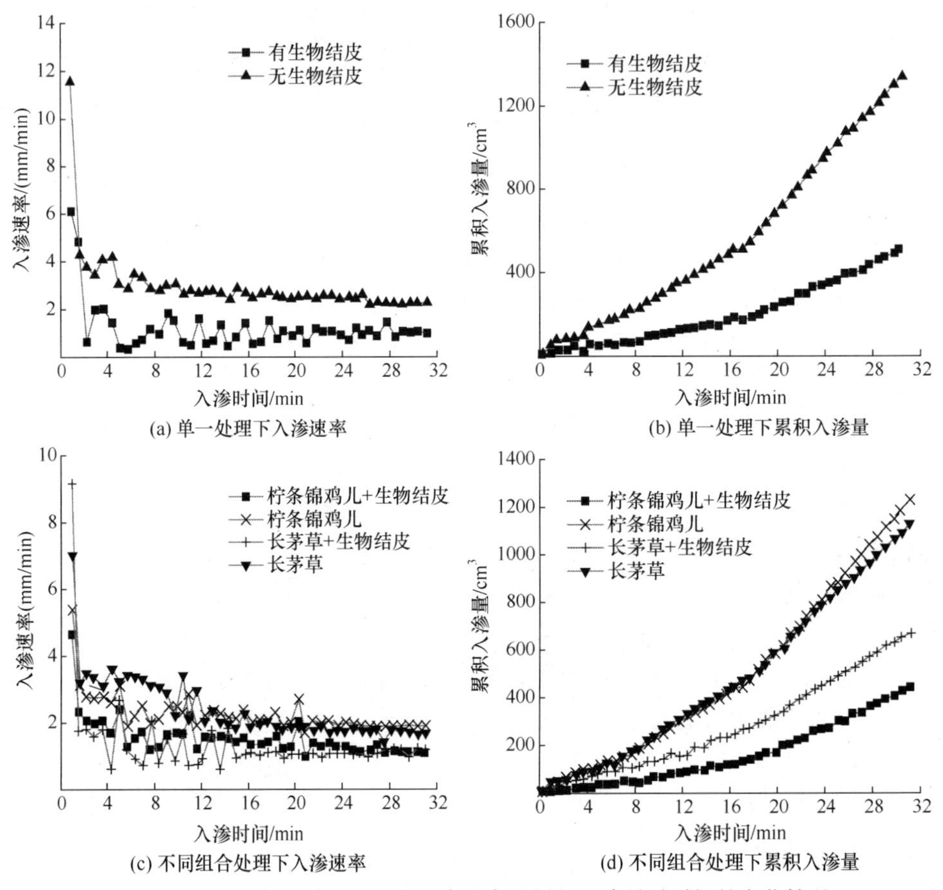

(a) 单一处理下入渗速率　(b) 单一处理下累积入渗量

(c) 不同组合处理下入渗速率　(d) 不同组合处理下累积入渗量

图 4.4　30min 内不同处理下的入渗速率及累积入渗量随时间的变化情况

图 4.4(c)和(d)反映了在长芒草、柠条锦鸡儿植被覆盖下有、无生物结皮的水分入渗特征。可知，4 种处理的入渗速率曲线相似，都呈现 L 形。初始入渗速率较大，之后急剧降低，最后达到稳定入渗阶段。初始入渗速率为长芒草+生物结皮＞长芒草＞柠条锦鸡儿＞柠条锦鸡儿+生物结皮，稳定入渗速率为柠条锦鸡儿＞长芒草＞长芒草+生物结皮＞柠条锦鸡儿+生物结皮，累积入渗量为柠条锦鸡儿＞长芒草＞长芒草+生物结皮＞柠条锦鸡儿+生物结皮。

6 种处理下的土壤稳定入渗速率和累积入渗量如表 4.3 所示。相同植被覆盖下，无论是长芒草或是柠条锦鸡儿，无生物结皮的稳定入渗速率、累积入渗量均大于有生物结皮时，且差异均达到极显著水平。说明在土壤容重和含水量相差不大且植被相同时，造成水分入渗速率和入渗量减小的主要因素是生物结皮。

表 4.3　6 种处理下的土壤稳定入渗速率和累积入渗量

入渗指标	无生物结皮	有生物结皮	长芒草	长芒草+生物结皮	柠条锦鸡儿	柠条锦鸡儿+生物结皮
稳定入渗速率/(mm/min)	2.13	1.11	1.78	1.18	1.92	1.17
累积入渗量/cm^3	1361.57	517.73	1124.69	676.69	1225.22	435.42

长芒草的初始入渗速率大于柠条锦鸡儿，而稳定入渗速率和累积入渗量小于柠条锦鸡儿。主要是因为长芒草的根系较浅，水分入渗初期，长芒草的根系吸收水分加快了水分的入渗速率，当长芒草根区的水分达到饱和后，对以后的水分入渗影响变小。而柠条锦鸡儿正好相反，扎根深、根系大，对初始入渗影响小，对稳定入渗影响大，根系总吸水量大于长芒草。两者在 30min 内的累积入渗量差异不显著(F=0.03，P＞0.05)。

长芒草+生物结皮的初始入渗速率、稳定入渗速率与累积入渗量均大于柠条锦鸡儿+生物结皮，产生这种现象是由于生物结皮对水分入渗起着主导作用。柠条锦鸡儿下部的生物结皮生长情况优于长芒草下部的生物结皮，柠条锦鸡儿冠幅大，可以给生物结皮提供适宜生长的荫蔽环境，也能防止风沙侵袭，促进生物结皮的生长。长芒草植株矮而密，与生物结皮在营养和生存空间上竞争，生长情况不及柠条锦鸡儿覆盖下的生物结皮，造成两者之间的累积入渗量差异极显著(F=13.35，P＜0.01)。

由此可知，短期内生物结皮的存在都会阻碍土壤水分入渗，导致土壤透水性降低(张侃侃等，2011)。若较长时间内无外来水分的补给，生物结皮的这种减渗效应可能会使土壤水分浅层化，造成土壤干旱，但这种影响也因植被覆盖状况的不同会有差异。同时，生物结皮的阻水特征还可能增加地表径流量，加剧水土流失，因此有必要对其长期影响进行研究。

2. 生物结皮对土壤水分入渗的长期影响

2010 年 6～9 月，试验区累计降水量为 224.5mm。除长芒草和长芒草+生物结皮处理外，其他处理间入渗总量差异显著(P＜0.05)(图 4.5)，大小顺序为柠条锦鸡儿+生物结皮＞柠条锦鸡儿＞长芒草+生物结皮＞长芒草＞生物结皮＞裸地对照，且其他处理下的入渗总量均显著高于裸地对照。

与裸地对照相比，生物结皮、长芒草、柠条锦鸡儿分别增加了 12.4%、19.4%、29.9%的入渗总量(表 4.4)。其他植被与生物结皮组合处理对入渗的影响大于单一生物结皮处理的影响，且与生物结皮结合时，其影响更加显著。例如，长芒草+生物结皮处理增加了 21.9%的入渗量，其中生物结皮的贡献率占 2.5%；柠条锦鸡儿+生物结皮处理增加了 31.8%的入渗量，其中生物结皮的贡献率占 1.9%。可以看出，生

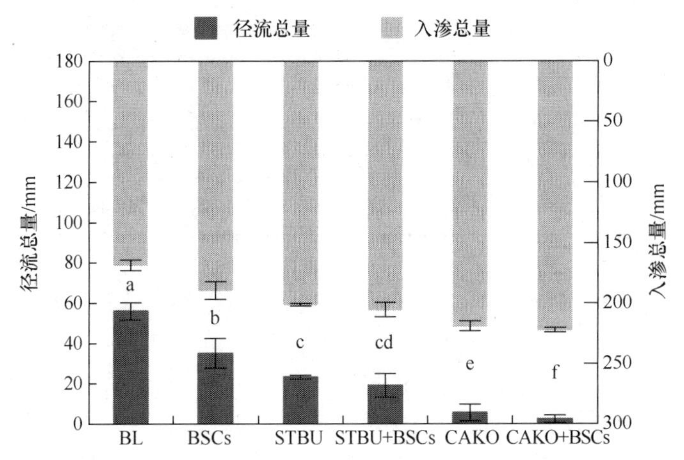

图 4.5　9 次降雨后不同处理产生的径流总量与入渗总量

BL 为裸地对照，BSCs 为生物结皮，STBU 为长芒草，CAKO 为柠条锦鸡儿；不同字母表示处理间差异显著(P<0.05)

物结皮与其他植被结合时，增渗贡献率均小于单一生物结皮的增渗率(P<0.05)，表明尽管生物结皮相对于裸地增加了入渗，但其影响小于其他植被(卜崇峰等，2011)。

表 4.4　9 次降雨事件后径流与入渗的相关指标

处理	径流系数 RC	入渗系数 IC	减流率 ERR/%	增渗率 EII/%	生物结皮减流贡献率 CBRR/%	生物结皮增渗贡献率 CBII/%
BL	0.25±0.02a	0.75±0.02f	0.0f	0.0f	37.3±13.2a	12.4±4.4a
BSCs	0.16±0.03b	0.84±0.03e	37.3±13.2e	12.4±4.4e		
STBU	0.10±0.00c	0.90±0.00cd	58.5±1.9d	19.4±0.6d	7.4±8.6b	2.5±2.9b
STBU+BSCs	0.08±0.03cd	0.92±0.03c	65.9±5.5c	21.9±3.5c		
CAKO	0.02±0.02e	0.98±0.02b	90.1±7.4b	29.9±2.4b	5.7±3.9c	1.9±1.3b
CAKO+BSCs	0.01±0.01f	0.99±0.01a	95.8±3.4a	31.8±1.2a		

注：BL 为裸地对照，BSCs 为生物结皮，STBU 为长芒草，CAKO 为柠条锦鸡儿；不同字母表示处理间差异显著(P<0.05)。

水分一直是制约生态系统演替的重要因素。水量平衡与水循环始终是干旱区植被建设所面临的核心科学问题，并决定着植被的可持续发展和生态系统的稳定性。针对土壤-植被系统水循环过程及其植被调控机理的研究对我国干旱、半干旱地区的生态环境建设具有重要的实践指导意义。生物结皮作为干旱、半干旱地区广泛发育的地被物，能够对当地立地条件产生重要影响，包括土壤孔隙度、吸水率、粗糙度、团聚体稳定性、质地、孔隙形成和保水能力等，进而影响当地水文过程。

有关生物结皮对降雨入渗的影响主要存在三种观点：①生物结皮促进降雨入渗；②生物结皮抑制降雨入渗；③生物结皮对降雨入渗无影响。因此，对其入渗机理的解释也主要从这三种观点入手。

1) 促进水分入渗

许多研究者考虑到生物结皮的形态与结构特征，认为生物结皮的存在有利于促进降雨入渗。Loope 等(1972)的研究表明，生物结皮能改变地表粗糙度而形成特殊的微地形，这阻碍了水分在土壤表面的流动，进而延长了水分在土壤表面的滞留时间，使得入渗量增加。Eldridge(1993)认为生物结皮中微生物的藻丝体、菌丝体能捆绑、吸附土壤颗粒，并与有机物形成水稳性团聚体，提高了土壤的孔隙度，改善了土壤物理结构，从而促进水分入渗。也有研究者认为，生物结皮会抑制对降雨入渗有阻碍作用的物理结皮形成，间接地促进了水分向深层土壤入渗。

2) 抑制水分入渗

研究者认为生物结皮结构致密，其存在会对降雨入渗产生不利影响。姚德良等(2002)通过观察天然降雨后不同生长年限生物结皮的湿润锋发现，随生物结皮厚度的增加，其湿润锋值降低，由此推断生物结皮的存在对降雨入渗有抑制作用。本小节“移除生物结皮”的试验结果发现，移除生物结皮后，地表的径流量明显减少，入渗量增加，表明移除生物结皮提高了土壤水分的入渗能力。Fogg(1952)通过对澳大利亚生物结皮样地的土壤样品进行电镜扫描发现，生物结皮中真菌的菌丝体占据了土壤基质孔与裂隙，同时藻类分泌的细胞外黏性分泌物也会堵塞部分基质孔，这从微结构方面揭示了生物结皮抑制水分入渗的机理。此外，也有研究表明，随着生物结皮的发育演替，其下伏土壤结构改变，有机质含量、微生物及次生代谢产物量增加，从而增加了生物结皮层土壤的斥水性，土壤颗粒表面很难被湿润，这也可能造成当地降雨入渗量降低(张培培等，2014；Thomas et al.，2010)。

在黄土高原丘陵区，生物结皮中藻类的优势种属颤藻科，自然环境下藻丝体外被胶质鞘包裹，这些胶质鞘主要为一些多糖组成的胞外聚合物，遇水时能迅速吸收大于自身干质量 8～12 倍的水分。吸水后的胶质鞘逐渐膨胀，堵塞生物结皮中的气孔，延缓了水分在土壤中的入渗。

3) 无影响

Williams 等(1999)在对犹他州砂壤土上发育的生物结皮设置移除、化学方法灭活两种处理方式与未受干扰的生物结皮的导水率做对比，发现所有处理均无明显差异。Eldridge(1993)的研究则表明，生物结皮只在退化地表上提高水分入渗率，在地表状况稳定时，生物结皮的覆盖对入渗无明显影响。在生物结皮盖度高的地方，土壤大孔隙的影响居绝对优势，导致生物结皮覆盖的影响微不足道，水分可以有效地穿过结皮层，因而入渗率较高；在生物结皮缺失(退化地表)的地方，由于地表遭受侵蚀，大孔隙缺乏，只通过基质孔传导土壤水分，大大降低了土壤水分入渗率(Eldridge et al.，1994)。因此，生物结皮对入渗的影响应归因于土壤物理性质(特别是多孔性和团聚体稳定性)的不同、水分进入土壤剖面通道的不同及地表的侵蚀史，而不是有无生物结皮。

事实上，生物结皮对降雨入渗的调节作用受其类型、土壤质地、降雨类型、季节变化等多种因素的影响。在陕北水蚀风蚀交错区的研究显示，生物结皮的水文效应表现出了季节性波动，在雨季初期促进了降雨的入渗，减少径流量，随雨季推进，会阻碍入渗，增加径流量(叶菁等，2015)，这可能是因为湿润季节后的干旱阶段生物结皮萎缩和破裂，丧失捆绑土壤颗粒的能力，导致入渗增加。但保持活性的生物结皮能够通过吸水膨胀堵塞土壤孔隙，分泌物产生斥水性及较高的持水性来抑制入渗，减少径流量，这种减渗效应降低了雨水入渗的深度，将有限的雨水保留在浅层土壤中，从而造成了土壤的物理性干旱(Bu et al.，2015；王浩等，2015；张侃侃等，2011)。为了改善生物结皮对土壤水分入渗的这种负面效应，叶菁等(2015)开展了一项翻耙干扰下生物结皮对水分入渗影响的试验，发现翻耙干扰在不明显增加土壤侵蚀的前提下，促进了水分入渗而减小径流量，改善了土壤水分状况。因此，适度干扰对生物结皮的水文效应有一定的积极意义，需要在生物结皮的“破坏”与“保护”之间寻找平衡。

4.1.4 生物结皮对径流的影响

生物结皮对径流量的影响与入渗量呈负相关。从图 4.5 可以看出，除长芒草和长芒草+生物结皮处理外，其他处理间的径流总量差异显著($P<0.05$)，顺序为裸地对照＞生物结皮＞长芒草＞长芒草+生物结皮＞柠条锦鸡儿＞柠条锦鸡儿+生物结皮，与入渗总量增加的顺序相反。相对于裸地对照，其他处理均有效降低了径流总量。其中，生物结皮、长芒草、柠条锦鸡儿、长芒草+生物结皮、柠条锦鸡儿+生物结皮处理下的径流量分别降低了 37.3%、58.5%、90.1%、65.9%和 95.8%，在与长茅草、柠条锦鸡儿结合时，生物结皮的减流贡献率分别为 7.4%和 5.7%(表 4.4)。由此可知，生物结皮与其他植被结合时，减流贡献率均小于单一生物结皮的影响，表明尽管生物结皮相对于裸地对照减少了径流的产生，但其影响小于其他植被。

因此，灌草植被在控制径流和促进入渗方面发挥了重要作用，而植被下的生物结皮虽然对径流的影响较大，但贡献很小。

4.1.5 生物结皮对土壤含水量的影响

图 4.6 展示了不同时期 0～300cm 土层深度剖面上土壤含水量的分布状况。对比不同时期相同处理下的土壤含水量可以发现，雨季初期，6 个处理的土壤含水量均小于或接近 15%。与裸地对照相比，虽然其他处理已被证明可增加入渗量，减少径流量，但在雨季初期和末期，裸地对照的土壤含水量在 0～150cm 土层深度时高于其他处理，且相同土层深度上不同处理间的差异较显著($P<0.05$)，表明灌草植被对土壤表层的水分有较大的消耗作用[图 4.6(a)与(d)、图 4.6(b)与(e)、图 4.6(c)与(f)]。

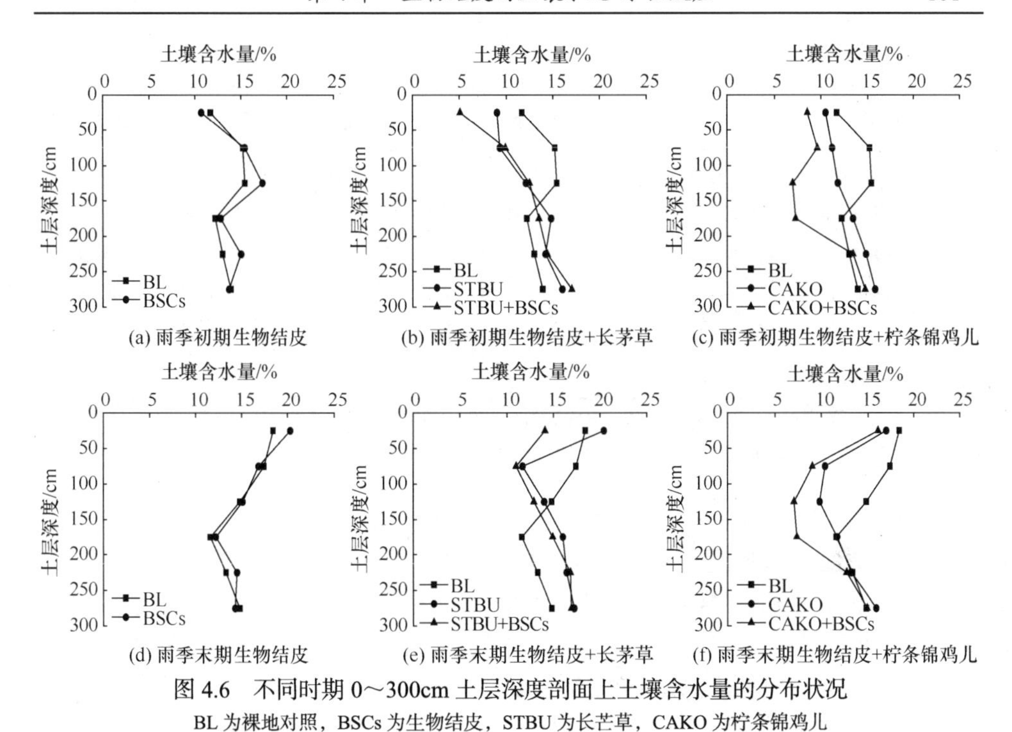

图 4.6　不同时期 0～300cm 土层深度剖面上土壤含水量的分布状况

BL 为裸地对照，BSCs 为生物结皮，STBU 为长芒草，CAKO 为柠条锦鸡儿

生物结皮处理下土层深度为 0～50cm 的土壤含水量在雨季初期低于裸地对照，在 100～300cm 土层深度时高于裸地对照；而在雨季末期，生物结皮处理下的土壤含水量大部分高于裸地对照。由表 4.4 可知，生物结皮可增加 12.4%的入渗量，因此 0～100cm 土层深度受生物结皮的影响最大。

表4.5为雨季初期及雨季末期不同处理在同一土层深度下的土壤含水量差异。可以看出，对于混合处理，无论是在雨季初期还是末期，长芒草+生物结皮处理下的土壤含水量在 0～150cm 土层深度均低于裸地对照，150～300cm 土层深度高于裸地对照，而长芒草+生物结皮处理较长芒草处理有更高的入渗率，表明该处理在 0～150cm 土层深度的耗水量较大。这些数据也表明，柠条锦鸡儿处理的耗水量更高，因为 0～150cm 土层深度的土壤含水量显著低于裸地对照($P<0.05$)。

表 4.5　雨季初期及雨季末期不同处理在同一土层深度下的土壤含水量差异 (单位：%)

时间	土层深度/cm	BL	BSCs	STBU	STBU+BSCs	CAKO	CAKO+BSCs
雨季初期	0～50	11.7±0.0a	10.7±0.8b	9.0±1.1c	5.1±0.6d	10.5±0.0b	8.5±1.3c
	50～100	15.2±1.1a	15.4±1.1a	9.3±0.9c	9.9±1.2c	11.2±0.1b	9.6±1.3c
	100～150	15.4±0.0b	17.3±0.8a	12.1±0.8c	12.5±1.6c	11.8±1.0c	6.9±0.2d
	150～200	12.2±0.8d	12.8±0.7c	14.8±0.9a	13.5±0.8b	13.4±0.8b	7.2±0.0e
	200～250	13.0±0.0c	15.0±0.8a	14.2±0.9ab	14.4±1.0a	14.8±1.2a	13.4±0.9c
	250～300	13.9±0.2d	13.7±0.5d	16.0±1.2b	17.0±0.5a	15.8±1.3b	14.7±0.8c

续表

时间	土层深度/cm	BL	BSCs	STBU	STBU+ BSCs	CAKO	CAKO+ BSCs
雨季末期	0～50	18.4±0.7b	20.3±1.9a	20.4±0.2a	14.1±0.8a	17.0±0.5c	16.1±1.8d
	50～100	17.4±1.5a	16.8±1.6a	11.7±1.5b	11.0±1.7b	10.4±0.1bc	9.0±1.7d
	100～150	14.8±0.6a	15.1±2.1a	14.0±1.6b	12.9±1.2c	9.8±0.3d	7.0±0.9e
	150～200	11.6±0.3c	12.2±0.9c	16.0±1.0a	14.9±0.5b	11.7±0.3c	7.3±0.5d
	200～250	13.3±0.0c	14.5±1.1b	16.4±1.2a	16.8±1.1a	13.2±1.0c	12.7±1.0c
	250～300	14.8±0.2c	14.3±0.2cd	17.2±1.5a	16.9±0.6a	15.9±1.2b	14.9±0.5c

注：BL 为裸地对照，BSCs 为生物结皮，STBU 为长芒草，CAKO 为柠条锦鸡儿；同一行不同字母表示处理间差异显著(P<0.05)；每 50cm 土壤含水量值由每 10cm 土壤含水量求均值计算所得。

生物结皮可能增加了上层土壤的耗水量，特别是在土壤相对干燥的情况下，同时也会增加土壤吸湿率，导致入渗量增加。大多数情况下，没有生物结皮的植被处理下土壤含水量明显高于有生物结皮的植被处理，但后者的入渗量略高于前者，说明生物结皮与植被共存时增加了土壤含水量，但其对水资源的争夺可能使植被更多地利用深层土壤的水分，有可能导致土壤干层的出现。因此，对于主要依靠降雨补给水分的黄土高原地区，如何在生物结皮的“保护”与“破坏”之间寻求平衡，是值得深入研究的课题。相关研究结果将在本书第 6 章详细介绍。

4.2　生物结皮的土壤水蚀效应

本节试验设计同 4.1.1 小节。用土壤减蚀率(efficiency in soil loss reduction，ESR)表征各处理对水蚀的影响，在各组合处理中，用生物结皮的减蚀贡献率(contribution of BSCs to soil loss reduction，CBSR)以描述生物结皮对水蚀的影响，其计算方法为

$$\mathrm{ESR}=\left(1-S_{\mathrm{t}}/S_{\mathrm{b}}\right)\times 100\% \tag{4.8}$$

式中，S_t 为各个处理的土壤流失量(g)；S_b 为裸地对照的土壤流失量(g)。

$$\mathrm{CBSR}=\left[\left(1-S_{\mathrm{B}}/S_{\mathrm{b}}\right)-\left(1-S_{\mathrm{NB}}/S_{\mathrm{b}}\right)\right]\times 100\%=\mathrm{ECTRR}-\mathrm{EVTRR} \tag{4.9}$$

式中，S_B 为有生物结皮时的土壤流失量(g)，S_b 为裸地对照的土壤流失量(g)，S_{NB} 为无生物结皮时的土壤流失量(g)，ECTRR 为混合处理(灌草植被+生物结皮)的减蚀率(efficiency of the combined treatment in soil loss reduction)；EVTRR 为仅有灌草植被处理的减蚀率(efficiency of the vegetation-only treatment in soil loss reduction)。

在 9 次降雨事件后，每一个处理的累积径流量与累积土壤流失量之间的关系可以通过累积径流量的指数模型来近似表示($y=3.752e^{0.111x}$，$r^2=0.978$，其中，y 为累积土壤流失量，x 为累积径流量)，即侵蚀强度随径流强度的变化而急剧增加。

表 4.6 为 9 次降雨事件后不同处理下的土壤侵蚀状况。结果表明，生物结皮和植被均可显著抑制土壤侵蚀($P<0.05$)，不同处理下减蚀率大小为柠条锦鸡儿+生物结皮(99.8%)＞柠条锦鸡儿(99.5%)＞长茅草+生物结皮(96.6%)＞长茅草(95.9%)＞生物结皮(81.0%)。长茅草+生物结皮和长茅草之间的减蚀率以及柠条锦鸡儿+生物结皮和柠条锦鸡儿之间的减蚀率无显著差异。平均而言，仅生物结皮处理就减少了 81.0%的土壤流失量，其减蚀贡献率为 81.0%。在长芒草+生物结皮处理中，生物结皮减蚀贡献率仅为 0.7%，而在柠条锦鸡儿+生物结皮处理中为 0.3%，表明在植被影响下生物结皮减少侵蚀的能力大大减弱。这一发现表明，在生物结皮与植被的混合处理中，植被在减少土壤侵蚀方面起主导作用。

表 4.6　9 次降雨事件后不同处理下的土壤侵蚀状况

处理	总侵蚀强度/[g/(m² · a)]	减蚀率/%	生物结皮减蚀贡献率/%
裸地	1329.1±158.4a	0d	81.0±6.3a
生物结皮	252.8±83.5b	81.0±5.3c	—
长茅草	55.1±2.0c	95.9±0.2b	—
长茅草+生物结皮	45.4±12.0cd	96.6±0.9b	0.7±1.1b
柠条锦鸡儿	6.6±4.1e	99.5±0.3a	—
柠条锦鸡儿+生物结皮	3.3±1.5f	99.8±0.1a	0.3±0.2b

注：同列不同字母表示处理间差异显著($P<0.05$)。

4.3　生物结皮土壤水文-水蚀的影响因素

4.3.1　生物结皮类型及生物学特性

研究表明，生物结皮类型是造成土壤入渗情况不同的主要因素。薄层藻类结皮出现在生物结皮发育的初期阶段，厚度一般较小，它使表层土壤容重降低的同时，增大了土壤孔隙度，使土壤的渗透能力也得到了一定程度的改善。但是，伴随着生物结皮由藻类结皮演替为苔藓结皮，生物结皮的厚度不断增加，导致地表的基质孔遭到了堵塞，土壤水分的入渗速率随之降低，从而下渗到土壤中的水分变少(李柏，2015)。

其次，生物结皮是一种水平方向稳定性极强的层状结构体，这一结构特性增强了其抗水蚀的能力(杨凯等，2012)。Belnap 等(2013)研究发现，随着生物结皮的发育演替，土壤流失量显著降低，且发育稳定期的苔藓结皮能够完全控制土壤流失，这主要是由于苔藓结皮以苔藓植物体密集丛生为特点，地上部分出现了茎叶分化，有一定的柔韧性，能够有效削减降雨动能，减轻了雨滴对土壤的击打(Zhao et al.，2014)。

生物结皮的覆盖作用，特别是藓类植物高出土壤表面一定高度，其假根能够捆绑土壤颗粒而形成一个锚状结构，从而能够削减雨滴动能、降低径流流速和径流剪切力。Bowker(2007)认为生物结皮能够减少侵蚀量主要是因为其覆盖及物理保护作用。Chaudhary 等(2009)也认为生物结皮覆盖对土壤抗侵蚀作用的决定程度是其他因子的三倍。

此外，生物结皮中的土壤微生物能够增强土壤团聚体的稳定性，Greene 等(1990)提供的微形态学证据表明，土壤微生物(细菌、真菌等)把非结晶黏胶状的有机物密切黏结在一起，而有机物又将矿物细粒进一步黏结，形成球状表面团聚体，进而影响土壤侵蚀。这主要是由于生物结皮中具有黏性附属物的菌体和黏性质液，以及放线菌和霉菌的菌丝可使细小沙粒和微生物及其分泌物紧密结合在一起，构成复杂有韧性的结合体，在土壤表层上形成壳状结皮，封闭土壤孔隙，降低了水分下渗速度和渗透深度，增加了径流量，进而影响土壤侵蚀。

4.3.2　降雨因素

黄土的颗粒性、粉砂性、疏松性是黄土丘陵区水土流失的内在原因。生物结皮与表层土壤紧密结合，形成了生物结皮-土壤复合体，凭借由多种生物耦合形成的复杂结构及其理化与生物特性，自雨滴到达地表开始，广泛参与了水分由土表进入土体并在其内部纵向与横向迁移的再分配过程。降雨事件为生物结皮影响土壤水文过程提供了基础，在黄土区，7～9 月暴雨事件多发、频发，生物结皮显著增加了坡面土壤抗侵蚀性，同时也显著改变了土壤表面的粗糙度、浸润性及渗透性。土壤入渗与产流等水文过程在前期不同土壤含水量、降雨量、降雨类型、降雨强度、降雨历时等降雨事件特征组合下显示出独有的特点(王媛等，2014；张培培等，2014，Chamizo et al.，2012)。

1. 降雨量

不同降雨量梯度下，生物结皮的蓄水能力不同。在较为潮湿的环境下，较厚的生物结皮能够蓄持更多水分，阻碍了水分向下层土壤的迁移，降低了多年生植物的水分可利用性。较薄的生物结皮有利于水分转移至深层土壤(Ram et al.，2007)。较少的降雨量几乎不会产流，而较薄的生物结皮有利于水分入渗进入土壤，生物结皮在土表分布的异质性使得入渗得以进行，平衡了干旱造成的影响，维持了土表水分环境，有利于增加生物多样性(Yair et al.，2011)。

2. 降雨强度

在不同的降雨强度下，生物结皮表面的产流过程不同。

在人工模拟降雨条件下，生物结皮在不同降雨强度下的产流时间不同。初始产流时长随降雨强度的增加而减少，这种作用在降雨强度大于 1mm/min 后开始下降，发生超渗产流(谢申琦，2019)。野外条件下，当降雨强度较低时，降雨量的影响较大，覆盖了生物结皮的土壤具备更高的持水能力，往往延后发生蓄满产流，而当降雨强度较大时则变为延后的超渗产流(Rodríguez-Caballero et al.，2013)。

降雨强度也是影响土壤侵蚀的主要因素之一。室内条件下，生物结皮坡面产流产沙的变化趋势，在降雨强度为 1.5mm/min 时发生转折。当降雨强度小于或等于 1.5mm/min 时，雨滴打击能力较小，坡面产流较少；当降雨强度大于 1.5mm/min 时，生物结皮更易受到雨滴打击，增加土壤颗粒分散和跃迁，形成溅蚀。

3. 降雨历时

在较低的降雨强度下，降雨历时的影响显著大于降雨强度，提高了生物结皮层发生蓄满产流的可能性。而低降雨强度与长降雨时间的组合对于微地形的改变较小，使得生物结皮发挥了更大的作用(Rodríguez-Caballero et al.，2013)。其次，降雨历时还会影响水分从生物结皮向土壤迁移的过程，长时间降雨能够减弱生物结皮对入渗的阻滞作用，提高下层(＞10cm)土壤的含水量，同时削弱生物结皮对水分的蒸发消耗(石薇等，2018)。同时，由于生物结皮表面具有斥水性，长时间降雨导致的降雨量增加还能够延长水分在坡面的扩散距离，使之迁移至更远的位置。随着降雨历时增加，土壤表层雨水开始汇集形成径流，产生薄层水流侵蚀，增加径流搬运能力，促进产沙(谢申琦，2019)。此外，室内培育的生物结皮在降雨强度为 46.8mm/h、历时 1h 的模拟降雨条件下，可减少 49%～64%的径流量，消除土壤侵蚀；同条件下，野外培育的生物结皮在无植被时对径流的影响不显著，但全年可减少 26%的土壤侵蚀量(肖波等，2008)。

4. 前期降雨

前期降雨对生物结皮-土壤复合体的影响与降雨 1min 内形成的结皮的作用难以区分，仅当土壤含水量近乎饱和时，几毫米降雨才能够产生径流，但这些微不足道的雨水补给却对撑过旱季十分重要。这种少量、轻度的降雨与覆盖沙表的植被一道解释了微集水区总侵蚀量小的事实(Cantón et al.，2001)。同时，前期降雨能够削弱生物结皮对于土壤水分的消耗，减小蒸发量，有利于土壤水分的保持(Yang et al.，2014)。

此外，降雨事件中的产沙过程可能会影响生物结皮层的水分入渗，而极端天气条件下的长时间高强度降雨或冰雹事件则可能破坏结皮层的物理结构，引发一些独特的土壤水文过程。配合测定设备与技术方法的改进，对不同降雨事件按照其特征进行分类，做更为精细的讨论，将有助于回答上述问题，并为构建单次降雨事件在生物结皮条件下形成的土壤水文过程模型提供支撑。

4.3.3　土壤物理性质

土壤质地是影响土壤水文过程的重要因素，其中，黏、粉粒含量对水分状况的影响较大。土壤质地通过对土粒的表面能、土壤孔隙度和分布产生影响，进而影响土壤水分运动的驱动力和水力传导度的大小，最终影响土壤水分的入渗能力(李雪转等，2006)。因此，具有巨大表面能的黏粒含量对土壤水分入渗能力有较大影响，随含量增多，入渗能力减小(李卓等，2009)。在黄土高原水蚀风蚀交错区的研究发现，土壤质地越黏重，累积入渗量越小(解文艳等，2004)。

由苔藓、藻类、地衣菌体等形成的生物结皮不仅可以捕获风蚀过程中的粉粒和黏粒，还在其生长发育过程中使土壤趋于黏粒化，这些黏结细粒封闭了表土的导水孔隙，使水分无法通过土壤间的非毛管孔隙入渗，使水分浅层化，不利于水分的入渗(Yang et al.，2015；Bu et al.，2015)，从而对该地区水文效应造成深远影响。与此同时，发育良好的苔藓结皮中细颗粒物含量较高，较大的毛管作用力使水分不断向苔藓结皮表面移动，进而影响了苔藓结皮表面的水分蒸发速率。土壤颗粒中粉粒和细砂粒最易被侵蚀，而生物结皮的发育能够积累细颗粒(周小泉等，2014)，导致易被侵蚀的土壤颗粒含量增加。

生物结皮对土壤机械组成的影响与土壤类型有关，风沙土生物结皮具有一定的成土作用，其物理、化学及生物过程黏化了结皮层及 0～25cm 土层的土壤，明显增加了该土层的黏粒和粉粒含量，但黄土生物结皮对土壤机械组成并无显著影响(肖波等，2008)。

此外，土壤中水稳性团聚体的数量与土壤的侵蚀能力有较强的相关性，冯固等(2001)研究表明丛枝菌根真菌的外生菌丝直接促进了土壤团聚体的形成。土壤表层结皮的形成伴随着土壤表面大团聚体或者大颗粒的分散，因此生物结皮的发育过程也是土壤抗溅蚀能力增强的过程(张军红，2014)。生物结皮不仅可显著影响地表粗糙度，改变微地貌形态，还可影响地表径流的流程、滞留时间及土-水接触面积，进而对水分入渗、产流及土壤侵蚀产生影响(West，1990)。

4.3.4　植被因子

我国半干旱黄土丘陵区水土流失十分严重，植被恢复是防治水土流失的重要措施。在干旱和半干旱区，坡面自然生长的植被在空间上呈离散分布，其覆被格局(如植被条带状分布和植被镶嵌等)影响生物结皮的分布，进而对土壤水文-水蚀过程产生重要影响。本章用圆盘入渗仪测量了黄土高原水蚀风蚀交错区 6 种处理(无生物结皮、有生物结皮、长芒草、长芒草+生物结皮、柠条锦鸡儿、柠条锦鸡儿+生物结皮)下的水分入渗特征，发现无论有无灌草植被，生物结皮的存在均会阻碍水分的入渗，而灌草植被的存在加剧了生物结皮的阻水性(张侃侃等，2011)。李小娟等(2019)在青海省高寒草甸的研究发现，生物结皮对高寒草甸土壤水分的入渗、蒸发过程无明显影响，但该区域植被盖度高，植物根系发达且多为须根系，其中大部分分布于 0～20cm 的浅层土壤中，这些植物根系相互缠绕形成厚度为 1～4cm 的草毡层，其土壤容重较小，土壤孔隙较大，这些因素造成土壤水分入渗速率较高。相比于黄土高原，形成这种差异的原因可能是高寒草甸生物结皮的盖度较低，无生物结皮区域被高寒草甸覆盖，生物结皮没有显著地改变土壤表层结构，从而对土壤水文过程的影响较小。此外，两个区域的土壤质地不同也是形成这种差异的重要原因。

一般而言，植被的覆盖会抑制生物结皮土壤水分的蒸发，一方面植被形成冠盖，遮挡了下层土壤，使水分向大气中散失的速度减缓；另一方面，在一定程度上阻塞了土壤表面孔隙，阻碍了水分运输蒸发的通道，从而抑制了土壤蒸发，且有生物结皮存在的情况下，其抑制作用更明显(Bu et al.，2015)。

有学者研究发现，荒草坡下有苔藓-藻类结皮和藻类结皮覆盖的土壤侵蚀量分别比无生物结皮对照区减少了 70.6%和 58.8%；在樟子松(*Pinus sylvestris* var. *mongolica* Litv.)林地，有苔藓-藻类结皮和藻类结皮覆盖的土壤侵蚀量分别比无生物结皮对照区减少了 62.6%和 48.9%；在油松(*Pinus tabuliformis* Carrière)林地，有苔藓-藻类结皮和藻类结皮覆盖的土壤侵蚀量分别比无生物结皮对照区减少了 57.1%和 38.3%。这主要是由于林冠层的存在减少了降雨地表径流量，减小了降雨对地表的冲击，分担了生物结皮拦截土壤侵蚀的部分作用，从而使得荒草坡的生物结皮对土壤侵蚀的拦截能力强于樟子松林和油松林(康磊等，2012)。

参 考 文 献

卜崇峰, 蔡强国, 张兴昌, 等, 2008. 土壤结皮的发育特征及其生态功能研究述评[J]. 地理科学进展, 27(2): 26-31.

卜崇峰, 杨建振, 张兴昌, 2011. 毛乌素沙地生物结皮层藓类植物培育试验研究[J]. 中国沙漠, 31(4): 937-941.

冯固, 张玉凤, 李晓林, 2001. 丛枝菌根真菌的外生菌丝对土壤水稳性团聚体形成的影响[J]. 水土保持学报, 15(4): 99-102.

康磊, 孙长忠, 殷丽, 等, 2012. 黄土高原沟壑区藻类结皮的水土保持效应[J]. 水土保持学报, 26(1): 47-52.

李柏, 2015. 不同荒漠生态系统生物结皮分布及水文特征研究[D]. 北京: 北京林业大学.

李守中, 肖洪浪, 李新荣, 等, 2004. 干旱、半干旱地区微生物结皮土壤水文学的研究进展[J]. 中国沙漠, 24(4): 122-128.

李守中, 肖洪浪, 罗芳, 等, 2005. 沙坡头植被固沙区生物结皮对土壤水文过程的调控作用[J]. 中国沙漠, 25(2): 228-233.

李小娟, 张莉, 张紫萍, 等, 2019. 高寒草甸生物结皮发育特征及其对土壤水文过程的影响[J]. 水土保持研究, 26(6): 139-144.

李新荣, 张元明, 赵允格, 2009. 生物土壤结皮研究: 进展、前沿与展望[J]. 地球科学进展, 24(1): 11-24.

李雪转, 樊贵盛, 2006. 土壤有机质含量对土壤入渗能力影响的试验研究[J]. 太原理工大学学报, 37(1): 59-62.

李卓, 吴普特, 冯浩, 等, 2009. 不同粘粒含量土壤水分入渗能力模拟试验研究[J]. 干旱地区农业研究, 27(3): 71-77.

孟杰, 卜崇峰, 张兴昌, 等, 2011. 移除和沙埋对沙土生物结皮土壤蒸发的影响[J]. 水土保持通报, 31(1): 58-62, 159.

孟杰, 卜崇峰, 赵玉娇, 等, 2010. 陕北水蚀风蚀交错区生物结皮对土壤酶活性及养分含量的影响[J]. 自然资源学报, 25(11): 1864-1874.

冉茂勇, 赵允格, 陈彦芹, 2009. 黄土丘陵水蚀区生物结皮土壤抗冲性试验研究[J]. 西北林学院学报, 24(3): 37-40, 62.

石薇, 王新平, 张亚峰, 2018. 腾格里沙漠人工固沙植被区浅层土壤水分对降水和生物结皮的响应[J]. 中国沙漠, 38(3): 600-609.

王翠萍, 廖超英, 孙长忠, 等, 2009. 黄土地表生物结皮对土壤贮水性能及水分入渗特征的影响[J]. 干旱地区农业研究, 27(4): 54-59, 64.

王浩, 张光辉, 刘法, 等, 2015. 黄土丘陵区生物结皮对土壤入渗的影响[J]. 水土保持学报, 29(5): 117-123.

王一贺, 赵允格, 李林, 等, 2016. 黄土高原不同降水量带退耕地植被-生物结皮的分布格局[J]. 生态学报, 36(2): 377-386.

王媛, 赵允格, 姚春竹, 等, 2014. 黄土丘陵区生物土壤结皮表面糙度特征及影响因素[J]. 应用生态学报, 25(3): 647-656.

肖波, 赵允格, 邵明安, 2007. 陕北水蚀风蚀交错区两种生物结皮对土壤理化性质的影响[J]. 生态学报, 27(11): 4662-4670.

肖波, 赵允格, 邵明安, 2008. 黄土高原侵蚀区生物结皮的人工培育及其水土保持效应[J]. 草地学报, 16(1): 28-33.

谢申琦, 2019. 黄土丘陵区生物结皮坡面产流产沙对雨强的响应[D]. 杨凌: 西北农林科技大学.

解文艳, 樊贵盛, 2004. 土壤含水量对土壤入渗能力的影响[J]. 太原理工大学学报, 35(3): 272-275.

杨凯, 赵军, 赵允格, 等, 2019. 生物结皮坡面不同降雨历时的产流特征[J]. 农业工程学报, 35(23): 154-160.

杨凯, 赵允格, 马昕昕, 2012. 黄土丘陵区生物土壤结皮层水稳性[J]. 应用生态学报, 23(1): 173-177.

杨永胜, 2012. 毛乌素沙地生物结皮对土壤水分和风蚀的影响[D]. 杨凌: 西北农林科技大学.

姚德良, 李家春, 杜岳, 等, 2002. 沙坡头人工植被区陆气耦合模式及生物结皮与植被演变的机理研究[J]. 生态学报, 22(4): 452-460.

叶菁, 卜崇峰, 杨永胜, 等, 2015. 翻耙干扰下生物结皮对水分入渗及土壤侵蚀的影响[J]. 水土保持学报, 29(3): 22-26.

张冠华, 胡甲均, 2019. 生物结皮土壤-水文-侵蚀效应研究进展[J]. 水土保持学报, 33(1): 1-8.

张军红, 2014. 生物结皮在石漠化地区水土流失治理中的应用前景分析[C]. 第十六届中国科协年会, 昆明, 中国, 5: 99-103.

张侃侃, 卜崇峰, 高国雄, 2011. 黄土高原生物结皮对土壤水分入渗的影响[J]. 干旱区研究, 28(5): 808-812.

张培培, 赵允格, 王媛, 等, 2014. 黄土高原丘陵区生物结皮土壤的斥水性[J]. 应用生态学报, 25(3): 657-663.

张志山, 何明珠, 谭会娟, 等, 2007. 沙漠人工植被区生物结皮类土壤的蒸发特性——以沙坡头沙漠研究试验站为例[J]. 土壤学报, 44(3): 404- 410.

赵允格, 许明祥, 王全九, 等, 2006. 黄土丘陵区退耕地生物结皮对土壤理化性状的影响[J]. 自然资源学报, 21(3): 441-448.

周小泉, 刘政鸿, 杨永胜, 等, 2014. 毛乌素沙地三种植被下苔藓结皮的土壤理化效应[J]. 水土保持研究, 21(6): 340-344.

BELNAP J, WILCOX B P, SCOYOC M W V, et al., 2013. Successional stage of biological soil crusts: an accurate indicator of ecohydrological condition[J]. Ecohydrology, 6(3): 474-482.

BOWKER M A, 2007. Biological soil crust rehabilitation in theory and practice: an underexploited opportunity[J]. Restoration Ecology, 15(1): 13-23.

BOWKER M A, MILLER M E, BELNAP J, et al., 2008. Prioritizing conservation effort through the use of biological soil crusts as ecosystem function indicators in an arid region[J]. Conservation Biology, 22 (6): 1533-1543.

BU C F, WU S F, HAN F P, et al., 2015. The combined effects of moss-dominated biocrusts and vegetation on erosion and soil moisture and implications for disturbance on the Loess Plateau, China[J]. PLoS One, 10(5): e0127394.

CANTÓN Y, DOMINGO F, SOLÉ-BENET A, et al., 2001. Hydrological and erosion response of a badlands system in semiarid SE Spain[J]. Journal of Hydrology, 252(1-4): 65-84.

CHAMIZO S, CANTÓN Y, RODRíGUEZ-CABALLERO E, et al., 2012. Runoff at contrasting scales in a semiarid ecosystem: a complex balance between biological soil crust features and rainfall characteristics[J]. Journal of Hydrology, 452-453: 130-138.

CHAUDHARY V B, BOWKER M A, O'Dell T E, et al., 2009. Untangling the biological contributions to soil stability in semiarid shrublands[J]. Ecological Applications, 19(1): 110-122.

ELDRIDGE D J, 1993. Cryptogam cover and soil surface condition: effects on hydrology on a semiarid woodland soil[J]. Arid Land Research and Management, 7(3): 203-217.

ELDRIDGE D J, GREENE R S B, 1994. Microbiotic soil crusts: a review of their roles in soil and ecological processes in the rangelands of Australia[J]. Australian Journal of Soil Research, 32(3): 389-415.

FOGG E G, 1952. The production of extracellular nitrogenous substances by a blue-green alga[J]. Proceedings of the Royal Society of London, 139(896): 372-397.

GREENE R S B, CHARTRES C J, HODGKINSON K C, 1990. The effects of fire on the soil in a degraded semiarid woodland. I. Cryptogam cover and physical and micromorphological properties[J]. Australian Journal of Soil Research, 28(5): 755-777.

LOOPE W L, GIFFORD G F, 1972. Influence of a soil microfloral crust on select properties of soils under pinyon-juniper in southeastern Utah[J]. Journal of Soil and Water Conservation, 27(4): 164-167.

RAM A, AARON Y, 2007. Negative and positive effects of topsoil biological crusts on water availability along a rainfall gradient in a sandy arid area[J]. Catena, 70(3): 437-442.

RODRÍGUEZ-CABALLERO E, CANTÓN Y, CHAMIZO S, et al., 2013. Soil loss and runoff in semiarid ecosystems: a complex interaction between biological soil crusts, micro-topography, and hydrological drivers[J]. Ecosystems, 16(4): 529-546.

THOMAS F, VESTE M, WIEHE W, et al., 2010. Water repellency and pore clogging at early successional stages of microbiotic crusts on inland dunes, Brandenburg, NE Germany[J]. Catena, 80(1): 47-52.

WEST N E, 1990. Structure and function of microphytic soil crusts in wildland ecosystems of arid to semi-arid regions[J]. Advances in Ecological Research, 20: 179-223.

WILLIAMS J D, DOBROWOLSKI J P, WEST N E, 1999. Microbiotic crust influence on unsaturated hydraulic conductivity[J]. Arid Soil Research and Rehabilitation, 13(2): 145-154.

YAIR A, ALMOG R, VESTE M, 2011. Differential hydrological response of biological topsoil crusts along a rainfall gradient in a sandy arid area: Northern Negev desert, Israel[J]. Catena, 87(3): 326-333.

YANG Y S, BU C F, MU X M, et al., 2014. Interactive effects of moss-dominated crusts and artemisia ordosica on wind erosion and soil moisture in Mu Us Sandland, China[J]. The Scientific World Journal, 2014: 649816.

YANG Y S, BU C F, MU X M, et al., 2015. Effects of differing coverage of moss-dominated soil crusts on hydrological processes and implications for disturbance in the Mu Us Sandland, China[J]. Hydrological Processes, 29(14): 3112-3123.

ZHAO Y G, QIN N Q, WEBER B, et al., 2014. Response of biological soil crusts to raindrop erosivity and underlying influences in the hilly Loess Plateau region, China[J]. Biodiversity and Conservation, 23(7): 1669-1686.

第 5 章　生物结皮的干扰响应

干扰是生态系统中常见的自然或人为事件，会明显改变生境中的资源格局，扭转原有的生态过程，重建生态格局，对生态演替过程有着重要影响(刘志民等，2002)。人为干扰是指人类有目的地对自然进行的改造行为，常见方式有火烧、放牧、翻耙、机械碾压和外来物种入侵等(陈利顶等，2000)。牲畜或人类踩踏、机械碾压等干扰活动会增加土壤紧实度，减少降雨入渗并增加地表径流，加剧了土壤侵蚀的发生(张蕴薇等，2002；戎郁萍等，2001)。生物结皮是干旱、半干旱地区的先锋拓殖植物，分布广泛，可发挥多种生态功能，在防治水土流失与减少水蚀、风蚀等方面有着积极影响，但其易受各种干扰活动的影响。干扰会降低生物结皮盖度，破坏其结构(Barger et al.，2006)，进而影响生物结皮的发育，最终影响整个生态系统的稳定性(Chamizo et al.，2012a)。

生态学适度干扰理论认为，适当的干扰也可能会对生物结皮的生长发育产生积极影响。发育良好的生物结皮会减少降雨入渗、恶化下层土壤水分状况，对生态系统演替产生负面影响。而适度的耕作和放牧在一定程度上改善了当地的土壤水分状况，可促进种子萌发，进而促进维管植物发育，增加植物生物量(王蕊等，2011；杨秀莲等，2010；Prasse et al.，2000)。Liu 等(2009)对草地的研究表明，适度干扰生物结皮有利于提高草地生态系统的可持续性。此外，适当的干扰有益于生物结皮的快速重建，并在短时间内恢复其抗侵蚀能力(吴玉环等，2002)。研究还发现，适当干扰对生物结皮多样性的影响程度较小或影响时间较短，但能够增加生物结皮的物种数量(Dojani et al.，2011；O'Bryan et al.，2009)。因此，在不加剧侵蚀发生的前提下，合理的干扰方式能够改善发育良好的生物结皮土壤水分状况，促进生态系统的正向演替。

为此，本章选择翻耙和踩踏两种常见的干扰方式，设置轻度、中度、重度三种干扰强度，定位观测干扰下生物结皮对土壤水分入渗量、径流量和产沙量的影响，探讨生物结皮对干扰的响应机理，以期对生物结皮的高效管理(比如是否可以进行适度放牧等)提供实践指导。

5.1　生物结皮的干扰响应试验

5.1.1　小区布设及干扰处理

试验地位于陕西省神木侵蚀与环境试验站后的半阴坡面上，西北坡，坡度为

15°。2014年4月修建24个2m×1m的试验小区，每排8个，分为三排。每个小区去除表层0～6cm的土壤后安装2m长的TDR探管用于土壤剖面水分的监测。用内径长×宽×高为30cm×30cm×6cm的铁制取样器，从试验小区周边人为干扰少、苔藓结皮盖度在90%以上且发育成熟、稳定的黄土区移取生物结皮层土样。土样随机铺满除裸地对照外的21个试验小区，用细土填满间隙，并撒上一定量苔藓结皮茎叶碎片。随后，进行洒水、遮阴等养护措施促进苔藓结皮恢复，2个月后苔藓结皮恢复到正常生长状态。于2014年6月23日对其中的18个试验小区进行不同干扰处理，试验小区布设如图5.1(a)所示(叶菁，2015)。

(a) 小区布设

(b) 翻耙工具

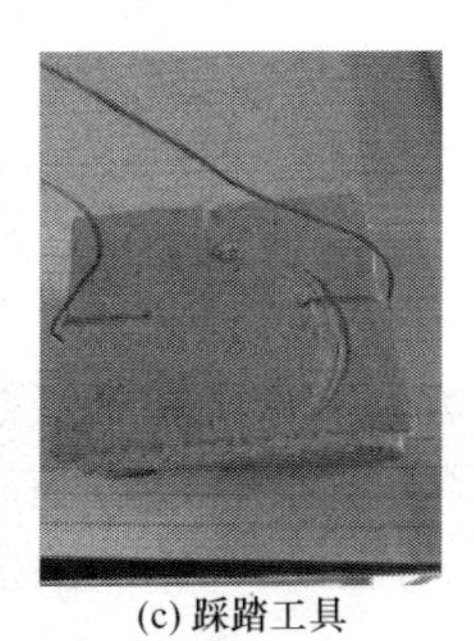
(c) 踩踏工具

图5.1　翻耙与踩踏干扰试验布设(见彩图)(叶菁，2015)

干扰分为翻耙和踩踏两种方式，设轻度、中度和重度三种干扰强度，另加裸地和有苔藓结皮但无干扰两个处理，共计8组处理，每组处理设3个重复。干扰试验8组处理0～10cm土层的基本情况如表5.1所示(冯伟等,2016;叶菁等,2015)。

表5.1　干扰试验8组处理0～10cm土层的基本情况

处理	苔藓结皮盖度/%	苔藓结皮厚度/mm	苔藓结皮株高度/mm	抗剪强度/(kg/cm²)	土壤饱和含水量/%	土壤容重/(g/cm³)	土壤饱和导水率/(mm/h)
裸地	0	0	0	2.4±0.9	35.2±0.3	1.38±0.04	176.4±14.4
无干扰	86.3±5.5	10.3±1.5	4.0±0.3	3.4±1.0	36.3±0.5	1.36±0.07	172.8±10.8
轻度翻耙	78.1±7.4	10.4±1.5	3.5±0.8	3.3±0.9	34.6±0.5	1.39±0.06	201.6±21.6
中度翻耙	76.4±2.3	9.2±1.6	3.1±0.3	2.5±1.0	32.5±0.8	1.38±0.06	208.8±28.8
重度翻耙	67.0±7.5	10.6±1.4	2.6±0.3	2.5±0.8	30.8±1.5	1.34±0.15	226.8±21.6
轻度踩踏	77.5±4.5	9.7±1.5	2.8±0.4	3.7±0.7	36.6±0.4	1.38±0.07	165.6±18.0
中度踩踏	75.5±3.5	10.3±1.5	2.8±0.1	4.0±0.9	37.0±0.8	1.42±0.08	154.8±32.4
重度踩踏	80.5±5.5	10.0±1.4	2.4±0.2	4.3±0.9	36.8±1.1	1.45±0.11	151.2±28.8

干扰强度以翻耙或踩踏面积占试验小区面积的比例来表示。翻耙工具为钢板尺，踩踏时踩压面积约为 0.3 平方米/步。具体干扰强度及操作方法如表 5.2 所示，所用工具如图 5.1(b)和(c)所示，小区内翻耙处理及 TDR 测点布设如图 5.2 所示。试验观测期为 2014 年 7～10 月。

表 5.2　翻耙和踩踏的强度及操作方法

干扰方式	干扰强度	具体操作	地表裂隙面积/m^2	干扰面积占小区面积百分比/%
翻耙	轻度	纵向划 3 次，横向划 6 次	0.6	30
	中度	纵向划 6 次，横向划 12 次	1.2	60
	重度	纵向划 9 次，横向划 18 次	1.8	90
踩踏	轻度	20 步	0.6	30
	中度	40 步	1.2	60
	重度	60 步	1.8	90

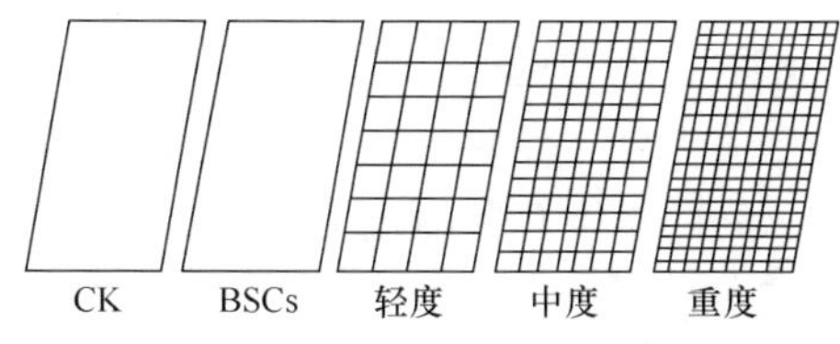

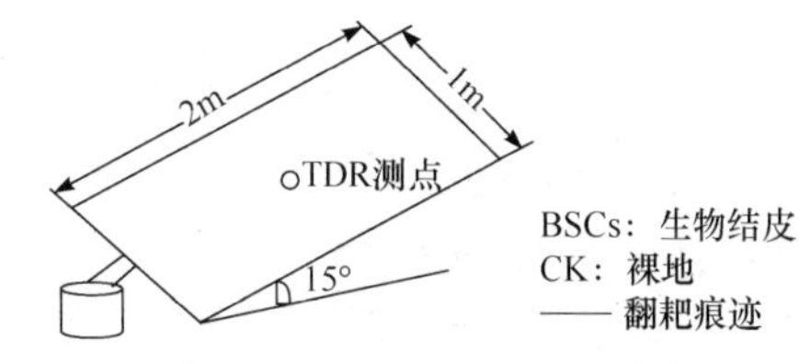

图 5.2　小区内翻耙处理及 TDR 测点布设示意图(叶菁等，2015)

5.1.2　测定指标及方法

1. 苔藓结皮生长发育指标

在干扰后的一个星期和之后每月月底测定苔藓结皮的各项生长发育指标，包括苔藓结皮的盖度、株高度及生物量，其中生物量用苔藓结皮的叶绿素 a 含量来表征。

盖度(%)：苔藓结皮的盖度采用样线法来测定(Li et al., 2010)。在试验小区内，以 13cm 的间隔将各试验小区划分成 105 个小方格，网格交点下有苔藓结皮记为 1，无则记为 0。每个试验小区内，用有苔藓结皮的交点数占总交点数的百分比表示该试验小区内苔藓结皮的盖度。

株高度(mm)：在每个试验小区内用游标卡尺随机测定 120 株苔藓结皮的地上株高度(孟杰，2011)，所计算的平均值记为该试验小区苔藓结皮的株高度。

生物量(mg/m^2)：采用乙醇浸提比色法测定叶绿素 a 含量(Li et al., 2005)。利用直径为 4.5cm 的圆形内空管采样器采集苔藓结皮，每个试验小区采 4 个面积为

15.9cm^2、厚度为 1cm 的样品。之后，将采集的样品放入 0.1mm 筛中，用自来水冲洗，使苔藓结皮植株与土壤分离。将苔藓植株晾干后放入研钵，加入少量石英砂、碳酸钙及 95%的乙醇 3mL，研磨 3min 成匀浆状后，再加入 95%乙醇 5mL，继续研磨 10min 至匀浆变白。静置 5min 后过滤到 25mL 棕色容量瓶中，并用少量 95%乙醇冲洗数次，直至滤纸和残渣中无绿色为止。最后用 95%乙醇定容，比色测定色素，以 95%乙醇为空白，在波长为 665nm、649nm 下测定吸光度。

叶绿素 a 用如下公式计算其浓度(包维楷等，2005)：

$$\rho = 13.95A_{665} - 6.88A_{649} \tag{5.1}$$

$$W = \frac{\rho \times V \times N}{S} \tag{5.2}$$

式中，A_{665}、A_{649} 为提取液在波长为 665nm、649nm 下测得的吸光度；ρ 为叶绿素 a 浓度(mg/L)；W 为叶绿素 a 含量(mg/m^2)；V 为提取液体积(L)；S 为样品的取样面积(m^2)；N 为稀释倍数。

2. 生物结皮水文效应指标

使用 TDR 监测 8 种处理、24 个试验小区中部 0～180cm 土层土壤剖面水分，测定间距为 10cm。试验期间每 10d 测定一次土壤含水量，用以计算月均土壤含水量和 0～180cm 土层的土壤储水量。降雨前、后的 12h 内加测土壤含水量，用每次降雨前、降雨后土壤储水量的差值表示入渗量。

土壤储水量与入渗量计算公式为

$$W_i = \theta_v \times h \tag{5.3}$$

$$W = \sum W_i \tag{5.4}$$

$$I = W_{\mathrm{a}} - W_{\mathrm{b}} \tag{5.5}$$

式中，W_i 为第 i 层土壤储水量(mm)；θ_v 为土壤含水量(%)；h 为土层厚度(mm)；W 为土层总储水量(mm)；I 为入渗量(mm)；W_{b} 和 W_{a} 分别为降雨事件前总储水量和降雨事件后的总储水量(mm)。

3. 生物结皮水蚀效应指标

在整个雨季观测期内，每场产流降雨结束 2～4h 后，立即测定降雨量和各径流桶中的径流量、产沙量。用量筒测定径流桶中的径流量，并取一定体积均匀泥沙水混合样，静置 72h 后置于 105℃下烘干，计算产沙量(高佩玲等，2004)。

$$R = \frac{10^{-3} \times V}{S \times \cos\theta} \tag{5.6}$$

$$E = \frac{E_{sample} \times V}{V_{sample} \times S} \tag{5.7}$$

式中，R 为径流量(mm)；V 为径流体积(mL)；E 为单位面积上的产沙量(g/m^2)；S 为每个试验小区的面积(m^2)；θ 为坡度(°)；E_{sample} 为在每次降雨事件后采集的混合径流样本中的泥沙干质量(g)；V_{sample} 为每次降雨事件后所取的径流样本体积(mL) (Xiao et al.，2011)。

$$\text{IIR} = \left(1 - \frac{\sum I_B}{\sum I_b}\right) \times 100\% \tag{5.8}$$

式中，IIR 为增渗率(infiltration increment rate)；$\sum I_B$ 为不同降雨条件下所有生物结皮处理的入渗量之和(mm)；$\sum I_b$ 为不同降雨条件下裸地对照的入渗量之和(mm)。IIR 代表了某一特定处理相对于裸地对照的增渗效果。

$$\text{RRR} = \left(1 - \frac{\sum R_B}{\sum R_b}\right) \times 100\% \tag{5.9}$$

式中，RRR 为减流率(runoff reduction rate)；$\sum R_B$ 为不同降雨条件下所有生物结皮处理所产生的径流量之和(mm)；$\sum R_b$ 为不同降雨条件下裸地对照的径流量之和(mm)。RRR 代表了某一特定处理相对于裸地对照的减流效果。

$$\text{SRR} = \left(1 - \frac{\sum S_B}{\sum S_b}\right) \times 100\% \tag{5.10}$$

式中，SRR 为减沙率(sediment yield reduction rate)；$\sum S_B$ 为不同降雨条件下所有生物结皮处理的产沙量之和(g)；$\sum S_b$ 为不同降雨条件下裸地对照的产沙量之和(g)。SRR 代表了某一特定处理相对于裸地对照的减沙效果(Bu et al.，2015)。

5.1.3　观测期降雨状况及分类

天然降雨是试验区土壤水分的主要来源，成为决定土壤含水量的重要影响因素之一。2014 年全年降雨总量为 449.1mm，比试验区多年平均降雨量(408.5mm)多 40.6mm，属于平水年。降雨季节变化十分明显，仅 7～10 月的降雨量就达到 304.6mm，占全年降雨总量的 67.8%。整个观测期产流降雨 12 次，共计 215.4mm，占年降雨总量的 48.0%。每次降雨后记录该次降雨的降雨强度和持续时间。2014 年 7～10 月 12 次降雨的特征如表 5.3 所示。

表 5.3 2014 年 7～10 月 12 次降雨的特征

序号	降雨日期(月/日)	降雨量/mm	降雨强度/(mm/h)	降雨持续时间/h
1	7/9	19.00	0.90	21.11
2	7/11	5.40	1.00	5.40
3	7/14	7.40	5.40	1.37
4	7/16	20.40	16.30	1.25
5	7/29	30.80	15.40	2.00
6	8/4	15.40	12.70	1.21
7	8/27	49.40	10.50	4.70
8	9/1	10.80	1.50	1.96
9	9/11	18.60	9.50	7.20
10	9/16	12.20	7.60	1.61
11	9/23	8.40	11.50	0.73
12	10/1	17.60	5.40	3.26

注：降雨强度=降雨强度/持续时间。

采用 *K*-Means 聚类算法，根据降雨持续时间和降雨强度将降雨事件划分为不同类别，具有相似降雨特征的降雨事件被划分为一类。这一过程控制了降雨作为径流和泥沙产生的驱动力的影响，有助于确定不同降雨条件下每种处理的效果。

表 5.4 展示了 12 次自然降雨情况的统计分析结果，可知 12 次降雨事件的平均降雨强度、降雨量和持续时间分别为 8.14mm/h、17.95mm 和 4.32h。降雨强度的最大值和最小值之间的差距是 15.40mm，其标准差(5.41mm/h)超过均值的一半。这种变化被认为是研究地区典型的降雨参数变化，这将会导致处理具有相当大的差异。

表 5.4 12 次自然降雨情况的统计分析结果

降雨次数	降雨参数	最小值	平均值	最大值	标准差
12	降雨强度/(mm/h)	0.90	8.14	16.30	5.41
	降雨量/mm	5.40	17.95	49.40	12.11
	降雨持续时间/h	0.73	4.32	21.11	5.65

如图 5.3 所示，*K*-Means 聚类算法将降雨事件分为三类：第一类降雨事件具有持续时间较长(6.66h)、降雨量较低(12.07mm)和降雨强度较小(3.63mm/h)的特征，第二类降雨事件具有持续时间较短(1.43h)、降雨量中等(18.72mm)和降雨强度较大(13.08mm/h)的特征，第三类降雨事件具有降雨持续时间中等(4.70h)、降雨量

较高(49.40mm)和降雨强度中等(10.05mm/h)的特征。

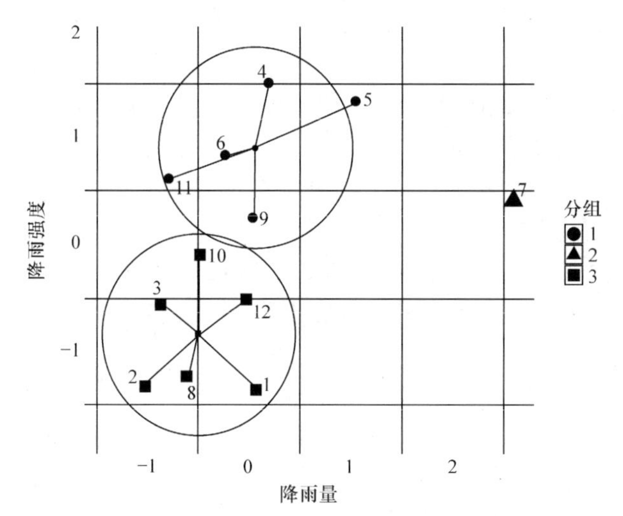

图 5.3 *K*-Means 算法下的降雨事件聚类图

K-Means 图中的数字(1～12)表示第几次降雨事件；图例中的 1、2、3 是指三类降雨事件

5.2 生物结皮生长发育的干扰响应

5.2.1 干扰对生物结皮盖度的影响

图 5.4 展示了不同处理下苔藓结皮盖度的动态变化特征。可以看出，不同处理下的苔藓结皮盖度差异较大。在干扰初期，各处理间的差异不显著，之后随时间的延长差异逐渐增大。无干扰的苔藓结皮盖度在整个观测期保持在 75%以上，10 月后降雨减少，土壤表层水分降低，因此苔藓结皮盖度有所降低。

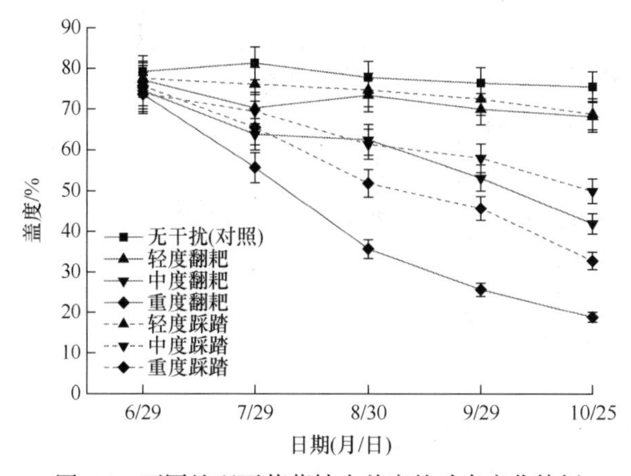

图 5.4 不同处理下苔藓结皮盖度的动态变化特征

对于翻耙而言，轻度翻耙后的苔藓结皮盖度在干扰初期有所降低，之后随着恢复时间的延长而逐渐升高，虽低于对照处理，但二者之间的差异不显著。中度和重度翻耙干扰下苔藓结皮盖度大幅降低，4 个月后平均盖度分别为 41.9%和 18.9%，比对照(75.5%)分别降低 44.5%和 74.9%，表明苔藓结皮破坏严重，虽然恢复期间降雨充沛，但苔藓结皮仍快速退化。这主要是由于：①中度以上的翻耙对苔藓结皮干扰较大，翻耙容易导致厚度只有 1cm 左右的苔藓结皮脱离其下土层，成为许多独立的苔藓结皮块，部分苔藓结皮被翻耙过程产生的土壤颗粒掩埋；②苔藓植物缺乏输导和蒸发系统，没有真正的根等形态学特征，极易失去水分(Beckett，1997)，而翻耙后的苔藓结皮表土层通气孔隙增大，持水性降低，易导致苔藓植株缺水。

踩踏干扰降低了苔藓结皮盖度，但在干扰 2 个月内的差异不显著，随着雨季推进，差异逐渐显现，特别是到雨季末期(10 月)尤为明显。在整个观测期内，轻度踩踏干扰下的苔藓结皮盖度变化幅度最小，基本保持稳定，与对照差异不显著。中度踩踏干扰下苔藓结皮盖度缓慢递减并逐渐趋于稳定，10 月底降为 50.0%，相比对照下降 33.8%。重度踩踏干扰下苔藓结皮盖度保持稳定下降趋势，10 月底降为 32.8%，相比对照降低 56.6%。中度、重度踩踏干扰在 2 个月后与对照差异显著。轻度踩踏后由于降雨量大(90mm 以上)，加上踩踏强度小，苔藓结皮受踩踏干扰的影响小，不会造成盖度明显降低。而中度以上的踩踏一方面是由于踩踏强度大，被踩踏的苔藓结皮面积增加，可破坏苔藓结皮、露出裸土；另一方面是苔藓结皮破损，造成表层土壤细粒和有机质损失(West，1990)，而苔藓结皮光合生物量的 75%来自地表有机质(Garcia-Pichel et al.，1996)，受损的苔藓结皮恢复速率极为缓慢(Belnap，1993)，因而表现盖度下降的趋势。

两种干扰处理下的苔藓结皮盖度均表现为重度＜中度＜轻度＜对照，表明苔藓结皮盖度随干扰强度增加而递减，原因是干扰强度越大，对苔藓结皮和土壤的破坏就越大，越容易导致苔藓退化。干扰强度在中度以上时，苔藓结皮盖度明显减小，不利于生物结皮发育，这与吕建亮等(2010)的研究结果一致。

对比发现，在同一干扰强度下，踩踏干扰下的苔藓结皮盖度整体上高于翻耙干扰。究其原因，一方面可能是因为翻耙干扰比踩踏干扰更容易导致土壤疏松，非雨天土壤表层水分蒸发大，水分不足而限制了苔藓结皮的恢复，所以其盖度下降幅度大于踩踏干扰；另一方面可能是由于翻耙干扰后疏松的土壤物质遇降雨冲刷被径流带走，使其恢复难度增加。

5.2.2 干扰对生物结皮株高度的影响

干扰对苔藓结皮株高度的影响与盖度基本一致。从图 5.5 可以看出，未受干扰的苔藓结皮株高度在整个观测期内保持动态变化，变化范围为 3.0～3.5mm。翻耙干扰下苔藓结皮的株高度均低于对照，1 个月后各处理间差异达到显著水平。轻度翻耙下的苔藓结皮株高度随雨季推进表现为先降低后升高的趋势，降低的原因是干扰后新长出的苔藓植株较矮小，降低了整体的平均值，但在整个观测期内与对照处理间的差异不显著，说明轻度翻耙不会明显影响苔藓结皮的生长。中度、重度翻耙下苔藓结皮株高度在干扰 2 个月内呈降低趋势，而后基本保持不变，干扰 4 个月后，相比对照(3.1mm)分别降低了 29.0%和 33.9%。苔藓结皮受中度、重度翻耙干扰后，原来的苔藓结皮受到较为严重的破坏，导致其大量枯萎，同时在降雨事件下，不断有新的苔藓植株长出来，因此，在干扰后期，中度、重度干扰下的苔藓结皮株高度明显降低。

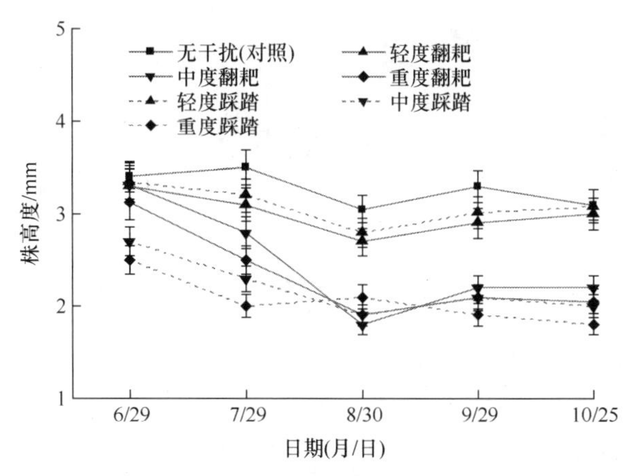

图 5.5　不同处理下苔藓结皮株高度的动态变化特征

轻度踩踏下的苔藓结皮株高度在整个观测期内与对照间差异不显著(图 5.5)。干扰 4 个月后，苔藓结皮株高度相比对照降低了 0.6%，这与轻度踩踏苔藓结皮盖度的变化一致。该处理下苔藓结皮盖度未明显降低，苔藓结皮长势较好。中度、重度踩踏下，苔藓结皮株高度在整个观测期内随时间变化较小，但明显低于对照处理。到 10 月底，相比对照，中度、重度踩踏下的苔藓结皮株高度分别降低了 35.5%和 41.9%，说明中度以上的踩踏干扰对苔藓结皮生长有影响。与中度翻耙一致，苔藓结皮植株受到破坏，导致苔藓植株退化枯萎，同时新长出来的苔藓植株矮小，生长缓慢，影响整体的苔藓结皮株高度。因此，在中度以上的干扰后，苔藓结皮不是停止生长，而是处于老植株死亡、新植株生长的动态变化中。

5.2.3　干扰对生物结皮生物量的影响

图 5.6 展示了试验期内各处理下苔藓结皮生物量的动态变化特征。可以看出，对照的苔藓结皮生物量在整个观测期介于 60～65mg/m^2。与对照相比，翻耙干扰降低了苔藓结皮的生物量，翻耙强度越大，生物量越小。轻度翻耙下的苔藓结皮

生物量在整个观测期内先减后增再减，至 10 月底为 55.4mg/m²，相比对照(60.8mg/m²)减少 8.9%，但二者间差异不显著，这是由于轻度翻耙下苔藓结皮盖度和株高度均接近对照。中度翻耙下，苔藓结皮生物量在干扰后 1 个月明显低于对照，到 10 月底降为 31.0mg/m²，比对照减少 49.0%。重度翻耙下的苔藓结皮生物量随时间逐渐递减，在干扰后的一个月明显低于对照，到 10 月底降为 18.4mg/m²，与对照相比减少 69.7%。中度、重度翻耙结果表明，中度以上的翻耙导致苔藓结皮生物量在短期(4 个月)内呈下降的变化趋势，但逐渐趋于稳定，此结果与盖度变化一致。

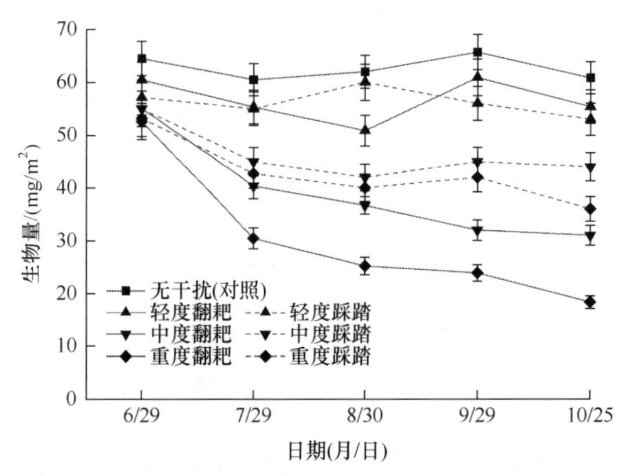

图 5.6　不同处理下苔藓结皮生物量的动态变化特征

轻度踩踏下苔藓结皮的生物量在整个观测期与对照较为接近，二者间差异不显著。轻度踩踏四个月后，苔藓结皮的生物量相比对照减少了 12.8%。中度踩踏下的苔藓结皮生物量在干扰后 1 个月开始明显低于对照，并在随后的 3 个月内随时间变化较小，相比对照，8 月底和 10 月底分别降低了 32.3%和 27.6%，说明从 8 月开始苔藓结皮生物量已趋于稳定。重度踩踏下的苔藓结皮生物量在整个观测期呈缓慢下降的趋势，并在 8 月开始明显低于对照，到 10 月底，相比对照减少 40.8%。进一步分析可知，踩踏干扰下的苔藓结皮生物量普遍大于翻耙干扰，这与踩踏干扰下苔藓结皮盖度大于翻耙干扰下苔藓结皮盖度的规律一致。一般来说，苔藓结皮盖度越大，生物量越大。

5.3　生物结皮土壤水文-水蚀的干扰响应

土壤含水量是土壤的重要性质之一，直接影响土壤特性及植物的生长，间接影响着植物分布，并在一定程度上影响着小气候的变化(陈家琦等，2002；林树基等，1994)。多年来，许多学者都对不同地区土壤含水量动态变化的相关规律进行了深入细致的研究和分析，初步证实了土壤含水量具有空间和时间上的异质性。土壤含水量变化与当地气候的变化，尤其是降雨的季节性变化规律是基本一致的(唐川，2004)。对黄土丘陵区 0～200cm 土层深度水分动态的研究表明，土壤含水量随着土层深度的增加呈逐渐递减趋势(杨新民，2001)。

生物结皮较低的容重、较高的浅层持水性及饱和导水率有效地影响着雨后土壤水分的再分布(Xiao et al.，2011)。即使是微小的降雨，生物结皮也能迅速吸收数十倍其自身干重的水分，这使得生物结皮能够大量拦截并吸收降雨，进而对随后的土壤水分运动和分布产生重大影响。也有研究表明，生物结皮对土壤含水量具有负面的影响，使土壤水分呈现浅层化的趋势，不利于深根性植物生长。因此，有学者提出，对生物结皮进行适度的干扰可减少其对土壤含水量的负面影响。

陕北黄土区是水蚀风蚀交错区的中心，水土流失严重，长期以来一直是生态环境建设的重点和难点区域。退耕还林(草)工程实施以来，该区域生物结皮广泛发育，成为脆弱生态环境中水文效应及土壤侵蚀的重要影响因素之一。生物结皮的发育过程改变了土壤的物理、化学和生物学特性，进而对土壤侵蚀产生影响。本小节通过研究翻耙、踩踏干扰对生物结皮土壤水分入渗和产流、产沙的影响，探索生物结皮干扰的水文效应，旨在为该区生物结皮的有效利用和生态修复提供理论依据。

5.3.1 单次降雨下生物结皮土壤水文-水蚀的干扰响应

1. 干扰对水分入渗的影响

1) 水分入渗深度

绘制每次降雨前后的土壤剖面水分变化图，两条曲线的交点至地表的距离即为降雨的入渗深度。表 5.5 为产流降雨下各处理的入渗深度。

表 5.5 产流降雨下各处理的入渗深度 (单位：mm)

降雨日期(年/月/日)	裸地	无干扰	轻度干扰		中度干扰		重度干扰	
			翻耙	踩踏	翻耙	踩踏	翻耙	踩踏
2014/7/9	30	35	40	40	50	20	35	20
2014/7/11	20	25	20	20	30	20	25	10
2014/7/14	20	25	20	30	30	20	40	20
2014/7/16	30	20	50	30	30	50	30	40
2014/7/29	50	40	60	80	80	50	60	40
2014/8/4	30	25	30	70	40	40	30	30
2014/8/27	60	50	60	60	90	50	80	50

续表

降雨日期(年/月/日)	裸地	无干扰	轻度干扰		中度干扰		重度干扰	
			翻耙	踩踏	翻耙	踩踏	翻耙	踩踏
2014/9/1	40	30	60	60	80	50	60	50
2014/9/11	40	35	50	50	60	60	30	30
2014/9/16	40	30	30	30	60	30	30	20
2014/9/23	20	20	20	20	30	30	10	10
2014/10/1	20	20	40	30	60	20	30	20

Dobrowolski(1994)的研究表明，未受干扰的苔藓结皮似乎对水分入渗率没有显著影响。从表 5.5 可以看出，无干扰的苔藓结皮在整个试验期间有 9 次入渗深度低于或等于裸地，说明苔藓结皮可能导致土壤水分浅层化，这与前人的研究结果一致(张侃侃等，2011；吕贻忠等，2004；王新平等，2003)。造成这一现象的原因可能是苔藓结皮盖度较大，而其盖度又与降雨入渗深度之间呈线性负相关关系(卢晓杰等，2007)。

不同翻耙强度干扰后的苔藓结皮盖度下降，增加了土壤表面粗糙度，促进了水分入渗(Falayi et al.，1975)。据统计，轻度、中度和重度翻耙干扰在 12 次产流降雨中分别有 8 次、12 次和 7 次的水分入渗深度大于无干扰处理，表明翻耙干扰苔藓结皮可促进土壤水分入渗。对比 3 种翻耙强度下水分的入渗深度可知，中度翻耙下水分入渗深度最大，表明中度翻耙最能促进水分入渗。

轻度、中度和重度踩踏干扰在 12 次产流降雨中分别有 9 次、6 次和 3 次的土壤水分入渗深度大于无干扰处理，表明轻度踩踏能够促进生物结皮水分的入渗，而中度、重度踩踏不利于水分往深层下渗。

2) 水分入渗量

表 5.6 为产流降雨下各处理的入渗量，通过计算整个观测期 12 次产流降雨前后土壤剖面的水分含量得到。对比裸地与无干扰苔藓结皮各次降雨水分入渗量可知，整个观测期内无干扰苔藓结皮的入渗量有 5 次高于裸地，7 次低于裸地，表明苔藓结皮并非单一地促进或抑制水分的入渗。可能是降雨时间间隔、降雨特征及蒸发等野外复杂条件导致土壤表层水分含量存在差异，从而影响水分入渗。不同干扰强度下的水分入渗量与无干扰相比有很大差异。就翻耙干扰而言，不同强度翻耙干扰苔藓结皮在 12 次产流降雨中水分入渗量有 9 次高于无干扰。就踩踏干扰而言，轻度踩踏干扰在 12 次产流降雨中水分入渗量有 7 次高于无干扰，中度翻耙水分入渗量有 5 次高于无干扰，而重度翻耙水分入渗量只有 1 次高于无干扰。

表 5.6　产流降雨下各处理的入渗量　(单位：mm)

降雨日期(年/月/日)	裸地	无干扰	翻耙			踩踏		
			轻度	中度	重度	轻度	中度	重度
2014/7/9	4.4	4.8	5.7	6.7	5.2	4.4	3.4	2.7
2014/7/11	1.0	2.2	1.5	2.0	2.7	1.8	1.1	0.5
2014/7/14	2.1	2.8	2.6	2.2	3.9	3.2	2.8	1.6
2014/7/16	2.1	1.6	3.2	2.2	2.0	1.1	2.8	2.4
2014/7/29	10.1	9.2	10.4	12.3	8.2	11.8	8.8	6.4
2014/8/4	3.8	3.5	5.6	6.4	4.1	5.4	3.3	3.1
2014/8/27	11.0	9.6	10.9	13.2	10.3	11.7	9.7	8.9
2014/9/1	4.1	4.3	5.7	7.5	5.4	5.0	4.3	3.5
2014/9/11	6.7	5.7	7.5	8.3	6.5	6.9	6.1	4.8
2014/9/16	3.5	3.3	2.5	4.5	3.0	2.4	3.4	1.2
2014/9/23	0.9	1.0	1.1	1.2	0.6	1.7	2.0	1.0
2014/10/1	3.6	3.5	4.6	6.2	5.1	4.0	3.5	3.3

2. 干扰对地表径流量的影响

表 5.7 为产流降雨下各处理的地表径流量，可以看出，前 3 次降雨强度较小(≤5.4mm/h)，无干扰苔藓结皮的地表径流量小于裸地，随雨季推进，无干扰苔藓结皮地表径流量逐渐高于裸地。不同干扰强度下苔藓结皮的地表径流量与无干扰相比有很大差异。轻度和中度翻耙干扰在 12 次产流降雨中均有 10 次的地表径流量低于无干扰，重度翻耙干扰有 8 次地表径流量低于无干扰。轻度踩踏干扰在试验期内有 11 次地表径流量低于无干扰,而中度踩踏干扰在整个观测期有 5 次地表径流量高于无干扰，重度踩踏干扰地表径流量在试验期内有 10 次高于无干扰。

表 5.7　产流降雨下各处理的地表径流量　(单位：mm)

降雨日期(年/月/日)	裸地	无干扰	翻耙			踩踏		
			轻度	中度	重度	轻度	中度	重度
2014/7/9	0.6	0.2	0.0	0.0	0.2	0.0	0.2	0.3
2014/7/11	0.9	0.3	0.4	0.4	0.2	0.2	0.6	2.1
2014/7/14	1.0	0.2	0.1	0.1	0.1	0.2	0.3	0.9
2014/7/16	3.7	3.6	2.7	3.0	3.3	2.9	3.1	4.3
2014/7/29	5.2	5.3	4.5	4.1	5.1	4.7	5.9	6.9
2014/8/4	4.8	5.1	3.7	3.7	4.5	3.5	4.8	5.6
2014/8/27	8.0	8.9	8.1	6.9	7.9	7.7	8.3	9.1

续表

降雨日期 (年/月/日)	裸地	无干扰	翻耙			踩踏		
			轻度	中度	重度	轻度	中度	重度
2014/9/1	1.5	2.0	1.0	0.7	1.5	0.9	1.2	1.7
2014/9/11	0.2	0.2	0.0	0.0	0.3	0.0	0.2	0.5
2014/9/16	0.1	0.1	0.1	0.1	0.3	0.0	0.2	0.2
2014/9/23	0.4	0.3	0.1	0.1	0.4	0.2	0.4	0.4
2014/10/1	0.6	0.9	0.2	0.1	0.7	0.5	0.5	0.8

由图 5.7(a)可以看出，7 月苔藓结皮径流调控率为负值，说明苔藓结皮能够减少地表径流量，相应地水分入渗量增加，随雨季的推进，径流调控率为正值，即增加地表径流量。苔藓结皮的发育对降雨具有明显的拦截作用，从而导致地表径流量的增加(Wu et al.，2012)。轻度翻耙干扰下径流调控率整体上呈现先增大后减小的趋势。轻度翻耙干扰下的苔藓结皮 7 月和 9 月对径流的调控作用明显，而 8 月径流调控作用相对较小。中度翻耙干扰径流调控率在整个雨季均为负值，即中度翻耙干扰下的生物结皮表现出明显的减流增渗作用。重度翻耙干扰径流调控率在 7～8 月为负值，体现出减流作用，之后的 5 次产流降雨中有 3 次为正值，即增加径流量。原因可能是经过轻度、中度翻耙干扰后，苔藓结皮土壤的地表状况发生改变，水分入渗增多，地表径流量明显降低。而重度翻耙干扰下的苔藓结皮由于翻耙强度大，在整个观测期处于退化阶段，盖度明显降低，黄土裸露，地表径流量高于轻度和中度翻耙干扰。由图 5.7(b)可知，轻度踩踏干扰径流调控率在整个观测期均为负值，且 7 月和 9 月径流调控率大于 8 月，这主要与降雨强度有关，说明轻度踩踏苔藓结皮对径流的调控作用大。中度、重度踩踏干扰的径流调控率

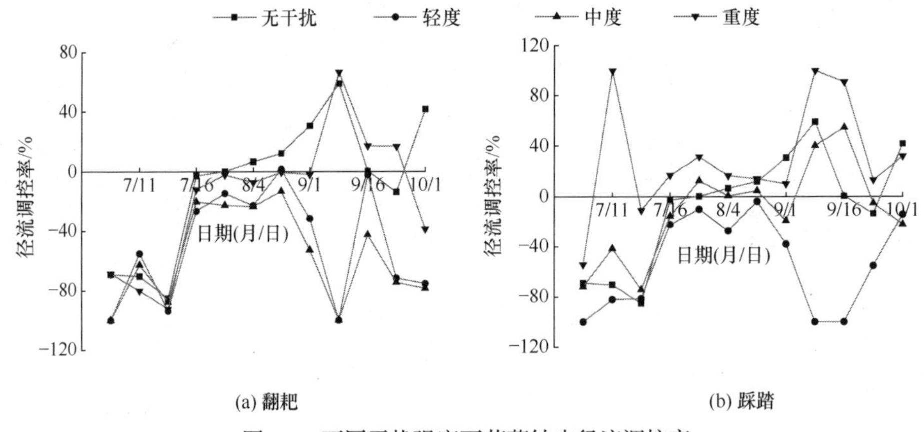

(a) 翻耙　　(b) 踩踏

图 5.7　不同干扰强度下苔藓结皮径流调控率

在前 3 次降雨中径流调控率为负值，表现为降低径流量，但在之后径流调控率普遍为正，对径流的调控转为促进作用。

3. 干扰对产沙量的影响

产沙量与地表径流量密切相关，表 5.8 展示了产流降雨下各处理的产沙量。可以看出，12 次产流降雨中，无干扰苔藓结皮的产沙量均低于裸地，不同干扰强度下苔藓结皮的产沙量与无干扰相比有很大差异。轻度翻耙干扰在 12 次产流降雨中有 5 次产沙量高于无干扰，中度翻耙干扰在 12 次产流降雨中有 9 次产沙量高于无干扰，重度翻耙干扰在整个观测期产沙量普遍高于无干扰。轻度踩踏干扰各次产流降雨产沙量有 7 次低于无干扰，中度、重度踩踏干扰各次产流降雨产沙量普遍高于无干扰。

表 5.8　产流降雨下各处理的产沙量　(单位：g/m^2)

降雨日期(年/月/日)	裸地	无干扰	翻耙			踩踏		
			轻度	中度	重度	轻度	中度	重度
2014/7/9	16.6	5.8	0	0	9.9	0	6.2	5.0
2014/7/11	20.0	7.1	8.8	15.2	18.6	10.2	14.8	15.8
2014/7/14	20.7	1.9	3.6	8.3	10.8	2.9	3.7	8.5
2014/7/16	47.2	23.6	20.5	26.7	38.5	22.5	24.4	35.6
2014/7/29	44.3	21.2	29.8	34.1	46.4	18.1	20.6	27.2
2014/8/4	63.3	21.8	23.7	22.1	64.4	22.5	40.6	30.2
2014/8/27	152.1	85.7	80.3	95.8	140.8	88.2	98.4	104.3
2014/9/1	7.4	1.4	3.6	2.2	6.5	1.0	1.2	4.3
2014/9/11	2.3	1.7	0.0	0.0	1.7	0.0	1.7	1.9
2014/9/16	1.6	0.8	0.8	0.9	1.2	0.0	1.3	1.1
2014/9/23	2.2	0.8	0.4	1.3	1.7	0.8	1.1	1.7
2014/10/1	4.4	1.6	1.4	1.6	2.1	1.0	2.2	2.2

重度翻耙处理泥沙调控率在 2014 年 7 月 29 日和 8 月 4 日分别为 4.8%和 1.7%，意味着重度翻耙增加了产沙量[图 5.8(a)]。无干扰处理、轻度翻耙干扰、中度翻耙干扰泥沙调控率全为负值，且差别不大，表明轻度翻耙、中度翻耙后的苔藓结皮对泥沙的调控作用依然非常明显。原因可能是苔藓结皮中菌丝体和微生物分泌物具有黏结和固定土壤的作用(李聪会等，2013)，使其能够有效地抵御降雨过程中雨滴的击打和冲刷，减少土壤表层沉积的损失(秦宁强，2012)。由于轻度、中度翻耙下的苔藓结皮盖度较大，能有效抵御降雨冲刷，径流中泥沙含量并未显著增加。重度翻耙使苔藓结皮快速退化，盖度减小，抗蚀效果不明显，加上表层土壤

疏松，造成产沙量大于轻度、中度翻耙干扰，具有加剧土壤侵蚀的潜在危害。如图 5.8(b)所示，各种踩踏强度苔藓结皮的泥沙调控率在整个观测期均为负值，表明相比裸地，苔藓结皮无论是否被踩踏，均能够减少产沙量。整体上，对泥沙调控作用最大的是轻度踩踏干扰，最小的是重度踩踏干扰，这可能与苔藓结皮盖度有关，轻度踩踏苔藓结皮盖度显著高于重度踩踏处理($P<0.05$)，因此对泥沙的调控作用更大。

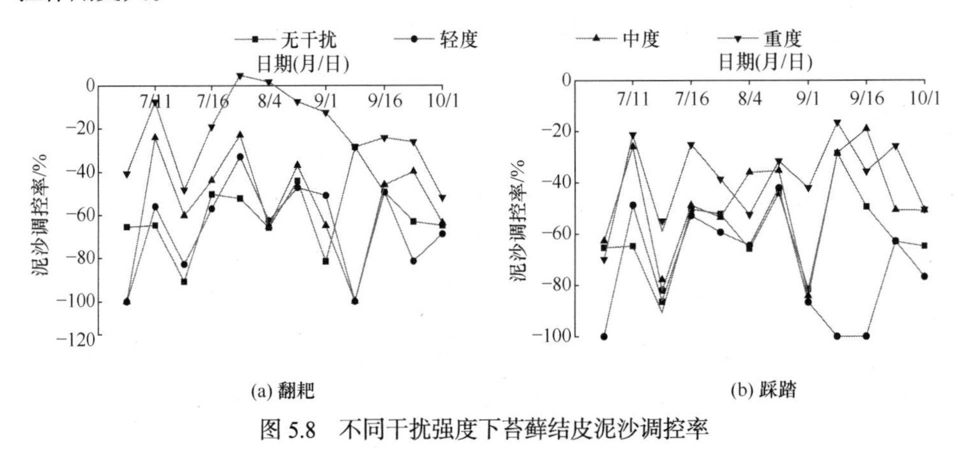

图 5.8　不同干扰强度下苔藓结皮泥沙调控率

5.3.2　不同降雨类型下生物结皮土壤水文-水蚀的干扰响应差异

1. 径流、入渗和产沙的干扰响应差异

不同类型降雨事件下各处理的产沙总量、径流总量和入渗总量如表 5.9 所示。在第一类降雨事件下，中度翻耙、轻度翻耙和轻度踩踏的径流总量显著低于其他处理($P<0.05$)；中度踩踏、重度翻耙和无干扰的径流总量显著小于重度踩踏和裸地($P<0.05$)。轻度踩踏、轻度翻耙和无干扰的产沙总量极低，显著低于其他处理($P<0.05$)；中度翻耙、中度踩踏和重度踩踏的产沙总量均为中等，显著低于重度翻耙和裸地的产沙总量($P<0.05$)。中度翻耙和重度翻耙的入渗总量显著大于其他处理的入渗总量($P<0.05$)；重度踩踏处理的入渗总量显著小于其他处理的入渗总量($P<0.05$)；其余处理间的入渗总量差异不明显。

表 5.9　不同类型降雨下各处理的径流总量、产沙总量和入渗总量

类型	处理	径流总量/mm	处理	产沙总量/(g/m²)	处理	入渗总量/mm
第一类降雨事件	中度翻耙	1.05±0.19a	轻度踩踏	11.33±0.79a	中度翻耙	21.83±0.16c
	轻度翻耙	1.35±0.27a	轻度翻耙	13.63±0.61a	重度翻耙	18.98±1.55c
	轻度踩踏	1.37±0.05a	无干扰	13.95±0.33a	轻度翻耙	16.95±0.82b
	中度踩踏	2.13±0.35b	中度翻耙	21.43±1.14b	无干扰	15.65±0.78b

续表

类型	处理	径流总量/mm	处理	产沙总量/(g/m²)	处理	入渗总量/mm
第一类降雨事件	重度翻耙	2.33±0.14b	中度踩踏	22.10±5.19b	轻度踩踏	15.56±1.38b
	无干扰	2.80±0.37b	重度踩踏	27.66±6.10b	裸地	14.03±1.71b
	裸地	3.53±0.00c	重度翻耙	36.70±1.76c	中度踩踏	13.85±0.41b
	重度踩踏	4.43±0.01d	裸地	53.28±2.30d	重度踩踏	9.62±0.82a
第二类降雨事件	轻度踩踏	8.17±0.73a	轻度踩踏	48.04±2.42a	中度翻耙	22.80±0.33c
	中度翻耙	8.18±0.08a	无干扰	51.95±1.11a	轻度翻耙	20.85±1.14c
	轻度翻耙	8.25±0.08a	轻度翻耙	55.93±1.27a	轻度踩踏	20.20±0.72b
	重度翻耙	10.2±0.33a	中度翻耙	63.58±1.48a	重度翻耙	19.05±0.49b
	裸地	10.73±0.57a	中度踩踏	66.34±3.98a	裸地	17.73±1.35b
	中度踩踏	10.81±0.38b	重度踩踏	72.15±20.61a	中度踩踏	17.25±1.47b
	无干扰	10.88±0.41b	重度翻耙	114.58±2.12b	无干扰	15.78±0.61a
	重度踩踏	13.55±1.92c	裸地	119.63±1.15b	重度踩踏	13.28±0.33a
第三类降雨事件	中度翻耙	5.18±0.33a	轻度翻耙	60.23±0.82a	中度翻耙	9.88±0.29b
	轻度踩踏	5.75±0.24a	无干扰	64.28±0.82a	重度翻耙	9.23±0.24b
	重度翻耙	5.93±0.33a	轻度踩踏	66.15±1.71a	轻度踩踏	8.80±0.82b
	裸地	6.00±0.16a	中度翻耙	71.85±0.82a	裸地	8.23±0.21a
	轻度翻耙	6.00±0.08a	中度踩踏	73.73±2.41b	轻度翻耙	8.18±0.82a
	中度踩踏	6.26±0.24b	重度踩踏	78.30±4.86b	无干扰	8.05±0.82a
	无干扰	6.68±0.16b	重度翻耙	105.65±3.10c	中度踩踏	7.25±0.16a
	重度踩踏	6.80±0.45b	裸地	114.08±8.08c	重度踩踏	6.73±0.82a

注：同一列上不同的小写字母表示线性混合效应模型预测的处理均值差异显著(P<0.05)。第一类降雨事件表示降雨量为 72.4mm，降雨强度为 1.81mm/h，降雨持续时间为 39.95h，包含 6 次降雨事件；第二类降雨事件表示降雨量为 93.6mm，降雨强度为 13.08mm/h，降雨持续时间为 7.15h，包含 5 次降雨事件；第三类降雨事件表示降雨量为 49.4mm，降雨强度为 10.50mm/h，降雨持续时间为 4.70h，包含 1 次降雨事件。

在第二类降雨事件下，重度踩踏的径流总量显著高于其他处理(P<0.05)；中度踩踏和无干扰的径流总量处于中等水平，其余处理的径流总量均显著低于上述三种处理(P<0.05)。除重度翻耙和裸地外，其他处理的产沙总量均显著降低(P<0.05)。中度翻耙和轻度翻耙的入渗总量显著大于其他处理(P<0.05)；无干扰生物结皮和重度踩踏的入渗总量显著小于其他处理(P<0.05)。

在第三类降雨事件下，重度踩踏、无干扰和中度踩踏的径流总量显著大于其他处理(P<0.05)。重度翻耙和裸地的产沙总量显著大于其他处理(P<0.05)；重度

踩踏和中度踩踏的产沙总量处于中等水平。中度翻耙、重度翻耙和轻度踩踏的入渗总量显著大于其他处理($P<0.05$)。

总之，在第二类和第三类降雨事件下，无干扰苔藓结皮的径流总量明显大于裸地，而入渗总量小于裸地。轻度踩踏和轻度翻耙的入渗总量较大，径流总量较小，但产沙总量与无干扰相近。在三类降雨事件下，无干扰苔藓结皮的产沙总量较小，重度踩踏的入渗总量始终是最小的，而重度翻耙的产沙总量通常是不同干扰处理下最大的。中度踩踏的径流总量、产沙总量和入渗总量均处于中等水平。中度翻耙的径流总量最小、入渗总量最大，但其产沙总量往往与无干扰的产沙总量没有显著差异。降雨类型不同，各处理的径流总量、入渗总量和产沙总量也不同。上述处理的显著性是通过将预测均值与线性混合效应模型中每个处理的 95%置信区间进行比较得到的。

干扰强度和形式对径流总量、产沙总量和入渗总量的影响如表 5.10 所示。在第一类和第二类降雨事件下，干扰强度和形式对径流总量和产沙总量的影响显著，干扰强度对入渗总量的影响不显著。在第三类降雨事件下，干扰强度仅对产沙总量有显著影响；干扰形式对径流量、产沙量和入渗量影响较大，干扰形式和强度的影响一般随降雨类型的不同而变化。

表 5.10 干扰强度和形式对径流总量、入渗总量和产沙总量影响的显著性水平(P 值)

自变量		因变量		
		径流总量	入渗总量	产沙总量
第一类降雨事件	形式	<0.0001	<0.0001	<0.0001
	强度	<0.0001	0.16	<0.0001
第二类降雨事件	形式	<0.0001	<0.0001	<0.0001
	强度	<0.0001	0.0003	<0.0001
第三类降雨事件	形式	<0.0001	<0.0001	<0.0001
	强度	0.07	0.37	<0.0001

以往在黄土高原上进行的生物结皮研究主要集中在不同踩踏强度的影响，大部分研究是在人工模拟降雨条件下进行的(Shi et al.，2017)。已有研究表明，干扰会改变地表粗糙度，降低生物结皮完整性，增加生物结皮下伏土壤容重，并改变生物结皮对径流、产沙和入渗的影响(Weber et al.，2016)。尽管已有部分研究成果，但关于不同形式和强度的干扰对生物结皮的影响的信息仍是有限的。在本小节研究结果中，发现干扰强度对土壤产沙的影响是显著的。随着干扰强度的增加，产沙量也随之增加。试验设计时，用干扰面积与总面积的比值来表示干扰强度。当

干扰强度较低时，干扰面积较小，对生物结皮的损害较小。生物结皮的覆盖面积已被证明是影响坡面产沙量的一个重要因素(Gao et al.，2020)。因此，干扰强度与产沙量的关系更大。此研究结果与 Shi 等(2017)的人工降雨模拟试验研究结果一致。但由于人工模拟降雨强度为 90mm/h，当干扰面积超过 50%时，生物结皮的减沙效应不会发挥作用。在 13.08mm/h 降雨强度下，即使在干扰面积达到 90%的样地上，生物结皮仍在一定程度上降低了产沙量。仅干扰对土壤结构的影响相对较小，原有结皮结构明显未受严重破坏，生物结皮原有的有益功能得以维持。总的来说，随着干扰强度和生物结皮破坏面积增加，生物结皮的盖度逐渐减少，生物结皮对土壤颗粒的固定作用减弱，从而增加产沙量。

干扰强度主要表征受到干扰的面积，干扰形式(踩踏和翻耙)主要影响生物结皮及其下伏土壤的破坏形式和完整性。踩踏作用可以压实生物结皮和下层土壤，改变生物结皮的物理结构(Shi et al., 2017; Weber et al., 2016; Herrick et al., 2010)。自然降雨条件下，不同干扰形式对黄土高原的影响研究得较少(Bu et al.，2015)。本小节研究结果发现，干扰形式对径流总量、产沙总量和入渗总量有显著影响，且对入渗总量和径流总量的影响比对产沙总量的影响更显著。与踩踏干扰相比，翻耙干扰对水分入渗的影响较大，对径流总量的影响较小。这些差异在中度和重度干扰强度下尤为明显。如前人研究所述，踩踏使生物结皮发生移动，切断生物结皮与下层土壤的联系，压实下层土壤，孔隙度降低，最终导致入渗减少，径流增加(Chamizo et al.，2012b)。翻耙增加了生物结皮表面粗糙度，降低了径流流速，为增加水分入渗创造了条件，并有效地减少了径流。这两种不同类型干扰的影响在本小节试验结果中得到了详细的描述。Belnap 等(2003)研究发现，受到中度和重度干扰的生物结皮很难在短时间内恢复到原始状态,这些影响会持续很长时间。物理结构的变化通过影响微生物多样性的变化来影响土壤的形成过程，并降低表土的水分有效性(Canton et al.，2014)。这些物理结构变化也被证明会影响降雨的再分配和产沙过程，因为这些变化会影响维管植物的生长，并最终影响整个生态系统的结构和功能。

2. 减流、减沙、增渗效果的干扰响应差异

为了比较不同处理减流、减沙、增渗的效果，需以裸地作为对照，计算不同处理的减流率、减沙率和增渗率。不同类型降雨下各处理减流率、减沙率、增渗率如表 5.11 所示。在第一类降雨事件下，无干扰苔藓结皮有效减少径流量和产沙量，增加入渗量。在第二类降雨事件下，无干扰苔藓结皮减少入渗量，增加径流量；虽然无干扰苔藓结皮的减沙率从 73.82%降低到 56.57%，但与裸地相比，无干扰的产沙量仍有所降低。在第三类降雨事件下，无干扰苔藓结皮的产沙量降低，减沙率降低到 43.66%。在所有降雨事件下，重度踩踏增加径流量，降低入渗量。

与重度翻耙相比，重度踩踏具有更高的减沙率，能够进一步减少产沙量。重度踩踏减沙率随第一类、第二类、第三类降雨事件顺序降低。在第一类降雨事件下，重度翻耙增加入渗量，减少径流量和产沙量，而在第二类和第三类事件下，重度翻耙效果不显著。与重度翻耙和重度踩踏相比，轻度干扰的减流率、减沙率和增渗率较高，但其处理效果也随第一类、第二类、第三类降雨事件的顺序降低。重度踩踏与中度踩踏效果相似，但中度踩踏具有较高的减流率、减沙率和增渗率。在所有降雨事件下，中度翻耙的减流率和增渗率在所有处理中最高，减沙率在三类降雨事件下均低于无干扰，但差异均不显著。在第二类和第三类降雨事件下，中度翻耙和无干扰之间的差异不明显。与裸地相比，各处理均减少了产沙量，不同降雨类型下的减沙效果有所不同。基于以上结果，中度翻耙可能在改善不同降雨类型下生物结皮入渗、降低产流产沙方面发挥了重要作用，可以作为一种适合于改善生物结皮水文-水蚀状况的生态管理方法。

表 5.11 不同类型降雨下各处理减流率、减沙率、增渗率

类型	处理	减流率/%	处理	减沙率/%	处理	增渗率/%
第一类降雨事件	中度翻耙	70.21±3.98	轻度踩踏	78.73±0.44	中度翻耙	55.61±15.37
	轻度翻耙	61.70±5.70	轻度翻耙	74.43±0.13	重度翻耙	35.29±4.17
	轻度踩踏	61.06±1.04	无干扰	73.82±0.39	轻度翻耙	20.86±6.82
	中度踩踏	39.57±7.47	中度翻耙	59.78±0.32	无干扰	11.59±6.16
	重度翻耙	34.04±3.01	中度踩踏	58.52±5.96	轻度踩踏	10.96±2.86
	无干扰	20.57±7.83	重度踩踏	48.09±6.92	裸地	0.00±0.00
	裸地	0.00±0.00	重度翻耙	31.11±0.48	中度踩踏	−1.23±6.98
	重度踩踏	−25.74±0.17	裸地	0.00±0.00	重度踩踏	−31.44±1.95
第二类降雨事件	轻度踩踏	23.80±2.48	轻度踩踏	59.84±1.80	中度翻耙	28.63±5.97
	中度翻耙	23.78±3.63	无干扰	56.57±0.38	轻度翻耙	17.63±1.87
	轻度翻耙	23.08±2.51	轻度翻耙	53.25±0.46	轻度踩踏	13.94±9.59
	重度翻耙	4.90±1.52	中度翻耙	46.85±0.55	重度翻耙	7.48±4.07
	裸地	0.00±0.00	中度踩踏	44.54±2.10	裸地	0.00±0.00
	中度踩踏	−0.77±6.67	重度踩踏	39.69±12.49	中度踩踏	−2.68±0.69
	无干扰	−1.40±1.20	重度翻耙	4.22±0.65	无干扰	−11.00±2.50
	重度踩踏	−26.32±8.42	裸地	0.00±0.00	重度踩踏	−25.11±2.90

续表

类型	处理	减流率/%	处理	减沙率/%	处理	增渗率/%
第三类降雨事件	中度翻耙	13.75±5.85	轻度翻耙	47.21±3.09	中度翻耙	20.06±0.37
	轻度踩踏	4.13±5.02	无干扰	43.66±2.47	重度翻耙	12.16±4.34
	重度翻耙	1.25±6.10	轻度踩踏	42.01±1.96	轻度踩踏	6.96±9.47
	裸地	0.00±0.00	中度翻耙	37.02±3.90	裸地	0.00±0.00
	轻度翻耙	0.00±1.75	中度踩踏	35.37±5.04	轻度翻耙	−0.61±5.61
	中度踩踏	−4.25±5.19	重度踩踏	31.36±0.46	无干扰	−2.13±5.71
	无干扰	−11.25±4.32	重度翻耙	7.39±2.90	中度踩踏	−11.82±0.25
	重度踩踏	−13.29±3.32	裸地	0.00±0.00	重度踩踏	−18.21±5.93

5.3.3 总降雨事件下生物结皮土壤水文-水蚀的干扰响应

1. 干扰对入渗总量的影响

就翻耙干扰而言，与裸地相比，无干扰处理入渗总量减少 1.5%，说明总体上生物结皮阻碍了水分入渗[图 5.9(a)]，这与张侃侃等(2011)的研究结果一致。原因可能与降雨强度、生物结皮本身致密结构、土壤含水量状况及复杂多变的野外条件有关。轻度翻耙处理下水分入渗总量相比裸地增加 15.0%，中度翻耙处理下入渗总量显著高于裸地($P<0.05$)，增幅达到 36.6%，重度翻耙处理下入渗总量相比裸地增加 14.4%。由此可知，不同强度的翻耙干扰苔藓结皮对降雨入渗具有明显促进作用。造成这一现象的原因一方面是翻耙直接作用于苔藓结皮层土壤，使表层土壤疏松，通气透水性增强，利于水分向下渗透；另一方面，翻耙干扰能够破坏苔藓结皮致密的结构，减少其对水分利用的负面影响，从而促进土壤水分的吸

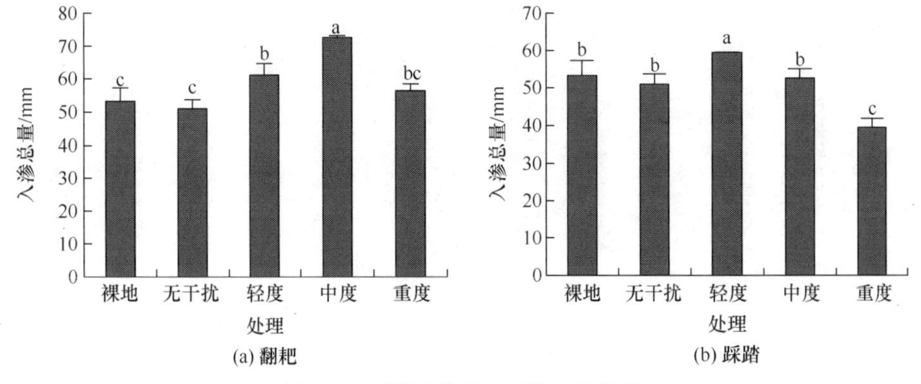

(a) 翻耙　(b) 踩踏

图 5.9　不同干扰处理下的入渗总量

不同字母表示处理之间差异显著($P<0.05$)

收。翻耙强度是造成入渗总量差异的主要原因，随翻耙强度增加，水分入渗总量表现为先增加后降低的趋势。一般而言，翻耙强度越大，表土的孔隙度也越大，通气透水性越强，但高强度的翻耙干扰严重破坏苔藓结皮生长。据调查，重度翻耙干扰后苔藓结皮盖度逐渐降低，物理结皮盖度逐渐增加。这主要是因为翻耙后疏松的表土在降雨强度较大的雨滴打击下大团聚体破碎，土壤颗粒重新排列形成物理结皮。相关研究表明，物理结皮层表面相对光滑，强度大，导水性和稳定性较差，减少土壤水分入渗，增加径流(高燕等，2014；卜崇峰等，2009)。

就踩踏干扰而言，无干扰与裸地相比，水分入渗总量减少 1.2%，即可推断出发育较成熟稳定的生物结皮在自然条件或长期禁牧条件下能够阻碍水分入渗[图 5.9(b)]。有研究表明围栏禁牧 15 年的生物结皮可降低水分入渗速率和下渗深度(熊好琴等，2011)，这可能与生物结皮本身致密结构和吸水特性有关。轻度踩踏水分入渗总量显著高于裸地($P<0.05$)，增渗 12.0%，意味着轻度踩踏生物结皮总体上有利于促进水分入渗，主要是由于踩踏强度小，被压实的土壤面积小，踩踏导致周围结皮层破碎后利于雨水下渗，最终表现为促进水分入渗。中度踩踏水分入渗总量稍低于裸地，减渗 3.6%，但两者差异不显著，说明此踩踏强度下的苔藓结皮对水分入渗贡献作用不大。整个观测期重度踩踏水分入渗总量显著低于裸地($P<0.05$)，减渗 25.5%。分析原因，一方面，重度踩踏直接压实表层土壤，使土壤孔隙度和导水性能下降，通气透水性变差，降雨多集中在土壤表层，不能够向下渗透；另一方面，高强度地踩踏生物结皮，影响了具有一定高度的苔藓植株生长，降雨在地表的停留时间降低，导致水分入渗量减少。

2. 干扰对径流总量的影响

图 5.10 展示了不同干扰处理下的径流总量。通过计算径流总量可知，无干扰

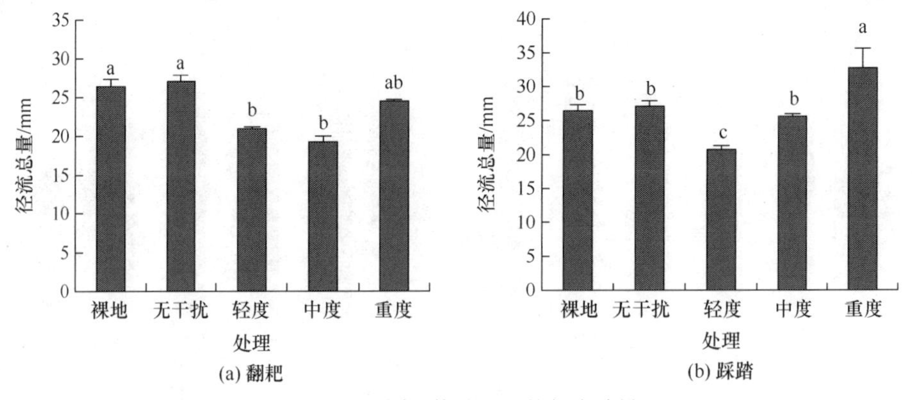

(a) 翻耙 (b) 踩踏

图 5.10 不同干扰处理下的径流总量

不同字母表示处理之间差异显著($P<0.05$)

处理下的径流总量是裸地的 1.04 倍，说明苔藓结皮总体上阻碍入渗，增加径流。因此，可推测出生物结皮在野外长期自然条件下增加径流，进一步会造成水分的无效损失和植物缺水；结合试验期间降雨情况，推测影响生物结皮地表径流量的主要原因可能是降雨强度和降雨量。7 月初，当降雨强度或降雨量较小时，生物结皮延长了雨水在地表的停留时间，使得降雨充分入渗，因此径流减少；降雨强度较大时，降雨来不及入渗，入渗产流时间提前，导致径流增加(张玉斌等，2007)。

轻度翻耙干扰下 12 次产流降雨的径流总量比无干扰降低 22.9%，中度翻耙干扰下径流总量相比无干扰降低 29.6%[图 5.10(a)]。轻度、中度翻耙干扰下径流总量与无干扰差异显著($P<0.05$)，这意味着轻度、中度翻耙能够显著减少地表径流总量；重度翻耙干扰的地表径流总量相比无干扰减少 9.1%，两者差异不显著。因此，不同强度翻耙能够减少地表径流，尤其是中度翻耙下减流效益最大。

轻度踩踏干扰下，12 次产流降雨的径流总量较无干扰减少 23.5%，表明轻度踩踏可明显减少地表径流，促进水分入渗[图 5.10(b)]。中度踩踏干扰在试验期间产生的径流总量较无干扰降低 5.6%，二者间差异不显著。重度踩踏干扰下的径流总量是无干扰的 1.21 倍，即径流总量增加 20.8%。分析踩踏干扰间地表径流总量差异显著的原因，主要是踩踏强度导致的土壤物理结构和苔藓结皮本身生长状况的改变。轻度踩踏对苔藓结皮及表土破坏程度小，可起到打破原先苔藓结皮致密结构和增加土壤通气透水性的作用，从而减少地表径流。相反，重度踩踏使苔藓结皮盖度降低，黄土裸露形成光滑的物理结皮，并且踩踏后土壤容重变大，渗透性降低，促进地表径流的产生。

3. 干扰对产沙总量的影响

图 5.11 展示了试验期间不同干扰处理下的产沙总量。与裸地相比，无干扰处

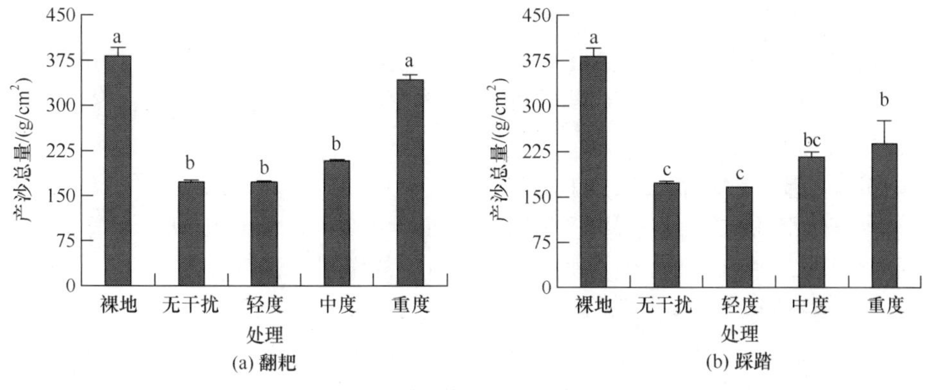

图 5.11　不同干扰处理下的产沙总量

不同字母表示处理之间差异显著($P<0.05$)

理下 12 次产流降雨的产沙总量显著降低 54.7%[图 5.11(a)]。在 12 次产流降雨中，轻度翻耙干扰的产沙总量与无干扰基本一致，表明轻度翻耙干扰不会造成产沙总量的增加；中度翻耙干扰的产沙总量高出无干扰 20.8%，但二者差异不显著；重度翻耙干扰的产沙总量显著高于无干扰($P<0.05$)，高出 98.4%，说明重度翻耙苔藓结皮虽然促进土壤水分入渗，但也造成产沙总量明显增加，加剧了土壤侵蚀。

在 12 次产流降雨中，轻度踩踏干扰的产沙总量比无干扰减少 3.1%，但二者差异不显著，表明轻度踩踏不增加土壤产沙总量[图 5.11(b)]。中度、重度踩踏干扰的产沙总量相比无干扰分别增加了 25.2%和 37.7%。产沙总量增加的原因是中度以上踩踏强度使得苔藓结皮盖度降低，表层土壤缺少苔藓结皮的保护，容易在降雨的冲刷下随径流流失。但不可否认，中度、重度踩踏干扰的产沙总量显著低于裸地($P<0.05$)，原因主要是踩踏干扰下，苔藓结皮仍可发挥减少土壤表层沉积损失的作用。

5.4 生物结皮干扰响应的生态意义

适度的干扰可以打破生物结皮的垄断地位，为维管植物的生长提供空间，并且可以减缓生物结皮与维管植物在水肥上的竞争，有利于其他植物的生长和生态环境的平衡。许多研究表明，适度干扰能促进维管植物种子萌发，增加植物生物量(王蕊，2011；Prasse et al.，2000)。而各种高强度的干扰都会对完整的生物结皮产生破坏，降低生物结皮的生物多样性、土壤稳定性及土壤养分含量等，影响生物体的生理指标，进而影响到生物结皮在生态系统中的功能。也有一些研究分析得出，干扰强度不同，产生的破坏程度也不同，有的甚至对生物结皮的生长和植被恢复产生正面效应(Wu et al.，2006)。这是由于生物结皮阻碍了水分入渗，而适当强度的干扰改变了土壤含水量和养分的垂直分布。轻度干扰生物结皮能增加降雨的渗透，在一定程度上促进了一年生植物的生长，所以在人工固沙植被区管理中可允许适度的干扰。重度干扰严重影响一年生植物的定居和生长，对植被的破坏作用较大，应绝对禁止。

生物结皮的储水作用拦截了雨季早期的大量降雨，减少了地表径流量，并延长了水分的滞留时间(Li et al.，2010；Belnap，2006；Belnap et al.，2003)。在黄土高原地区，生物结皮在土壤水文过程中所起的作用是复杂的，并不是简单地增加入渗量、减少径流量，或者减少入渗量、增加径流量，或者是没有影响等。这种作用可能受到降雨中各种因素的影响，如降雨强度、降雨量等，也与生物结皮和其下的土壤物理性质有关，如土壤质地、土壤含水量、容重、地表粗糙度等，这些影响因素具有复杂性。因此，研究人员认为生物结皮一般不具有增加土壤水分入渗量和减少径流量的功能，与裸地相比无明显的区别。在其他因素的影响下，生物结皮甚至可能产生比裸地更多的径流量，可能影响半干旱或干旱地区生态系统的演替(Wang et al.，2017)。以往的研究大多认为生物结皮具有减少土壤流失的作用(Canton et al.，2014；Zhao et al.，2013；Johnson et al.，2012)，从减沙效果来看，在整个雨季，生物结皮保持了较高的减沙率，因为生物结皮具有过滤径流中泥沙的功能。苔藓结皮紧密排列的丝状体可以增加表面粗糙度，降低径流速度，截留泥沙，从而在强降雨情况下保持较高的减沙率。

值得注意的是，生物结皮对土壤侵蚀的影响还受到许多其他因素的调控，包括生物结皮的类型、降雨模式、蒸发过程和土壤属性(如土壤质地、孔隙度、颗粒性质、有机质含量)(Chamizo et al.，2012b；Barger et al.，2006；Belnap，2006；Belnap et al.，2005)。

根据观察到的降雨事件中土壤的侵蚀情况可知，尽管可能受到许多因素的影响，但与某次降雨事件或总降雨事件中的裸地相比，生物结皮仍然可以显著减少土壤流失(Rodriguez-Caballero et al.，2013)。这反过来又保护了土壤中的养分，这也是生物结皮在维持生态系统稳定中发挥的重要作用(Wang et al.，2016；Canton et al.，2014)。

然而，针对干扰强度的研究仍然很少报道，因此有必要进行深入的研究。干扰必须与保护相结合才能获得最大的效益，在黄土高原休耕区，不仅要注意保护生物结皮不受过度强烈干扰，还应要在科学的指导下选择合理的干扰措施。

参考文献

包维楷, 冷俐, 2005. 苔藓植物光合色素含量测定方法——以暖地大叶藓为例[J]. 应用与环境生物学报, 11(2): 235-237.

卜崇峰, 蔡强国, 张兴昌, 等, 2009. 黄土结皮的发育机理与侵蚀效应研究[J]. 土壤学报, 46(1): 16-23.

陈家琦, 王浩, 杨小柳, 2002. 水资源学[M]. 北京: 科学出版社.

陈利顶, 傅伯杰, 2000. 干扰的类型、特征及其生态学意义[J]. 生态学报, 20(4): 581-586.

冯伟, 叶菁, 2016. 踩踏干扰下生物结皮的水分入渗与水土保持效应[J]. 水土保持研究, 23(1): 34-37, 43.

高佩玲, 雷廷武, 赵军, 等, 2004. 坡面侵蚀中径流含沙量测量方法研究与展望[J]. 泥沙研究, 29(5): 28-33.

高燕, 郑粉莉, 王彬, 等, 2014. 土壤结皮对黑土区坡面产流产沙的影响[J]. 水土保持研究, 21(4):17-20.

李聪会, 朱首军, 陈云明, 等, 2013. 黄土丘陵区生物结皮对土壤抗蚀性的影响[J]. 水土保持研究, 20(3): 6-10.

林树基, 周启永, 陈佩英, 1994. 贵州的上新生界[M]. 贵阳: 贵州科学技术出版社.

刘志民, 赵晓英, 刘新民, 2002. 干扰与植被的关系[J]. 草业学报, 11(4): 1-9.

卢晓杰, 张克斌, 李瑞, 2007. 我国北方农牧交错带气候对植被的影响——以宁夏盐池为例[J]. 水土保持研究, 14(6): 193-197.

吕建亮, 廖超英, 孙长忠, 等, 2010. 黄土地表藻类结皮分布影响因素研究[J]. 西北林学院学报, 25(1): 11-14.

吕贻忠, 杨佩国, 2004. 荒漠结皮对土壤水分状况的影响[J]. 干旱区资源与环境, 18(2): 76-79.

孟杰, 2011. 黄土高原水蚀交错区生物结皮的时空发育特征研究[D]. 杨凌: 西北农林科技大学.

秦宁强, 2012. 黄土丘陵区生物土壤结皮对降雨侵蚀力的响应及影响[D]. 杨凌: 西北农林科技大学.

戎郁萍, 韩建国, 王培, 等, 2001. 放牧强度对草地土壤理化性质的影响[J]. 中国草地, 23(4): 42-48.

唐川, 2004. 金沙江流域(云南境内)山地灾害危险性评价[J]. 山地学报, 22(4): 451-460.

王蕊, 2011. 陕北黄土区生物土壤结皮形成发育的影响因子研究[D]. 北京: 北京林业大学.

王蕊, 朱清科, 赵磊磊,等, 2011. 黄土高原土壤生物结皮对植物种子出苗和生长的影响[J]. 干旱区研究, 28(5): 800-807.

王新平, 康尔泗, 李新荣, 等, 2003. 荒漠地区土壤初始状况对水平入渗的影响[J]. 地球科学进展, 18(4): 592-596.

吴玉环, 高谦, 程国栋, 等, 2002. 苔藓植物对全球变化的响应及其生物指示意义[J]. 应用生态学报, 13(7): 895-900.

熊好琴, 段金跃,王妍, 等, 2011.毛乌素沙地生物结皮对水分入渗和再分配的影响[J]. 水土保持研究, 18(4): 82-87.

杨新民, 2001. 黄土高原灌木林地水分环境特性研究[J]. 干旱区研究, 18(1): 8-13.

杨秀莲, 张克斌, 曹永翔, 2010. 封育草地土壤生物结皮对水分入渗与植物多样性的影响[J]. 生态环境学报, 19(4): 853-856.

叶菁, 2015. 翻耙、踩踏对苔藓结皮的生长及土壤水分、水蚀的影响[D]. 杨凌: 中国科学院教育部水土保持与生态环境研究中心.

叶菁, 卜崇峰, 杨永胜, 等, 2015. 翻耙干扰下生物结皮对水分入渗及土壤侵蚀的影响[J]. 水土保持学报, 29(3): 22-26.

张侃侃, 卜崇峰, 高国雄, 2011. 黄土高原生物结皮对土壤水分入渗的影响[J]. 干旱区研究, 28(5): 808-812.

张玉斌, 郑粉莉, 2007. 近地表土壤水分条件对坡面土壤侵蚀过程的影响[J]. 中国水土保持科学, 5(2): 5-10.

张蕴薇, 韩建国, 李志强, 2002. 放牧强度对土壤物理性质的影响[J]. 草地学报, 10(1): 74-78.

BARGER N N, HERRICK J E, VAN ZEE J, et al., 2006. Impacts of biological soil crust disturbance and composition on C and N loss from water erosion[J]. Biogeochemistry, 77(2): 247-263.

BECKETT R, 1997. Pressure-volume analysis of a range of poikilohydric plants implies the existence of negative turgor in vegetative cells[J]. Annals of Botany, 79(2): 145-152.

BELNAP J, 1993. Recovery rates of cryptobiotic crusts: inoculant use and assessment methods[J]. Western North American Naturalist, 53(1): 89-95.

BELNAP J, 2006. The potential roles of biological soil crusts in dryland hydrologic cycles[J]. Hydrological Process, 20(15): 3159-3178.

BELNAP J, LANGE O L, 2003. Biological Soil Crusts: Structure, Function, and Management[M]. Berlin: Springer-Verlag.

BELNAP J, WELTER J R, GRIMM N B, et al., 2005. Linkages between microbial and hydrologic processes in arid and semiarid watersheds[J]. Ecology, 86(2): 298-307.

BU C F, WU S F, HAN F P, et al., 2015. The combined effects of moss-dominated biocrusts and vegetation on erosion and soil moisture and implications for disturbance on the Loess Plateau, China[J]. PLoS One, 10(5): e0127394.

CANTON Y, ROMAN J R, CHAMIZO S, et al., 2014. Dynamics of organic carbon losses by water erosion after biocrust removal[J]. Journal of Hydrology and Hydromechanics. 62(4), 258-268.

CHAMIZO S, CANTÓN Y, LAZARO R, et al., 2012a. Crust composition and disturbance drive infiltration through biological soil crusts in semiarid ecosystems [J]. Ecosystems, 15(1): 148-161.

CHAMIZO S, CANTÓN Y, RODRÍGUEZ-CABALLERO E, et al., 2012b. Runoff at contrasting scales in a semiarid ecosystem: a complex balance between biological soil crust features and rainfall characteristics[J]. Journal of

Hydrology, 452-453: 130-138.

DOBROWOLSKI J P, 1994. In situ estimation of effective hydraulic conductivity to improve erosion modeling for rangeland conditions[J]. Variability in Rangeland Water Erosion Processes, (38): 83-91.

DOJANI S, BÜDEL B, DEUTSCHEWITZ K, et al., 2011. Rapid succession of biological soil crusts after experimental disturbance in the Succulent Karoo, South Africa[J]. Applied Soil Ecology, 48(3): 263-269.

FALAYI O, BOUMA J, 1975. Relationships between the hydraulic conductance of surface crusts and soil management in a typic hapludalf[J]. Soil Science Society of America Journal, 39(5): 957-963.

GAO L Q, BOWKER M A, SUN H, et al., 2020. Linkages between biocrust development and water erosion and implications for erosion model implementation[J]. Geoderma, 357: 113973.

GARCIA-PICHEL F, BELNAP J, 1996. Microenvironments and microscale productivity of cyanobacterial desert crusts[J]. Journal of Phycology, 32(5): 774-782.

HERRICK J E, ZEE J V V, BELNAP J, et al., 2010. Fine gravel controls hydrologic and erodibility responses to trampling disturbance for coarse-textured soils with weak cyanobacterial crusts[J]. Catena, 83(2-3): 119-126.

JOHNSON S L, KUSKE C R, CARNEY T D, et al., 2012. Increased temperature and altered summer precipitation have differential effects on biological soil crusts in a dryland ecosystem[J]. Global Change Biology, 18(8): 2583-2593.

LI X R ,HE M Z, ZERBE S, et al., 2010. Micro-geomorphology determines community structure of biological soil crusts at small scales[J]. Earth Surface Process and Landform, 35(8): 932-940.

LI X R, JIA X H, LONG L Q, et al., 2005. Effects of biological soil crusts on seed bank, germination and establishment of two annual plant species in the Tengger Desert[J]. Plant and Soil, 277(1-2): 375-385.

LIU H J, HAN X G, LI L H, et al., 2009. Grazing density effects on cover, species composition, and nitrogen fixation of biological soil crust in an inner Mongolia steppe[J]. Rangeland Ecology Manage, 62(4): 321-327.

O'BRYAN K E, PROBER S M, LUNT I, et al., 2009. Frequent fire promotes diversity and cover of biological soil crusts in a derived temperate grassland[J]. Oecologia, 159(4): 827-838.

PRASSE R, BORNKAMM R, 2000. Effect of microbiotic soil surface crusts on emergence of vascular plants[J]. Plant Ecology, 150(1): 65-75.

RODRIGUEZ-CABALLERO A, PIJUAN M, 2013. N_2O and NO emissions from a partial nitrification sequencing batch reactor: exploring dynamics, sources and minimization mechanisms[J]. Water Research, 47(9):3131-3140.

SHI Y F, ZHAO Y G, LI C H, et al., 2017. Effect of trampling disturbance on soil infiltration of biological soil crusts[J]. The Journal of Applied Ecology, 28(10): 3227-3234.

WANG H, ZHANG G H, LIU F, et al., 2017. Temporal variations in infiltration properties of biological crusts covered soils on the Loess Plateau of China[J]. Catena, 159: 115-125.

WANG Z J, JIAO J Y, RAYBURG S, et al., 2016. Soil erosion resistance of "Grain for Green" vegetation types under extreme rainfall conditions on the Loess Plateau, China[J]. Catena, 141: 109-116.

WEBER B, BÜDEL B, BELNAP J, 2016. Biological Soil Crusts: An Organizing Principle in Drylands[M]. Switzerland: Springer-Verlag.

WEST N E, 1990. Structure and function of microphytic soil crusts in wildland ecosystems of arid to semi-arid regions[J]. Advances in Ecological Research, 20: 179-223.

WU N, WANG H L, WUGETEMOLE, et al., 2006. Temporal-spatial dynamics of distribution patterns of microorganism relating to biological soil crusts in the Gurbantuggut Desert[J]. Bulletin of Chinese Science, 51(S1): 124-131.

WU Y S, HASI E, WUGETEMOLE, 2012. Characteristics of surface runoff in a sandy area in southern Mu Us sandy land[J].

Chinese Science Bulletin, 57(2-3): 270-275.

XIAO B, WANG Q H, ZHAO Y G, et al., 2011. Artificial culture of biological soil crusts and its effects on overland flow and infiltration under simulated rainfall [J]. Applied Soil Ecology, 48(1): 11-17.

ZHAO Y G, XU M X, 2013. Runoff and soil loss from revegetated grasslands in the hilly Loess Plateau region, China: influence of biocrust patches and plant canopies[J]. Journal of Hydrologic Engineering, 18(4):387-393.

第 6 章　苔藓结皮的培育恢复

生物结皮是连接土壤和植被的界面层,被科研人员形象地称为地表的“皮肤”,在相当长的时期里，这一不起眼的“皮肤”常常被人们忽略。但随着研究的深入，其在生态系统中的作用也逐渐被人们所熟知。在一些条件恶劣、高等植被难以存活的地区，生物结皮的培育恢复可能是一种潜在的生态治理新途径。

生物结皮的恢复受到地表稳定性、非生物胁迫和资源限制等因素的影响(Bowker，2007)。当地表稳定性较弱时，生物结皮难以定植，接种的生物结皮种源可能会被风或水等外力作用转移至恢复地点以外。因此，在恢复前需要先解决土壤表层稳定性的问题。非生物胁迫和资源限制主要为水资源短缺。在旱区生态环境中，水资源的限制在某种程度上可通过提供遮蔽物来加以调节(Bowker et al.，2020；Doherty et al.，2020；Grover et al.，2020)。除此之外，还需考虑目标物种、气候适宜性等因素(Weber et al.，2016)。

本章选择黄土高原常见优势藓种，探讨室内控制环境下，苔藓结皮生长发育的关键影响因子，并将得到的最优处理结果应用至野外，优化培育方案，同时探索苔藓种源快速扩繁的方法，以期为生态环境治理提供进一步的思路及借鉴。

6.1　室内恒环境培育

光、温、水、肥等环境因子是植物生长发育的主要影响因素。虽然苔藓植物已被证实具有强大的无性繁殖及抗旱能力(Wyatt et al.，1988)，但其生长发育仍然受到水分、光照、温度、养分等各方面的影响。探索影响苔藓结皮发育的关键因子，实现苔藓结皮的快速培育及恢复，将有助于迅速发挥其水土保持等积极生态功能。与此相关的研究多集中在腾格里沙漠(Tian et al.，2006)、库布齐沙漠(贾艳等，2012)及古尔班通古特沙漠等荒漠地区(Zhao et al.，2013)，而对黄土高原地区具有显著水土保持效益的苔藓植物研究较少(Zhao et al.，2014)。

除此之外，植物生长调节剂对植物的生长也会产生显著影响。植物生长调节剂通常被称作植物激素，可用于调控植物体内核酸、蛋白质和酶的合成，能对植物生长发育过程起到调节和控制作用(傅华龙等，2008)，已被广泛应用于园艺作物、农业及林业等方面，并获得了显著效果。然而在苔藓结皮中的研究结果大有不同。Johri(1974)发现赤霉素和脱落酸等植物生长调节物质对苔藓植物原丝体的形成无明显效果(梁书丰，2010)，赤霉素仅能刺激原生质丝和茎段生长，对芽的形成毫无影响(Macquarrie et al.，2011)。高永超等(2003b)发现浓度为 2mg/L 的细胞分裂素、激动素和萘乙酸均对牛角藓〔*Cratoneuron filicinum* (Hedw.) Spruce〕愈伤组织形成具有抑制作用。与之相反，李艳红等(2004)提出植物激素对立碗藓愈伤组织的形成起着决定性作用。刘晓红(1998)发现细胞分裂素和激动素能够促进葫芦藓芽的形成，吲哚乙酸和赤霉素促进了苔藓植物原丝体和蒴柄的生长(Maltzahn et al.,1958)。Menon 等(1974)在培育梨蒴立碗藓〔*Physcomitrium pyriforme* (Hedw.) Hampe〕原丝体的过程中发现，细胞分裂素能够促使其无性繁殖。苔藓植物本身属间差异很大，不同的基因型染色体数目不同，必然会造成不同苔藓植物代谢机制不同(李艳红等，2004)。

因此，杨永胜(2015)综合了不同环境因子、接种量、营养物质及植物生长调节剂，采用室内培育方法，通过定期测定苔藓结皮的盖度、株密度、株高度及生物量等指标，探讨了快速培育黄土高原苔藓结皮的关键因子。野外自然条件下生长的植物均有一套自己的调节机制以适应恶劣的环境条件,而在人工培育过程中，为了快速形成苔藓结皮，研究人员往往会创造有利于苔藓结皮生长的环境条件，如恒定、适宜的土壤含水量、空气湿度、温度及光照等，将其应用到野外时能否适应野外多变且恶劣的环境条件还未可知。因此，本节在苔藓结皮室内培育完成后，对干旱及高温逆境下人工苔藓结皮的抗逆性进行评估，探讨了在黄土高原地区快速培育苔藓结皮的可行性,以期为黄土高原苔藓结皮快速恢复实践提供借鉴。

6.1.1 试验方法

1. 种源制备及培养条件

试验所用苔藓结皮及培养基土壤采自陕西省延安市安塞区马家沟流域一处半阳坡坡面(36°47′58″N，109°15′32″E)，苔藓结皮盖度约为 80%，平均厚度为 11.45mm±0.51mm(*n*=9，*n* 表示测定平均厚度时所选样方数)。经鉴定，优势种为土生对齿藓，伴生有小扭口藓〔*Barbula indica* (Hook.) Spreng.〕、皱叶毛口藓、长尖对齿藓和丛生真藓等。采集苔藓结皮后，同时掘取同一地点 5～20cm 的下伏土层作为培养基土壤，运回实验室自然晾干后过 2mm 筛，放置在阴凉处备用。

所有培育试验均在中国科学院水利部水土保持研究所的人工气候室内进行，人工气候室的培育场景如图 6.1 所示。室内温度、相对空气湿度、CO_2 浓度、光周期分别设定为 20℃/10℃(昼/夜)、60%、400μmol/mol、12h/12h(光照/黑暗)(徐丽萍等，2008；Xu et al.，2008)。

图 6.1　人工气候室的培育场景(见彩图)

2. 环境因子与接种量

采用正交试验设计方法，考虑光照强度(1000lx、5500lx、12500lx、23500lx)，表层(0～1cm)土壤含水量(1%～5%、8%～13%、15%～20%、25%～30%)及接种量(250g/m²、400g/m²、550g/m²、700g/m²)3 个因素，利用五因素四水平正交表[$L_{16}(4^5)$]共得到 16 种处理，具体的试验设计处理如表 6.1 所示，每种处理设 4 个重复(杨永胜等，2015)。

表 6.1　试验设计处理

处理号	列号					具体处理
	1 表层土壤含水量/%	2 接种量/(g/m²)	3 光照强度/lx	空列 1	空列 2	
1	1(1～5)	1(250)	1(1000)	1	1	表层土壤含水量 1+接种量 1+光照强度 1
2	1	2(400)	2(5500)	2	2	表层土壤含水量 1+接种量 2+光照强度 2
3	1	3(550)	3(12500)	3	3	表层土壤含水量 1+接种量 3+光照强度 3
4	1	4(700)	4(23500)	4	4	表层土壤含水量 1+接种量 4+光照强度 4
5	2(8～13)	1	2	3	4	表层土壤含水量 2+接种量 1+光照强度 2
6	2	2	1	4	3	表层土壤含水量 2+接种量 2+光照强度 1
7	2	3	4	1	2	表层土壤含水量 2+接种量 3+光照强度 4

续表

处理号	列号					具体处理
	1 表层土壤含水量/%	2 接种量/(g/m²)	3 光照强度/lx	空列 1	空列 2	
8	2	4	3	2	1	表层土壤含水量 2+接种量 4+光照强度 3
9	3(15～20)	1	3	4	2	表层土壤含水量 3+接种量 1+光照强度 3
10	3	2	4	3	1	表层土壤含水量 3+接种量 2+光照强度 4
11	3	3	1	2	4	表层土壤含水量 3+接种量 3+光照强度 1
12	3	4	2	1	3	表层土壤含水量 3+接种量 4+光照强度 2
13	4(25～30)	1	4	2	3	表层土壤含水量 4+接种量 1+光照强度 4
14	4	2	3	1	4	表层土壤含水量 4+接种量 2+光照强度 3
15	4	3	2	4	1	表层土壤含水量 4+接种量 3+光照强度 2
16	4	4	1	3	2	表层土壤含水量 4+接种量 4+光照强度 1

将阴干后的原装苔藓结皮层用植物粉碎机粉碎 40s，制成接种所需的种子土。经测定，单位质量(kg)种子土中苔藓植株茎叶碎片的质量为 120g。将种子土与培养基黄土按照质量比分别为 4∶0、3∶1、2∶2、1∶3 的比例均匀混合，得到单位质量混合种子土中茎叶碎片质量分别为 120g、100g、80g、60g 的接种材料。将其按照 1.15g/cm³ 的黄土高原生物结皮层容重平铺 5mm(高丽倩等，2012)，接种量(单位面积苔藓结皮茎叶碎片质量)分别为 700g/m²、550g/m²、400g/m² 和 250g/m²。

3. 营养物质

选用的营养物质包括营养液与碳水化合物溶液两类。其中营养液包括 Hoagland、改良 Knop、MS、Benecke 及 Part 5 种，其配方如表 6.2 所示。所选用的碳水化合物溶液种类及浓度如表 6.3 所示。每种处理均以蒸馏水作为对照。

表 6.2　营养液配方

化合物名称	营养液中化合物浓度/(mg/L)				
	MS	Benecke	改良 Knop	Hoagland	Part
NH_4NO_3	1650.000	200.0	—	—	250.0
KNO_3	1900.000	—	—	607.000	—
$Ca(NO_3)\cdot 4H_2O$	—	—	1000.0	945.000	—
KCl	—	—	250.0	—	—
$MgSO_4\cdot 7H_2O$	370.000	100.0	250.0	493.000	740.0
KH_2PO_4	170.000	100.0	250.0	—	830.0
$CaCl_2\cdot 2H_2O$	440.000	100.0	—	—	—
$NH_4H_2PO_4$	—	—	—	115.000	—
$Na_2\cdot EDTA\cdot 2H_2O$	37.250	—	—	—	—
$FeSO_4\cdot 7H_2O$	26.800	—	12.5	—	—
$MnSO_4\cdot 4H_2O$	22.300	—	—	493.000	—
$ZnSO_4\cdot 7H_2O$	8.600	—	—	0.220	—
H_3BO_3	6.200	—	—	2.860	—
KI	0.830	—	—	—	—
$Na_2MoO_4\cdot 2H_2O$	0.250	—	—	—	—
$CuSO_4\cdot 5H_2O$	0.025	—	—	0.079	—
$MnCl_2\cdot 4H_2O$	—	—	—	1.801	—
$(NH_4)_6Mo_7O_4\cdot 4H_2O$	—	—	—	0.037	—
$CoCl_2\cdot 6H_2O$	0.025	—	—	—	—
Fe-EDTA	—	—	—	22.610	—
烟酸	0.500	—	—	—	—
盐酸硫胺素	0.500	—	—	—	—
盐酸吡哆醇	100.000	—	—	—	—
甘氨酸	0.100	—	—	—	—
肌醇	20.000	—	—	—	—

表 6.3　碳水化合物溶液种类及浓度　　(单位：g/L)

葡萄糖浓度	蔗糖浓度	甘露醇浓度
10	10	10
30	30	30
50	50	50

培育盒内装入晾干并过 2mm 筛后的基质土，容重为 $1.15g/cm^3$，厚度为 40mm，

上覆 120g 种子土至基质土壤上，厚度约为 5mm。之后将装填好的培育盒放置在塑料盆中，沿盆壁向盆中加蒸馏水至与培育盒外沿齐平，当培育盒中土壤表面全部湿润之后，立即取出并放置在培育台上，48h 后分别喷洒营养液及碳水化合物溶液。营养液每 20d 喷洒一次，碳水化合物溶液为一次性喷洒，蒸馏水为对照，培养周期为 65d。期间室内光照为 1000lx，土壤含水量为 25%～30%。

4. 植物生长调节剂

植物生长调节剂选取 2,4-二氯苯氧乙酸(2,4-dichlorophenoxyacetic acid，2,4-D)、激动素(kinetin，KT)、吲哚丁酸(indole butyric acid，IBA)、萘乙酸(naphthalene acetic acid，NAA)、苯基噻二唑基脲(thidiazuron, TDZ)及细胞分裂素(6-BA)6 种植物生长调节物质，其浓度梯度如表 6.4 所示。

表 6.4 不同植物生长调节剂的浓度 (单位：mg/L)

2,4-D	KT	IBA	NAA	TDZ	6-BA
0.1	0.1	0.1	0.05	0.1	0.1
1.0	0.5	1.0	0.10	1.0	0.5
10.0	2.5	10.0	2.00	10.0	2.5

培育盒装填与前文一致。待培育盒湿润 48h 后分别喷洒植物生长调节剂，喷洒量为 45mL，蒸馏水为对照。培育盒在培育台上的位置定期更换，培养周期为 65d，期间保持表层土壤含水量为 25%～30%。

5. 抗逆性试验

在前期培养的基础上，选择发育良好且长势基本相同的苔藓结皮，分别于人工气候室(光照强度：1000lx；空气湿度：60%；光照周期：12h/12h)及人工智能培养箱内进行人工培育苔藓结皮对干旱-复水及高温两种逆境下的响应研究(光照强度：1000lx；空气湿度：60%)。干旱-复水过程中的试验场景如图 6.2 所示(Bu et al.，2017)。

干旱-复水过程中，将选定的培育盒均匀放置在培育台上自然干燥 13d，分别在第 1 天、第 6 天、第 13 天采集苔藓植株茎叶碎片，之后进行复水处理。复水过程为每天早上和傍晚均匀喷洒 70mL 蒸馏水，并在第 1 天、第 3 天、第 5 天采集苔藓植株茎叶碎片。每次采样时测定表层 1cm 的土壤含水量，以正常洒水(表层土壤含水量维持在 25%～30%)为对照。高温胁迫过程中，将选定的培育盒放入已设置好的人工智能培养箱内，温度处理设为 45℃、20℃(对照)。在培育盒放入培养箱 1h、2h、4h、6h、8h 时，采集苔藓植株茎叶碎片。将采集的茎叶碎片用锡纸包好后放入液氮内速冻 3min，之后放入–20℃的冰箱内保存备用。

图 6.2　干旱-复水过程中的试验场景(见彩图)(Bu et al.，2017)

6. 测定指标

用苔藓结皮的盖度、株密度、株高度及生物量(叶绿素 a 含量)表征苔藓结皮的生长发育状况，除生物量于试验中期或末期测定以外，其余指标每 10d 测定一次。株密度测定时，在每个培育盒中均匀选取 9 个 2cm × 2cm 的样框，测出每个样框内苔藓结皮发育的株数后求均值，再除以样框的面积得到该培育盒内苔藓结皮的株密度。

株高度采用游标卡尺进行测定，每个培育盒内随机选取 40 株，测定后求均值作为该培育盒内苔藓结皮的株高度。

盖度采用点针样框法测定，网格规格为 0.8cm × 0.8cm(Li et al.，2010)；生物量用叶绿素 a 含量进行表征，采用乙醇浸提法测定(包维楷等，2005)。盖度及生物量的具体测定步骤与 5.1.2 小节所述一致。

植物体内的活性氧在植物发育过程中发挥着重要生理作用，如作为氧化剂促进细胞壁的交联(Müller et al.，2009)，或者作为一种信号分子控制多种生物进程(Novo-Uzal et al.，2013)。但当其积累量超过了一定范围时，则会引起膜脂过氧化和细胞死亡，对植物体造成伤害(Krknen et al.，2015；Imlay，2003)。

在高温、干旱等逆境条件下，植物体内活性氧含量都会被诱导增加(Halliwell，1997)。保护酶系统是植物防御自由基损伤的途径之一，它能够清除植物体内多余的活性氧，使活性氧的代谢保持动态平衡(时丽冉等，2010)，避免自由基造成的伤害。同时，植物体细胞内的渗透调节物质可提高其渗透调节能力(Shackel et al.，1982)，可溶性蛋白与可溶性糖是其重要的组成部分。

丙二醛(malondialdehyde，MDA)是植物细胞膜脂过氧化物之一，它能使细胞内的酶蛋白发生交联失活，增大细胞膜透性。植物在逆境中活性氧的产生和积累是造成 MDA 浓度增加的关键，其浓度大小可以反映植物体细胞膜脂过氧化的强弱。因此，在抗逆性试验中选择保护酶，如过氧化物酶(peroxidase, POD)、超氧化物歧化酶(superoxide dismutase, SOD)、过氧化氢酶(catalase, CAT)的活性、渗透调节物质质量分数(可溶性糖、可溶性蛋白)及 MDA 浓度的变化来表征人工培育苔藓结皮对干旱及高温两种不同逆境的适应能力。

其中，POD 活性用愈创木酚法测定，SOD 活性用 NBT 还原法测定，CAT 活性用过氧化氢还原法测定，MDA 浓度采用硫代巴比妥酸法测定，可溶性糖和可溶性蛋白质量分数的测定分别采用蒽酮比色法和考马斯亮蓝法(李合生等，2000)。

6.1.2　环境因子及接种量对苔藓结皮生长发育的影响

图 6.3 展示了培育期间各处理下苔藓结皮盖度及株密度随时间的动态变化过程及在末期的差异。可以看出随着培育时间的延长，苔藓结皮盖度及株密度均逐渐增加，且各处理间的差异逐渐显著。

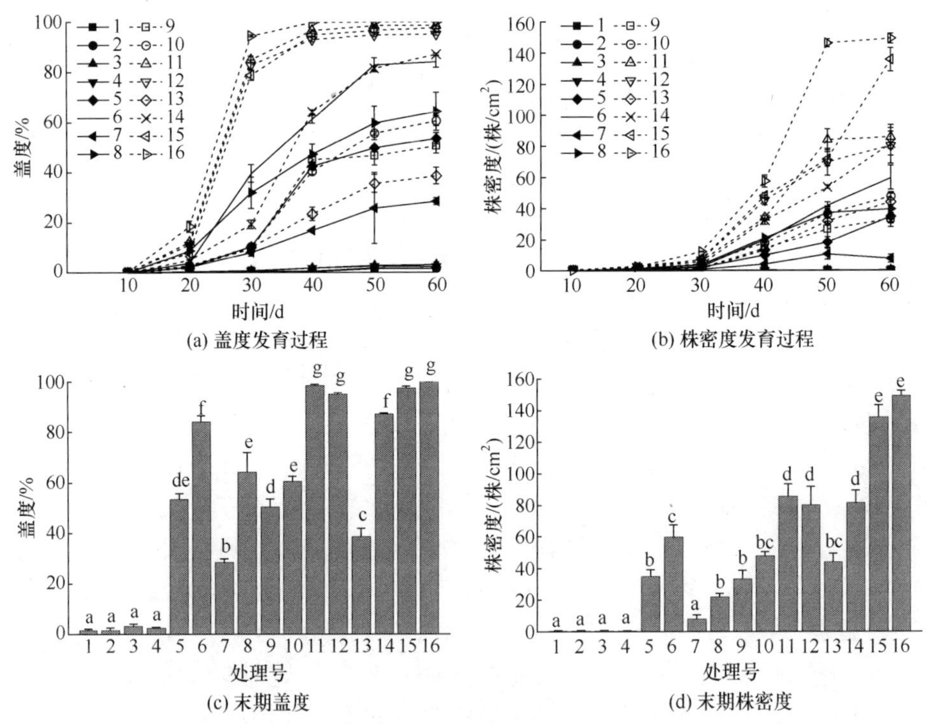

(a) 盖度发育过程　(b) 株密度发育过程

(c) 末期盖度　(d) 末期株密度

图 6.3　各处理下苔藓结皮盖度及株密度随时间的动态变化过程及在末期的差异

不同字母表示差异显著($P<0.05$)

以第 40 天为例，处理 11(表层土壤含水量 15%～20%+光照强度 1000lx+接种量 550g/m²)、12(表层土壤含水量 15%～20%+光照强度 5500lx+接种量 700g/m²)、15(表层土壤含水量 25%～30%+光照强度 5500lx+接种量 550g/m²)、16(表层土壤含水量 25%～30%+光照强度 1000lx+接种量 700g/m²)的苔藓结皮盖度均高于 95%，而处理 1(表层土壤含水量 1%～5%+光照强度 1000lx+接种量 250g/m²)、2(表层土壤含水量 1%～5%+光照强度 5500lx+接种量 400g/m²)、3(表层土壤含水量 1%～5%+光照强度 12500lx+接种量 550g/m²)、4(表层土壤含水量 1%～5%+光照强度 23500lx+接种量 700g/m²)的最高盖度仅为 2.6%[图 6.3(a)]。至试验末期(第 60 天)，处理 11、12、15、16 的盖度显著高于其他处理(P<0.05)，其中以处理 16 最优；而处理 1、2、3、4 则显著低于其他处理[图 6.3(c)]。

株密度表现出相似的发育规律。在整个试验过程中，处理 1、2、3、4 的株密度均低于 1 株/cm²，处于极低水平；处理 5～16 的株密度均随培育时间的延长而逐步增加，其中，处理 16 增长最快，至试验结束时可达 149 株/cm²，显著高于其他处理(P<0.05)[图 6.3(b)]。处理 1、2、3、4、7 的株密度均显著低于其他处理[图 6.3(d)]。表层土壤含水量、接种量及光照强度均对苔藓结皮盖度及株密度产生显著影响(P<0.01)，且表层土壤含水量的影响最大，其次是光照强度，之后是接种量。

计算生物量日变化速率可以消除不同接种量对生物量的影响。图 6.4 展示了各处理下苔藓结皮生物量日变化速率及末期生物量。由图 6.4(a)可以看出，不同

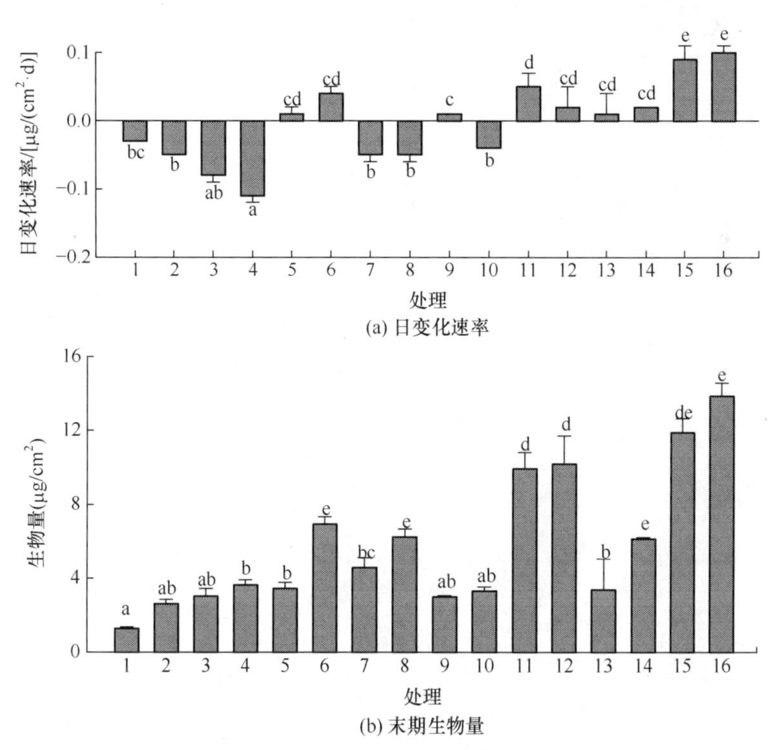

图 6.4　各处理下苔藓结皮生物量日变化速率及末期生物量

不同字母表示差异显著(P<0.05)

处理下的生物量日变化速率差异十分明显，以处理 16 的日变化速率最高，达到 0.10μg/(cm^2 · d)，处理 4 最低，为–0.11μg/(cm^2 · d)。比较发现，处理 1、2、3、4、7、8、10 是在低表层土壤含水量(1%～5%)及高光照强度(12500lx 和 22500lx)环境下进行的，说明高光照强度及低表层土壤含水量不利于苔藓结皮的快速生长。到培育末期，各处理间的生物量差异显著($P<0.01$)，且处理 16 显著高于其他处理[图 6.4(b)]。表层土壤含水量、接种量及光照强度对苔藓结皮生物量的影响均达到极显著水平($P<0.01$)，且表层土壤含水量影响最大，其次是接种量，而光照强度影响最小。

综上可知，表层土壤含水量、光照强度及接种量对黄土高原苔藓结皮发育有着显著影响。表层土壤含水量和接种量越高，苔藓结皮盖度、株密度及生物量越大；光照强度越低，苔藓结皮的发育越快。总体上，表层土壤含水量是影响苔藓结皮快速培育的最重要因素。黄土高原苔藓结皮培育的最佳条件组合为表层土壤含水量 25%～30%+光照强度 1000lx+接种量 700g/m^2，该处理可在 40d 内使苔藓结皮盖度达到 95%(图 6.5)。

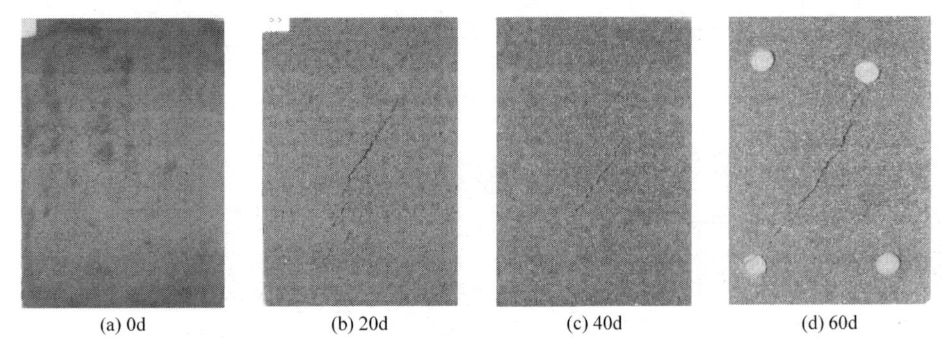

图 6.5 “表层土壤含水量 25%～30%+光照强度 1000lx+接种量 700g/m^2”处理发育状况的时间动态特征(见彩图)(杨永胜等，2015)

6.1.3 营养物质对苔藓结皮生长发育的影响

1. 营养液类型对苔藓结皮生长发育的影响

整个培育试验过程中，各处理的苔藓结皮盖度、株密度及株高度均随培育时间的延长而增大，除 MS 营养液抑制了苔藓结皮株高度外，其余营养液均促进了苔藓结皮的生长，但促进程度各不相同(图 6.6)。

培育末期(第 65 天)，在改良 Knop、Part、MS 及 Beneck 营养液处理下，苔藓结皮盖度分别为 79.67%、79.58%、75.11%及 67.61%，多重比较显示两两处理之间的差异均不显著($P>0.05$)(表 6.5)，而 Hoagland 营养液处理下的苔藓结皮盖度最高(83.37%)，比对照(61.67%)高 35.2%，二者之间差异达到显著水平($P<0.05$)。

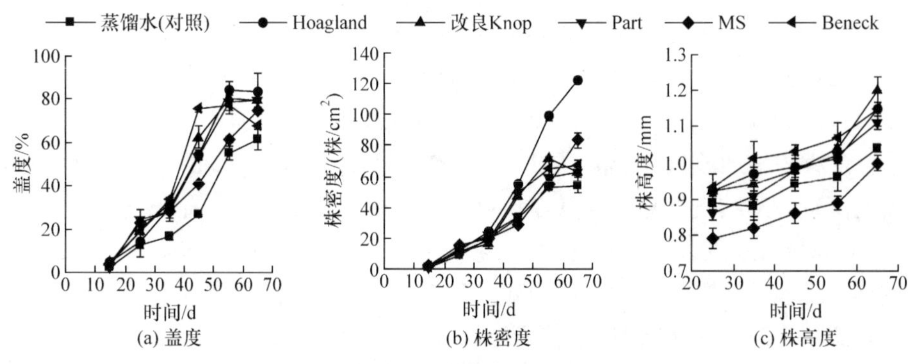

图 6.6　不同营养液对苔藓结皮生长发育的影响

对于株密度而言，在试验中期(第 35～45 天)，Hoagland、改良 Knop 及 Beneck 处理下苔藓结皮株密度增加速率明显高于 MS 及 Part 营养液。至末期时(第 65 天)，对照处理下的苔藓结皮株密度最低，为 54.56 株/cm^2，Hoagland、改良 Knop、Part、MS 及 Beneck 营养液处理下的苔藓结皮株密度分别比对照高 124.6%、14.2%、15.5%、53.2%、22.7%。由表 6.5 可以看出，改良 Knop、Part 及 Beneck 营养液处理与对照之间差异未达到显著水平，而 Hoagland、MS 营养液处理与对照之间差异显著($P<0.05$)。

表 6.5　不同种类营养液条件下苔藓结皮试验末期各项指标对比

营养液种类	盖度/%	株密度/(株/cm^2)	株高度/mm
蒸馏水(对照)	61.67±4.62a	54.56±4.57a	1.04±0.01ab
Hoagland	83.37±8.97c	122.52±2.51c	1.15±0.05ce
改良 Knop	79.67±4.18bc	62.29±1.11a	1.20±0.04de
Part	79.58±4.73bc	63.01±2.87a	1.11±0.02bc
MS	75.11±1.64ac	83.61±4.97b	1.00±0.02a
Beneck	66.61±0.76ab	66.96±3.53ab	1.15±0.02cd

注：同列不同字母表示差异显著($P<0.05$)。

除 MS 营养液外，其他营养液均不同程度促进了苔藓结皮株高度发育，与对照相比，Hoagland、改良 Knop 和 Benecke 营养液的影响达到了显著水平($P<0.05$)。对比培育末期的各项生长指标可知，Hoagland 营养液的培育效果最优，其盖度、株密度及株高度可分别达到 83.37%、122.52 株/cm^2 及 1.15mm(表 6.5)。

小型苔藓植物不仅可以通过大气吸收养分，还需要从生长基质中吸收自身生长发育所需要的营养物质，因此，在人工培育苔藓结皮的时候，施加营养物质可以快速促进苔藓的生长。Bowker(2007)研究发现，苔藓结皮生长发育与土壤中的

Mn、Mg、K、Zn 等元素的含量呈现出正相关关系，即在一定范围内，各元素的含量越高，苔藓结皮的长势越好，而不同种类苔藓植物对矿质营养元素的需求不同(许书军，2007；Bowker et al.，2005；Eldridge et al.，1994)。本研究结果显示，在培育过程中施加改良 Knop、MS、Benecke、Part 及 Hoagland 营养液均能不同程度地促进苔藓结皮发育，且以 Hoagland 营养液最优，这与前人研究结果相似(Antoninka et al.，2016；Chen et al.，2009；Xu et al.，2008；Rahbar et al.，2006)。造成这一现象的原因可能在于：①黄土高原严重的土壤侵蚀使得当地土壤的养分含量较低，而低养分输入限制了苔藓结皮的快速发育(Wang et al., 2003; Shi et al., 2000)；②N、Mn、Zn、K、Ca、P、Mg 及部分微量元素与苔藓结皮发育息息相关，它们不仅是细胞的组成部分，而且参与植物的代谢过程(Bowker et al.，2005；高永超等，2003a)，因此，外源营养液的输入促进了苔藓结皮的发育。Bu 等(2015)的研究表明，Knop 营养液降低了银叶真藓的株密度和株高度；而半强度的 Knop 营养液未促进短月藓(*Brachymenium nepalense* Hook.)的生长发育(Asthana et al.，2011)。Cvetic 等(2007)的研究表明 MS 营养液导致疣小金发藓中叶绿素分解并抑制其生长发育。这些矛盾的结果可能是不同物种在长期的自然进化和选择过程所形成的生活策略、生境偏好和遗传特征的差异导致的(Langhans et al.，2009)；此外，它们对营养离子的吸收和利用也存在天然差异(Bates，1992)。

本研究中，不同于 Hoagland、改良 Knop、Part 和 Benecke 营养液，MS 营养液对苔藓结皮盖度的促进作用较弱，且降低了苔藓结皮的株高度。这可能是由于 MS 营养液中氮元素含量较高，降低了植物组织的水分含量，不利于光合作用且诱导苔藓植株坏死(Gerdol et al.，2007)。MS 营养液中的大量和微量元素对苔藓结皮生长发育的积极影响被其高氮元素含量所抵消。这些结果表明，在选择合适的化合物促进苔藓结皮生长方面存在差异，不同营养物质对苔藓发育的影响也存在差异，这与 Xu 等(2008)及 Duckett 等(2004)报道的结果一致。

2. 碳水化合物溶液种类对苔藓结皮生长发育的影响

1) 葡萄糖

与对照相比，三种浓度的葡萄糖溶液在试验初期(第 15～25 天)均降低了苔藓结皮盖度、株密度及株高度，且降低程度与葡萄糖溶液浓度呈正相关关系(图 6.7)。随着试验进行，在培育的第 45～55 天，三种浓度处理下的苔藓结皮盖度和株密度快速增加，其增长速率均超过对照处理。在培育末期(第 65 天)，10g/L、30g/L 和 50g/L 的葡萄糖处理下的苔藓结皮盖度较对照分别增加 1.12%、31.28%和 15.50%，株密度分别达到 48.89 株/cm^2、68.04 株/cm^2 和 55.27 株/cm^2(表 6.6)。

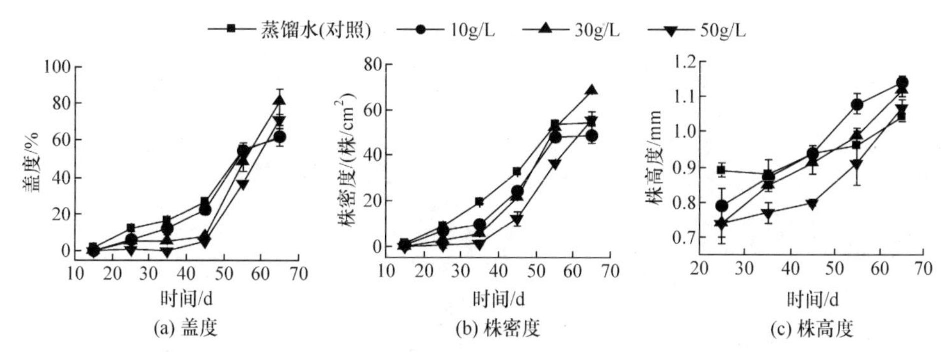

图 6.7　不同浓度葡萄糖溶液对苔藓结皮生长发育的影响

表 6.6　不同浓度葡萄糖溶液处理下苔藓结皮试验末期各项指标比较

浓度/(g/L)	盖度/%	株密度/(株/cm²)	株高度/mm
0(对照)	61.67±4.62a	54.56±4.57a	1.04±0.01a
10	62.36±6.85a	48.89±1.84a	1.14±0.02c
30	80.96±6.85b	68.04±0.72b	1.12±0.02bc
50	71.23±2.92ab	55.27±3.85a	1.07±0.02ab

注：同列不同字母表示差异显著($P<0.05$)。

三种浓度葡萄糖溶液处理下的苔藓结皮盖度和株密度均高于对照，提高程度依次为 30g/L＞50g/L＞10g/L，且当浓度为 30g/L 时，与对照之间有显著差异($P<0.05$)，其余两种处理与对照之间的差异未达到显著水平(表 6.6)。

高浓度的葡萄糖溶液降低了苔藓结皮株高度的发育，培育第 25 天时，在 10g/L、30g/L 及 50g/L 处理下，苔藓结皮株高度与对照相比分别降低了 11.7%、16.4%和 16.6%。随着培育时间的延长，三种处理下的苔藓结皮株高度增长速率超过对照，到培育第 65 天时，较对照分别高出 9.6%、7.7%和 2.9%，且 10g/L 与 30g/L 浓度下其促进作用与对照相比达到了显著水平($P<0.05$)(表 6.6)。这些结果表明，葡萄糖对苔藓结皮发育的影响取决于其浓度。

2) 甘露醇

在培育初期，三种浓度甘露醇溶液处理均抑制了苔藓结皮发育，与对照处理相比，其盖度、株密度及株高度均降低，降低程度与甘露醇溶液浓度成正比，浓度越高，降低作用越明显(图 6.8)。

在培育第 25 天，10g/L、30g/L、50g/L 甘露醇溶液处理下苔藓结皮盖度较对照处理分别降低 25.9%、66.0%、89.8%，株密度分别降低 0.8%、64.5%、96.7%，株高度分别降低 1.9%、10.4%、19.7%。之后随着培育时间的延长，三种浓度甘露醇溶液处理下的苔藓结皮快速发育，盖度、株密度及株高度的增长速率均高于对照。至培育第 65 天，10g/L、30g/L、50g/L 甘露醇溶液处理苔藓结皮盖度分别较

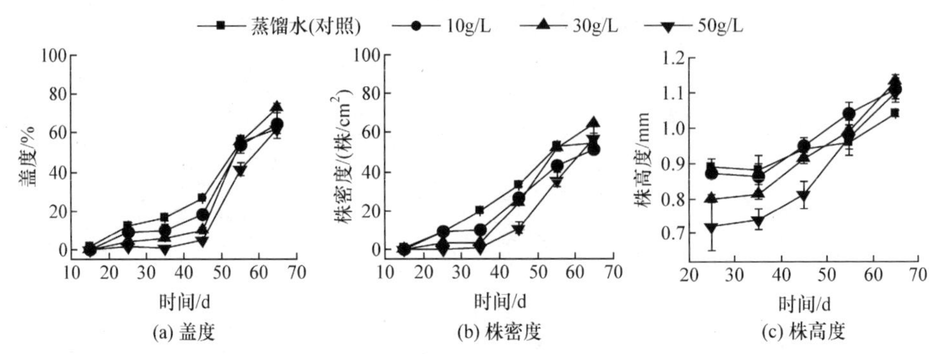

(a) 盖度　(b) 株密度　(c) 株高度

图 6.8　不同浓度甘露醇溶液对苔藓结皮生长发育的影响

对照高出 4.2%、17.9%、0.7%，各处理间差异未达到显著性水平($P<0.05$)；10g/L 和 30g/L 浓度下的苔藓结皮株密度分别比对照高出 4.1%和 17.5%，50g/L 浓度处理下苔藓结皮株密度比对照低 5.9%，各处理间差异未达到显著水平；10g/L、30g/L 和 50g/L 甘露醇溶液处理苔藓结皮株高分别比对照高出 6.7%、8.7%和 5.8%，且 30g/L 甘露醇溶液处理和对照之间差异显著($P<0.05$)(表 6.7)。

表 6.7　不同浓度甘露醇溶液处理下苔藓结皮试验末期各项指标比较

浓度/(g/L)	盖度/%	株密度/(株/cm²)	株高度/mm
0(对照)	61.67±4.62a	54.56±4.57a	1.04±0.01a
10	64.25±6.59a	56.78±6.95a	1.11±0.03ab
30	72.70±2.71a	64.12±1.12a	1.13±0.02b
50	62.10±2.55a	51.33±0.42a	1.10±0.03ab

注：同列不同字母表示差异显著($P<0.05$)。

3) 蔗糖

在第 15～45 天，三种浓度的蔗糖溶液降低了苔藓结皮的盖度和株密度，降低程度与蔗糖溶液浓度呈正相关关系(图 6.9)。从第 45 天到第 65 天，三种浓度的蔗糖溶液处理对苔藓结皮盖度和株密度的增加程度逐渐大于对照。到第 65 天时，四种不同处理后的苔藓结皮盖度表现为 10g/L＞30g/L＞50g/L＞对照组。

统计结果表明，10g/L 和 30g/L 蔗糖溶液处理下苔藓结皮的盖度与对照处理的差异显著($P<0.05$)，而 50g/L 蔗糖溶液处理与对照差异不显著($P>0.05$)。而四种不同处理间苔藓结皮株密度差异不明显($P>0.05$)。在整个培育期间，10g/L 的蔗糖溶液处理的苔藓植株高度均高于对照，而其余两种浓度处理下的株高度在第 25～45 天表现为 50g/L＜30g/L＜对照组，但增长的幅度高于对照组。在培育第 65 天，10g/L、30g/L 和 50g/L 的浓度处理下，苔藓结皮株高度与对照相比分别增加了 11.5%、11.5%和 8.7%，均达到了显著水平($P<0.05$)(表 6.8)。

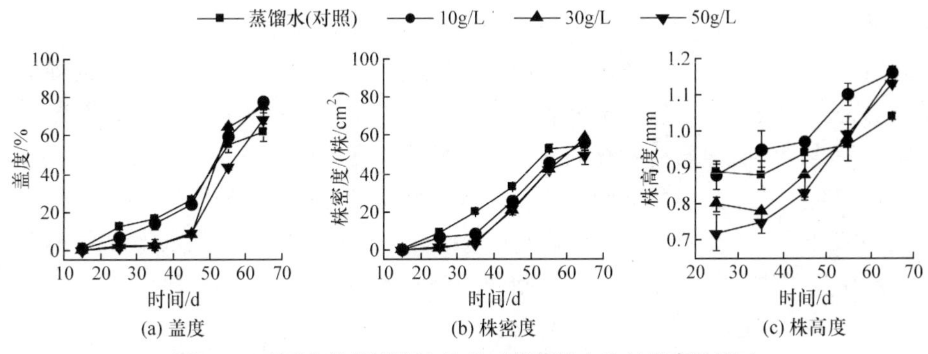

(a) 盖度　(b) 株密度　(c) 株高度

图 6.9　不同浓度蔗糖溶液处理对苔藓结皮生长发育的影响

表 6.8　不同浓度蔗糖溶液处理下苔藓结皮试验末期各项指标比较

浓度/(g/L)	盖度/%	株密度/(株/cm²)	株高度/mm
0(对照)	61.67±4.62a	54.56±4.57a	1.04±0.01a
10	76.35±0.31b	49.94±5.61a	1.16±0.02b
30	75.11±3.01b	58.30±1.35a	1.16±0.01b
50	68.48±4.77ab	55.77±3.43a	1.13±0.01b

注：同列不同字母表示差异显著($P<0.05$)。

碳源是细胞生长的能量来源和构成细胞骨架的重要成分，蔗糖、葡萄糖及甘露醇等糖类物质在植物组织培养中已被用作碳源(丁世萍等，1998)。陈彦芹等(2011)通过室内培育研究发现，在土壤培养基中添加浓度为 50mg/L 的葡萄糖溶液能够提高苔藓结皮盖度和株密度，从而促进苔藓结皮的形成和发育。Takami(1988)发现如果培养基中的葡萄糖或蔗糖耗尽，即使在光照条件下，角苔(*Anthoceros punctatus* L.)的细胞也不会生长。通过研究不同种糖类对东亚砂藓(*Racomitrium japonicum* Dozy et Molk.)、多枝青藓(*Brachythecium fasciculirameum* Müll. Hal.)及砂藓〔*Racomitrium canescens* (Hedw.) Brid.〕配子枝生长的影响，梁书丰(2010)发现浓度为 30g/L 的蔗糖溶液会抑制砂藓配子枝的分化，10～30g/L 的葡萄糖溶液也都不利于东亚砂藓配子枝的生长，而 5～20g/L 的蔗糖和葡萄糖溶液能够明显促进多枝青藓配子枝的生长。

本研究结果表明，浓度为 10～50g/L 的蔗糖、葡萄糖及甘露醇溶液在试验初期均降低了苔藓结皮盖度、株密度及株高度，降低程度与溶液浓度成正比。随着培育时间的延长，三种糖溶液处理苔藓结皮生长速率明显高于对照，至试验末期，三种溶液处理苔藓结皮盖度、株密度及株高度基本高于对照。造成这一现象是因为三种溶液在试验初期均一次性施入，使得试验初期三种溶液的浓度过高，抑制了苔藓结皮的光合作用(Larcher et al., 1981)。为了保持最上层土壤的高含水量，需要定期向土壤中喷洒去离子水,因此土壤表层中的碳水化合物浓度不断被稀释，最终对苔藓结皮发育的影响由抑制变为促进。由此可以推断，蔗糖、葡萄糖及甘露醇溶液均能够促进苔藓植株的发育，但溶液浓度不可过高。

在维管植物上进行的试验表明，碳水化合物可以作为调控信号，控制植物生命周期的许多过程中不同基因的表达(Lastdrager et al., 2014)。碳水化合物不仅可为苔藓结皮提供营养，还可影响细胞间的信号转导。因此，碳水化合物对苔藓结皮发育的影响机制还需要进一步研究。

6.1.4 植物生长调节剂对苔藓结皮生长发育的影响

1. 2,4-D 对苔藓结皮生长发育的影响

培育过程中，各处理下苔藓结皮各生长指标的变化趋势基本相同(图 6.10)。盖度在第 15～35 天发育缓慢，增长速率较低，第 35～55 天快速增加，至第 55～65 天基本趋于稳定；而各处理下的苔藓结皮株密度及株高度在不同时期内的增长速率基本保持一致，且 10.0mg/L 2, 4-D 溶液处理下的苔藓结皮株高度在整个培育期间显著高于对照处理($P<0.05$)。

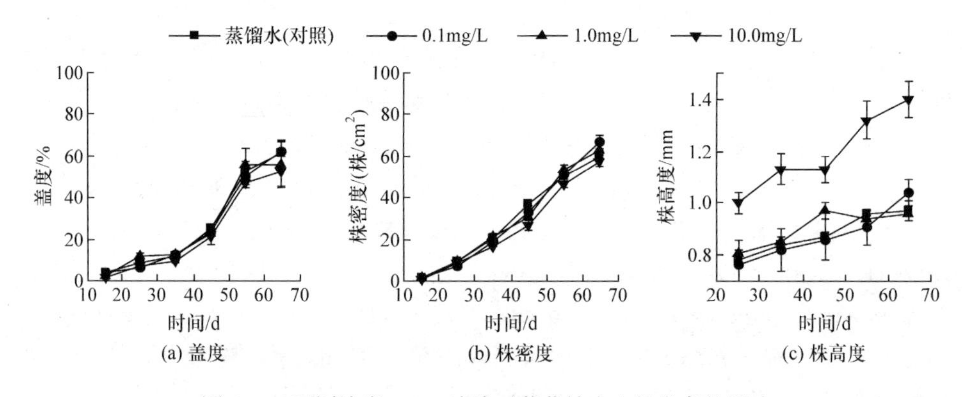

图 6.10 不同浓度 2,4-D 溶液对苔藓结皮生长发育的影响

从表 6.9 可以看出，当 2,4-D 溶液的浓度为 0.1mg/L 时，可最大程度地促进苔藓结皮盖度及株密度的发育，分别为 62.53%和 66.73 株/cm^2；而浓度为 10.0mg/L 时，可最大程度促进株高度的发育，至培育末期时可达到 1.33mm。然而各处理间不同生长指标并无显著差异，表明不同浓度 2,4-D 溶液的添加对苔藓结皮的发育影响不显著。

表 6.9　不同浓度 2,4-D 溶液处理下试验末期各项指标比较

浓度/(mg/L)	盖度/%	株密度/(株/cm^2)	株高度/mm
10.0	52.80±6.84a	56.83±3.10a	1.33±0.09b
1.0	56.24±11.35a	63.14±0.89ab	0.96±0.03a
0.1	62.53±1.18a	66.73±3.37b	1.04±0.05a
0(对照)	61.24±5.92a	60.22±1.44ab	0.97±0.04a

注：同列不同字母表示差异显著($P<0.05$)。

2. KT 对苔藓结皮生长发育的影响

从图 6.11 可以看出，各处理下苔藓结皮各生长指标的变化趋势基本相同。苔藓结皮盖度在第 15～35 天增长速率较低，第 35～55 天快速增加，第 55～65 天基本趋于稳定；而各处理下的苔藓结皮株密度及株高度在不同时期内的增长速率基本保持一致，至培育末期时基本趋于稳定。2.5mg/L KT 溶液处理下的苔藓结皮各生长指标在整个培育期间均低于对照处理，且这种差异随着培育时间的延长逐渐增加。

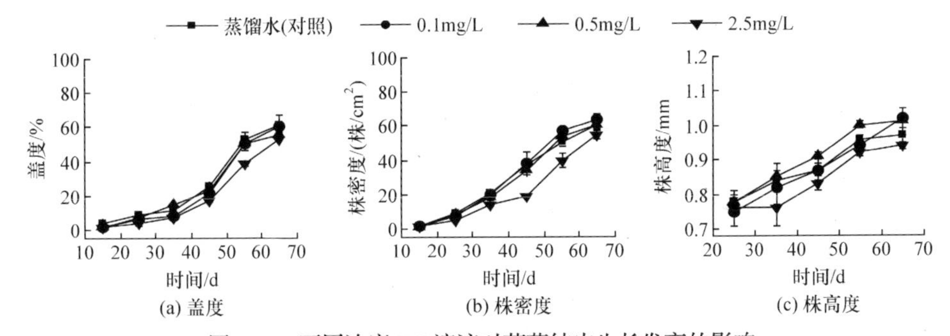

图 6.11　不同浓度 KT 溶液对苔藓结皮生长发育的影响

可见，无论 KT 溶液为何种浓度，均抑制了苔藓结皮盖度的发育，而当 KT 溶液的浓度为 0.1mg/L 时，可最大程度地促进株密度及株高度的发育，分别为 63.44 株/cm^2 和 1.02mm(表 6.10)。然而各处理间不同的生长指标并无显著差异，表明不同浓度 KT 溶液的添加对苔藓结皮的发育影响不显著。

表 6.10　不同浓度 KT 溶液处理下试验末期不同处理各项指标比较

浓度/(mg/L)	盖度/%	株密度/(株/cm^2)	株高度/mm
2.5	53.14±0.84a	54.67±2.44a	0.94±0.01a
0.5	55.56±1.04a	60.44±2.29ab	1.01±0.04a
0.1	60.29±1.85a	63.44±3.27b	1.02±0.03a
0(对照)	61.24±5.91a	60.22±1.44ab	0.97±0.04a

注：同列不同字母表示差异显著($P<0.05$)。

3. IBA 对苔藓结皮生长发育的影响

从图 6.12 可以看出，各处理下苔藓结皮各生长指标的变化趋势基本相同。苔藓结皮盖度在第 15～35 天增长速率较低，第 35～55 天快速增加，第 55～65 天增长速率减缓并逐渐趋于稳定；株密度在不同时期内的增长速率基本保持一致；株高度在培育前 55 天的增长速率基本保持一致，之后趋于稳定。

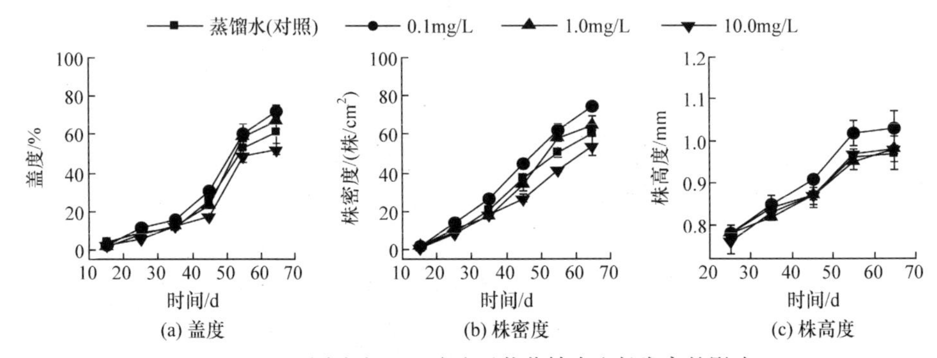

图 6.12　不同浓度 IBA 溶液对苔藓结皮生长发育的影响

0.1mg/L 的 IBA 溶液处理下苔藓结皮各生长指标在整个培育期间均高于对照，至培育末期时，该处理下的苔藓结皮盖度、株密度和株高度分别可达到 72.18%、74.02 株/cm^2 和 1.03mm，其中株密度与对照间的差异达到显著水平(P<0.05)(表 6.11)。同时，1.0mg/L 的 IBA 溶液处理促进了苔藓结皮盖度、株密度及株高度的发育，而当其浓度为 10.0mg/L 时，则抑制了苔藓结皮盖度及株密度的发育，但其与对照间均无显著差异。表明 0.1mg/L 的 IBA 溶液对苔藓结皮发育产生了促进作用，而当浓度为 10.0mg/L 时则产生了抑制作用。

表 6.11　不同浓度 IBA 溶液处理下试验末期不同处理各项指标比较

浓度/(mg/L)	盖度/%	株密度/(株/cm^2)	株高度/mm
10.0	52.45±2.63a	53.83±4.75a	0.98±0.03a
1.0	67.18±4.37b	64.37±4.93ab	0.98±0.01a
0.1	72.18±3.38b	74.02±2.20b	1.03±0.04a
0(对照)	61.24±5.91ab	60.22±1.44a	0.97±0.04a

注：同列不同字母表示差异显著(P<0.05)。

4. NAA 对苔藓结皮生长发育的影响

从图 6.13 可以看出，不同浓度 NAA 溶液处理下，苔藓结皮各生长指标的变化趋势基本相同。苔藓结皮盖度在第 15～35 天增长速率较低，之后快速增加，至培育末期时增长速率减缓并逐渐趋于稳定；株密度及株高度在不同时期内的增长速率基本保持一致，且株高度在培育末期基本趋于稳定。

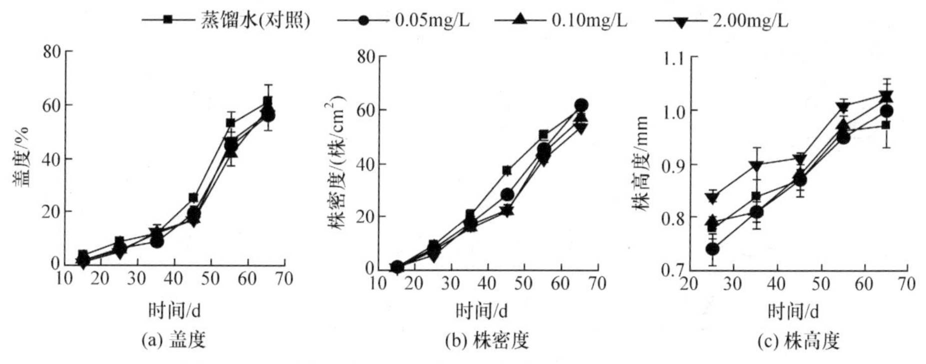

图 6.13　不同浓度 NAA 溶液对苔藓结皮生长发育的影响

培育期间，NAA 的添加抑制了苔藓结皮盖度及株密度的增长，至培育末期，各处理间的盖度差异不显著；0.05mg/L 的 NAA 溶液增加了末期苔藓结皮株密度，但与对照间的差异不显著，而 0.10mg/L 与 2.00mg/L 的 NAA 溶液降低了苔藓结皮的盖度与株密度，且株密度与对照间的差异显著($P<0.05$)，同时这两种处理增加了苔藓结皮的株高度，但与其他处理间的差异不显著(表 6.12)。可见 NAA 溶液的添加对苔藓结皮的发育未产生显著促进，且浓度过高时会抑制株密度的生长发育。

表 6.12　不同浓度 NAA 溶液处理下试验末期不同处理各项指标比较

浓度/(mg/L)	盖度/%	株密度/(株/cm²)	株高度/mm
2.00	56.88±6.25a	53.84±0.92a	1.03±0.02a
0.10	58.31±2.40a	56.89±0.82ab	1.02±0.04a
0.05	56.11±2.12a	61.76±1.91c	1.00±0.02a
0(对照)	61.24±5.92a	60.22±1.44bc	0.97±0.04a

注：同列不同字母表示差异显著($P<0.05$)。

5. 6-BA 对苔藓结皮生长发育的影响

从图 6.14 可以看出，无论 6-BA 溶液浓度高低，苔藓结皮的盖度、株密度及株高度均随培育时间的延长而逐渐增加，且各生长指标在培育第 15～45 天缓慢增加，第 45～55 天快速增加，第 55～65 天趋于稳定。但各处理间的差异不显著，即 6-BA 溶液对苔藓结皮发育无显著影响(表 6.13)。

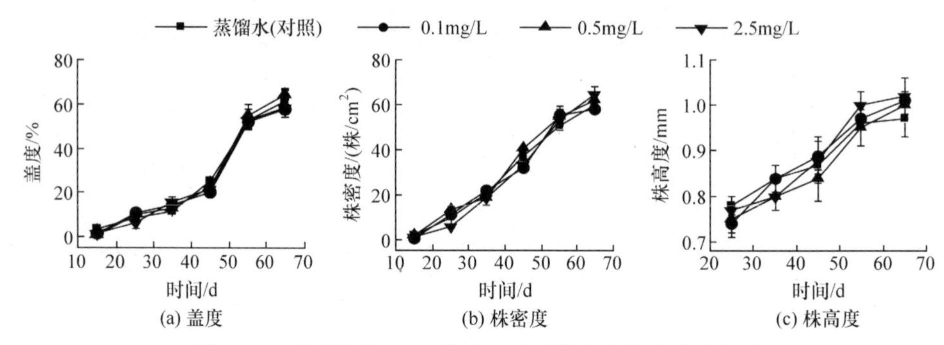

图 6.14　不同浓度 6-BA 溶液对苔藓结皮生长发育的影响

表 6.13　不同浓度 6-BA 溶液处理下试验末期不同处理各项指标比较

浓度/(mg/L)	盖度/%	株密度/(株/cm^2)	株高度/mm
2.5	58.31±4.03a	64.62±3.20a	1.02±0.03a
0.5	64.43±1.78a	61.75±3.44a	1.00±0.03a
0.1	56.51±0.17a	58.11±0.51a	1.01±0.01a
0(对照)	61.24±5.92a	60.22±1.44a	0.97±0.04a

注：同列不同字母表示差异显著(P<0.05)。

6. TDZ 对苔藓结皮生长发育的影响

在整个培育过程内，经 1.0mg/L 和 0.1mg/L TDZ 溶液处理的苔藓结皮盖度及株密度均高于对照，而浓度为 10.0mg/L 时，苔藓结皮盖度及株密度均低于对照(图 6.15)。

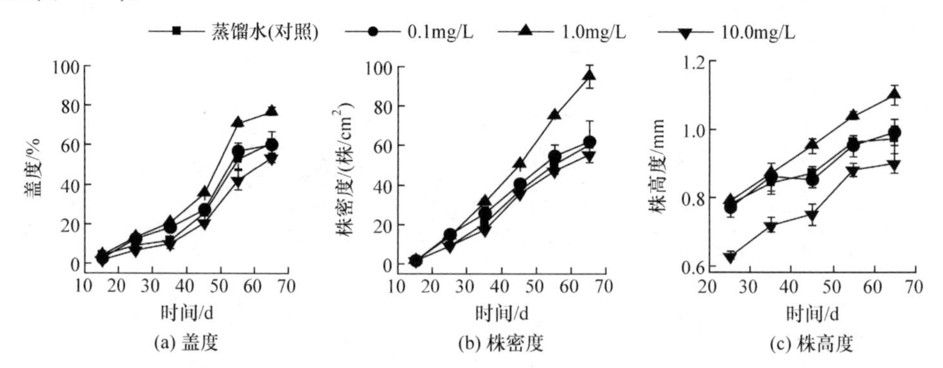

图 6.15　不同浓度 TDZ 溶液对苔藓结皮生长发育的影响

从表 6.14 可以看出，在试验末期，对于盖度及株密度，仅 1.0mg/L 的 TDZ 溶液处理与对照差异显著，可分别达到 77.09%和 95.38 株/cm^2。对于株高度而言，在 1.0mg/L 的 TDZ 溶液处理下，苔藓结皮株高度一直高于对照，在试验末期较对照高出 13.40%，二者差异达到显著水平(P<0.05)。经 10.0mg/L 处理的苔藓结皮

株高度在整个培育期间都显著低于对照，但二者的差异随时间的增加有所减少，到培育末期时，该处理下的苔藓结皮株高度较对照降低 7.22%，未达到显著水平。可见 TDZ 对苔藓结皮盖度的影响因其浓度而异，喷洒一定浓度的 TDZ 溶液有利于苔藓结皮的生长，但浓度过高对苔藓结皮盖度、株密度和株高度的生长反而有抑制的作用。

表 6.14　不同浓度 TDZ 溶液处理下试验末期不同处理各项指标比较

浓度/(mg/L)	盖度/%	株密度/(株/cm^2)	株高度/mm
10.0	53.66±2.14a	55.17±0.98a	0.90±0.03a
1.0	77.09±1.89b	95.38±5.79b	1.10±0.03b
0.1	60.21±6.10a	62.13±5.03a	0.99±0.04ab
0(对照)	61.24±5.92a	60.22±1.44a	0.97±0.04a

注：同列不同字母表示差异显著($P<0.05$)。

综合以上的结果可以得出：①IBA 与 TDZ 对土生对齿藓生长发育的影响与其浓度相关，随着浓度的增加，其对苔藓结皮生长的影响从促进(1.0mg/L)转化为抑制(10.0mg/L)；②2, 4-D、KT、6-BA 及 NAA 对土生对齿藓的生长无显著影响。这些结果表明植物生长调节剂对苔藓生长发育的影响与苔藓结皮种类、植物生长调节剂的种类和浓度有关。因此，为了找到适合目标藓类快速培育的植物生长调节剂种类和浓度，需要进行一系列的比较试验来测试目标藓类对不同种类和浓度植物生长调节剂的响应。

6.1.5　室内培育苔藓结皮对干旱的抗逆性

图 6.16 展示了干旱-复水过程中表层(0～1cm)土壤含水量的动态变化过程。试验期间，对照处理中表层的土壤含水量较稳定，基本维持在 30%～32%。进行

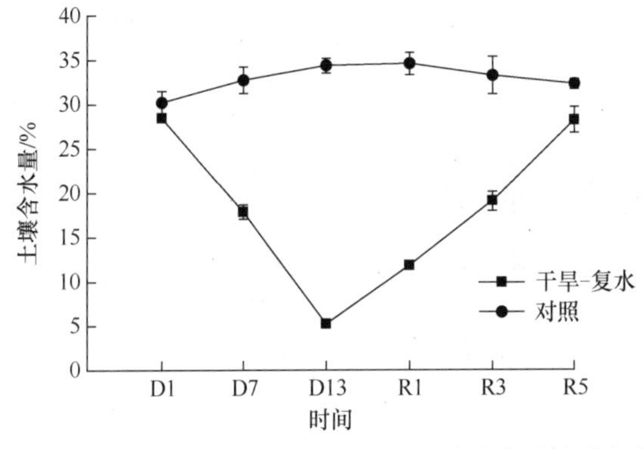

图 6.16　干旱-复水过程中表层(0～1cm)土壤含水量的动态变化过程

D1、D7、D13：干旱第 1、7、13 天；R1、R3、R5：复水后第 1、3、5 天

干旱-复水处理的苔藓结皮，随干旱时间的延长，表层土壤含水量急剧下降，至干旱第 13 天时达到最低点(5.25%)，比同期对照处理降低了 84.7%。在这个过程中，土壤含水量的下降速率为一个恒定的值，这是因为本次试验是在恒环境下进行的，每天土壤孔隙中所蒸发的水量也应该是接近的。复水第 1 天，表层土壤含水量急剧增加，之后随着复水时间的延长，其增长速率减缓，约为初始的一半，复水 5 天后已与对照处理无明显差别。

图 6.17 展示了干旱-复水过程中保护酶活性的动态变化过程。可以看出，所有保护酶(SOD、POD 和 CAT)的活性在干旱-复水处理下表现出相似的规律。在整个试验期间，对照处理下苔藓结皮的三种酶活性相对稳定，经干旱-复水处理后，三种酶活性快速增加，在干旱第 13 天达到峰值，表明干旱胁迫处理是有效的，且保护酶系统对水分的缺失有很强的防御能力。复水第 1 天，保护酶活性快速下降，之后下降幅度减小，最终保持稳定，表明植物体内因活性氧增加而打破的动态平衡得到了修复，干旱胁迫并未对苔藓结皮造成不可逆的氧化损伤，在一定程度上反映了藓种较强的抗旱能力。至复水末期，各酶活性已基本恢复至对照水平，但仍高于对照，表明干旱胁迫增强了人工苔藓结皮的酶活性及抗逆性(陈文佳等，2013)。

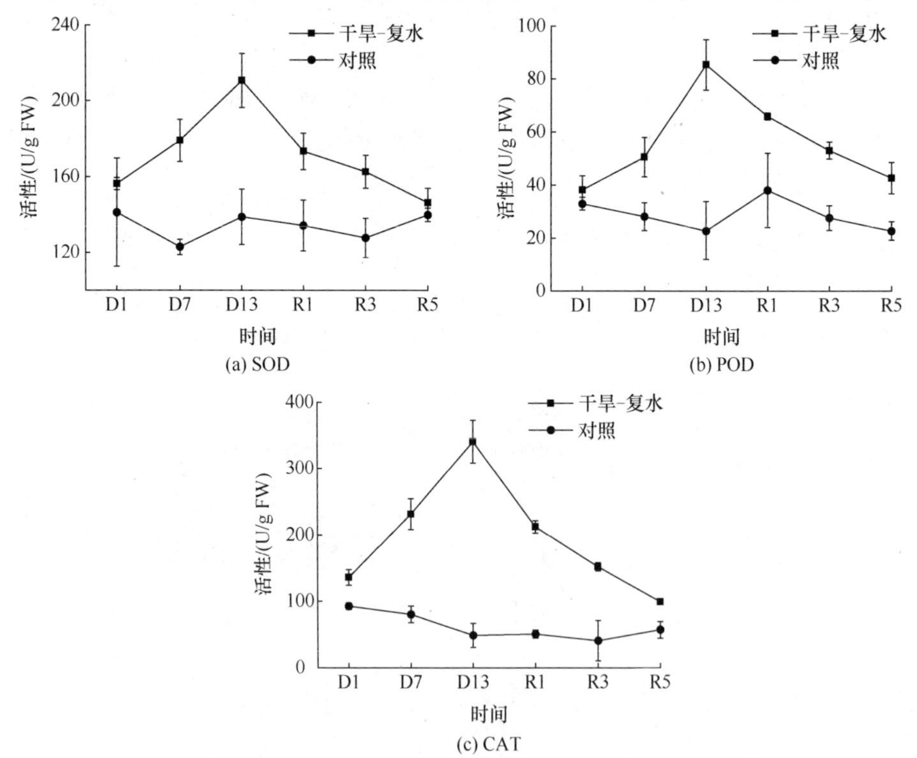

图 6.17　干旱-复水过程中保护酶活性的动态变化过程

D1、D7、D13：干旱第 1、7、13 天；R1、R3、R5：复水后第 1、3、5 天

方差分析结果表明，在干旱-复水、时间、干旱-复水与时间的交互作用三种因素中，干旱-复水对保护酶活性的作用最显著，其次为干旱-复水与时间的交互作用(表 6.15)。

表 6.15　各因素对干旱胁迫下不同指标的方差分析结果

指标	干旱-复水		时间		干旱-复水与时间的交互作用	
	F	*P*	*F*	*P*	*F*	*P*
SOD 活性	25.9	<0.0001	1.6	0.1800	1.9	0.1400
POD 活性	44.0	<0.0001	3.0	0.0300	3.6	0.0200
CAT 活性	185.7	<0.0001	12.3	<0.0001	15.0	<0.0001
可溶性蛋白质量分数	53.7	<0.0001	4.2	0.0070	5.9	<0.0001
可溶性糖质量分数	124.2	<0.0001	6.5	0.0030	11.9	<0.0001
MDA 浓度	101.4	<0.0001	6.7	0.0005	9.4	<0.0001

可溶性糖质量分数、可溶性蛋白质量分数及 MDA 浓度对干旱-复水的响应与酶活性相同。在水分充足的对照处理下，可溶性糖质量分数、可溶性蛋白质量分数及 MDA 浓度均维持在一个较低的水平。经干旱-复水处理后苔藓结皮中三种物质的质量分数或浓度均随着干旱胁迫时间的延长而增加，复水后又逐渐减少，但均高于对照处理(图 6.18，表 6.15)。

可溶性蛋白具有较强的亲水性，其质量分数增加可提高细胞的保水力(夏钦等，2010)，其增加的原因有两点：一是逆境条件下大分子碳水化合物和蛋白质的分解加强，合成受到抑制(国春晖等，2014)；二是为了降低干旱胁迫对植物体的伤害，植物体可以诱导产生新的水分胁迫蛋白或将细胞内一些不溶性蛋白转变成为可溶性蛋白(康俊梅等，2005)。可溶性糖质量分数增加是由于植物在干旱胁迫下会大量地积累高度可溶的低分子量有机化合物，它们形态稳定，不易代谢(Iba，2002)，这些可溶性物质包括蔗糖、海藻糖、甘露醇及其他糖醇等(Toldi et al.，2008)。复水后，外界的水势增大，细胞内需要增大水势来维持正常的膨压，因此可溶性蛋白与可溶性糖质量分数下降。MDA 是植物细胞膜脂过氧化物之一，它能使细胞内的酶蛋白发生交联失活，增大细胞膜透性，其浓度大小可以反映植物体内细胞膜脂过氧化的强弱。试验前期，MDA 浓度的快速上升意味着苔藓结皮的膜系统受到了损伤，但损伤程度较小，后期随着水分缺失程度加强，细胞膜脂过氧化作用也随之加强，因此膜系统的损伤也逐渐加重。复水后，修复细胞损伤的诱导机制开始运行(Ortuño et al.，2004)，细胞膜损伤逐渐恢复，植物体代谢逐渐恢复正常。由干旱引起的多余活性氧被清除，MDA 浓度逐渐降低，植物体的受胁迫情况也得到了一定缓解。

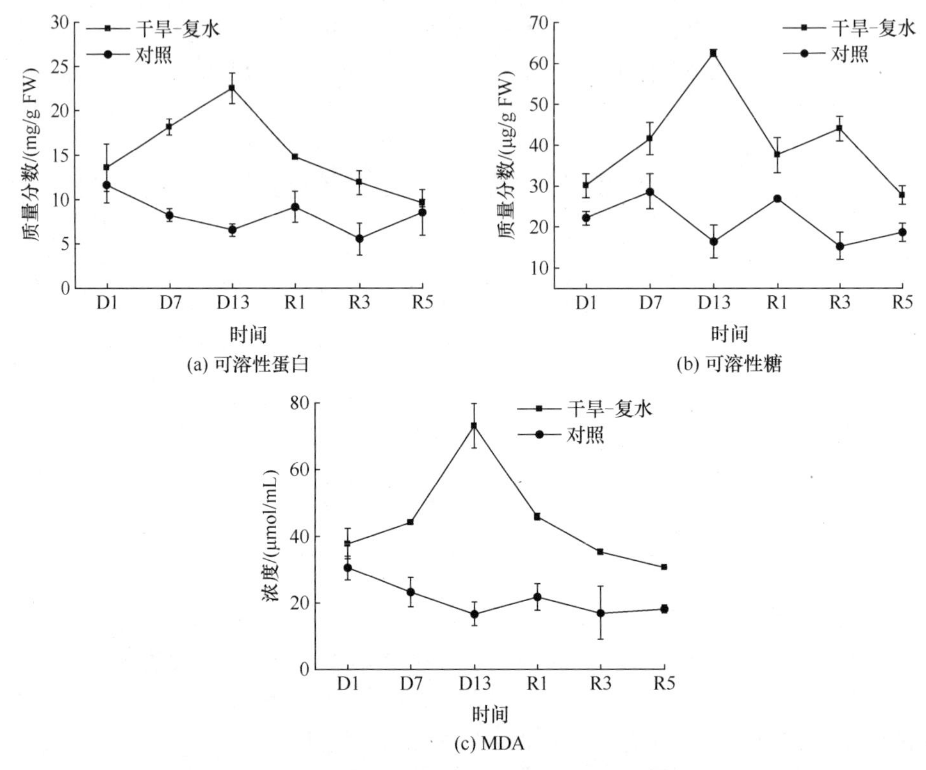

(a) 可溶性蛋白　(b) 可溶性糖

(c) MDA

图 6.18　干旱-复水过程中可溶性蛋白质量分数、可溶性糖质量分数和 MDA 浓度的动态变化过程

D1、D7、D13：干旱第 1、7、13 天；R1、R3、R5：复水后第 1、3、5 天

6.1.6　室内培育苔藓结皮对高温的抗逆性

适宜苔藓结皮生长的温度一般为 15～25℃。三种保护酶活性在 20℃对照条件下较稳定，而在 45℃高温条件下，随胁迫时间的延长呈现出先上升后下降的趋势(图 6.19)。

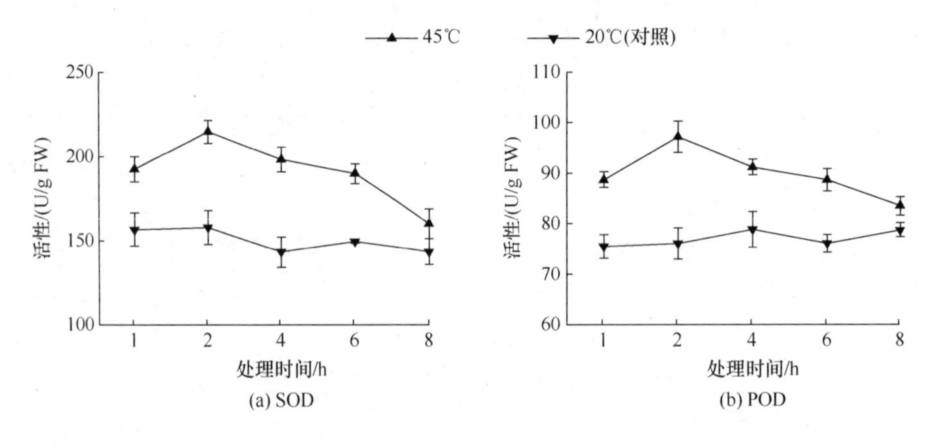

(a) SOD　(b) POD

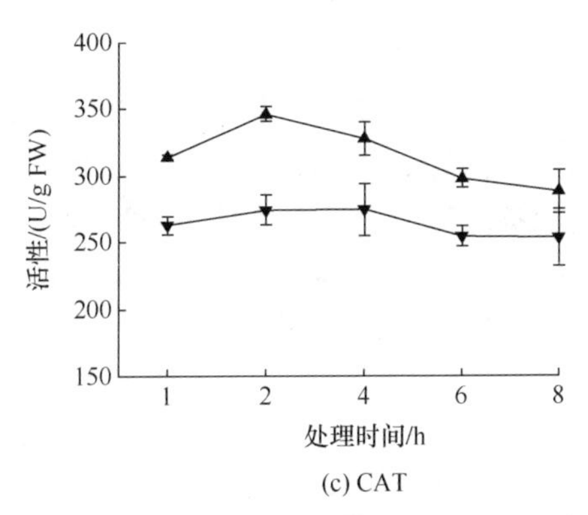

(c) CAT

图 6.19　高温胁迫过程中保护酶活性的动态变化过程

方差分析结果表明，在温度、时间、温度与时间的交互作用三种因素中，温度变化对保护酶活性变化的影响最为显著，温度与时间的交互作用对其也有影响，但影响较小(表 6.16)。在高温胁迫的前 2h 内，苔藓结皮的保护酶活性持续上升，说明短期的高温胁迫不会对其产生伤害，苔藓结皮具有一定的耐热性。2h 后保护酶活性逐渐降低，这是因为：①高温胁迫下，叶绿体结构被破坏，已有的叶绿素在 H_2O_2 及 O_2^- 等作用下被氧化分解；②高温使得细胞膜脂质过氧化作用加剧，对植物体的伤害超出了其耐受范围，造成酶蛋白结构破坏，使其活性下降(Ashraf et al.，2005)。然而，各种保护酶的活性与叶绿素含量有关，叶绿素含量越高，酶活性越高(Almeselmani et al.，2006)。

表 6.16　各因素对高温胁迫下不同指标的方差分析结果

指标	温度		时间		温度与时间的交互作用	
	F	*P*	*F*	*P*	*F*	*P*
SOD 活性	10.3	0.005	0.8	0.55	2.2	0.11
POD 活性	15.9	0.001	0.5	0.75	3.0	0.04
CAT 活性	8.5	0.008	0.7	0.60	0.6	0.65
可溶性蛋白质量分数	8.7	0.008	0.2	0.95	0.6	0.69
可溶性糖质量分数	5.0	0.040	0.5	0.73	1.9	0.16
MDA 浓度	5.6	0.030	0.9	0.47	0.7	0.63

如图 6.20 所示，高温胁迫下，人工苔藓结皮细胞内的可溶性糖质量分数与可溶性蛋白质量分数明显增加，但其变化又不尽相同。二者质量分数均在高温胁迫 1h 后快速增加，可溶性蛋白质量分数在胁迫 2h 后达到峰值，之后随胁迫时间延长而逐渐下降，胁迫 8h 后较对照处理高出 17.0%，但二者之间差异不显著；可溶

性糖质量分数随着高温胁迫时间延长逐步上升，但增长速率逐渐减缓，8h 后质量分数达到最大值，较对照高出 39.0%，二者之间差异显著($P<0.05$)。同时，高温胁迫增加了苔藓结皮植物体内的 MDA 浓度。在胁迫 1h 内，MDA 浓度的增长速率最快，胁迫 2～4h 其浓度保持稳定，之后随着胁迫时间的延长缓慢增加直至最终趋于稳定，8h 后，其浓度达到 67.04μmol/mL，比对照高出 34.0%，差异显著($P<0.05$)，表明细胞已受到较严重的破坏。

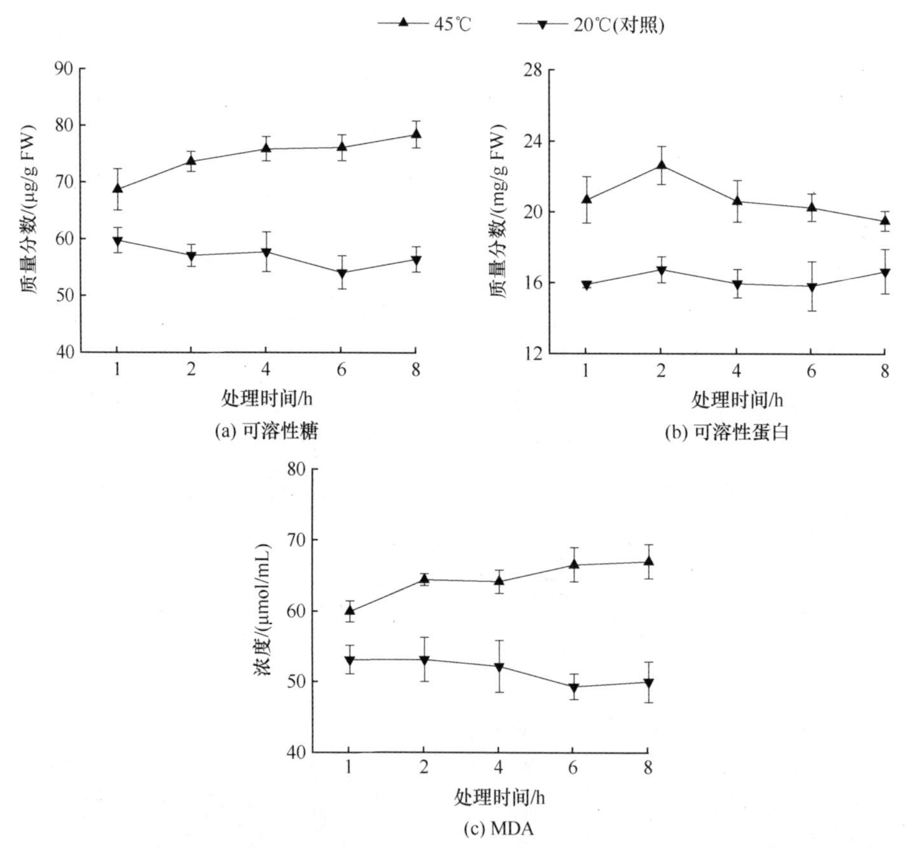

图 6.20　高温胁迫过程中可溶性糖、可溶性蛋白质量分数和 MDA 浓度的动态变化过程

温度是除水分以外植物生长发育的又一重要影响因子。高温胁迫会直接造成植物体内蛋白质变性，生物膜结构破坏，使植物体内的生理生化代谢紊乱，以致组织、器官甚至植株坏死(许桂芳等，2009)。高温下对植物的直接损伤包括蛋白质变性、聚集及膜流动性的增加；间接的或较慢的热损伤包括线粒体、叶绿体中酶的失活，抑制蛋白质合成且促进其降解，破坏膜的完整性等(Ashraf et al., 2005)。在高温过程中，常常伴随着水分的损失，水分胁迫使得高温对植物体的伤害加剧。研究表明，在高温胁迫下，大多数蛋白和信使核糖核酸的合成受到抑制，植物体

内会诱导产生一种应激蛋白——热休克蛋白，其中又以小分子热休克蛋白(small heat shock proteins，sHSPs)居多。sHSPs 能作为分子伴侣减少蛋白质的非正常聚集，与错误的肽段结合使之降解，再诱导其正确折叠；也能将非正常的蛋白质降解并清除到细胞外(Feder et al.，1999)，维持细胞内正常的生理活动。本试验中，高温胁迫的前 2h 内，可溶性蛋白的质量分数呈上升趋势，表明可溶性蛋白在高温胁迫的初期对于提高人工苔藓结皮的耐热性具有一定的作用。胁迫 2h 后，由于 45℃高温大大超出了苔藓植物生存的最适温度，随着胁迫时间的延长，sHSPs 本身也受到了影响，细胞内蛋白质的合成受到抑制，变性、聚集的非正常蛋白质含量增多，膜完整性受到破坏使可溶性蛋白质量分数逐渐降低，从而影响各种生理活动(Ashraf et al.，2005)。

可溶性糖的质量分数在干旱胁迫初期快速增加，之后增长速度减缓，但一直呈上升趋势，这是因为在 45℃高温处理下，不仅有温度的胁迫，也有水分损失所造成的胁迫。初期由于应激蛋白的增加使得苔藓结皮有一定的耐热性，各种酶活性的增加能够维持细胞内正常的生理活动。苔藓结皮作为一种典型的变水植物，能够在几分钟内失水干燥，在感受到由高温所引起的水分胁迫时启动了体内的耐旱机制，从而积累了大量高度可溶的低分子量有机化合物(Iba，2002)，因此可溶性糖质量分数增加较快。随着胁迫时间的延长，细胞内各种生理活动受到影响，因此其增长速率减缓。可溶性糖质量分数的持续增长证明人工苔藓结皮在高温胁迫下具有一定的耐受性。另外，长时间的高温胁迫下，植物体细胞内的 H_2O_2 积累量迅速增加(Anderson，2002)，而植物体内保护酶系统也受到损伤未能将其及时分解，造成植物细胞膜脂过氧化作用加重，MDA 大量积累。

对比分析试验中干旱-复水处理与高温胁迫处理下人工苔藓结皮的保护酶活性、渗透调节物质质量分数及 MDA 浓度，不难发现，苔藓结皮在高温胁迫下更易受到伤害。大量研究表明，植物的耐热性可通过不致死的热锻炼获得(Gulen et al.，2003)，即热驯化。热驯化可以减少植物体内水分丧失，提高细胞膜的热稳定性，减轻膜脂过氧化作用。因此，将室内培育的苔藓结皮移植到室外时，有必要进行合适的热锻炼提高其耐热性。

6.2　野外变环境恢复

之前的室内研究表明，在室内进行苔藓结皮的人工快速培育是可行的，最优的培育方案为“表层土壤含水量 25%～30%+光照强度 1000lx+接种量 700g/m^2+Hoagland 营养液”，且利用该方案培育的苔藓结皮在干旱及高温两种逆境中均具有一定的适应能力，但是否能将室内的最优方案直接应用到野外变环境中还不清楚。因此，基于已有的室内研究成果，进一步优化野外变环境条件下苔藓结皮的培育恢复技术，成为后期生态环境修复及工程化应用的必由之路。

绿化喷播技术是指将草种、肥料、黏结剂、保水剂、木纤维、土壤改良剂、色素等通过搅拌机均匀混合，而后通过液压喷播机将液态混合物喷射到所需绿化区域的一种绿化新技术(吴长文等，2000)。美国、日本和西欧等发达国家早在 20 世纪 70 年代初就将该技术应用于大地绿化和水土保持工程，而我国则是在 90 年代中期才开始。现已大量运用在河堤、矿山、山坡、公路、铁路等边坡绿化的植被恢复中(冷广州，2009)，且取得了不错的成效。苔藓结皮喜阴，是典型的变水植物，生长发育受外界环境的影响较大，尤其是水分、温度及光照。绿化喷播技术中的木纤维及黏结剂等所加原料在土壤表层形成了一层均匀的毯状物薄膜，毯中木纤维能够提供水分及有机质，同时在培育初期能够形成一定的遮阴，降低土壤温度，增加空气湿度；而外表层形成的胶冻膜能够保持内部的湿润，涵养水分、固定并保护苔藓植株的茎叶碎片不被风吹走或被雨水冲走，是苔藓结皮茎叶碎片能够良好生长的培养基。因此，可以认为绿化喷播技术在苔藓结皮的快速培育方面有很好的发展前景。

本节以黄土高原发育良好的优势苔藓结皮为种源，在前期室内培育试验的基础上，优化各种环境条件，考虑营养液、保水剂、植物生长调节剂、遮光率、菌藻等外源物质因素，采取撒播和喷播两种接种方式，探索适宜于野外大面积推广的苔藓结皮快速培育恢复技术，以期为苔藓结皮的工程化防治应用提供有效方案(Bu et al.，2018；李茹雪，2017；王春，2017)。

6.2.1 试验地概况及种源制备

野外试验在杨凌水土保持野外科学试验站进行，该站位于陕西省杨凌示范区五泉镇小漳河右岸(34°20′N，108°07′E)。当地属于暖温带大陆性季风气候，土壤为中壤土。年日照时间为 2163.8h；主导风向为东风和西风，最大风速为 21.7m/s；年平均气温为 12.9℃，最热月为 7 月，平均气温为 26.1℃，最冷月为 1 月，平均气温为−1.2℃，极端最高气温为 42.0℃，极端最低气温为−19.4℃；年平均降水量为 635.1mm，占全年农作物所需水分的 63.9%，是该地区水资源的重要来源，多集中在夏季和秋季，降水量不稳定，年际变化较大；潜在蒸发量为 1505.3mm，湿润指数为 0.64，无霜期 211d。气象灾害包括干旱、连阴雨、大风、霜冻、暴雨、冰雹、干热风等，以干旱和连阴雨为主，而干旱又以夏旱为主，占总次数的 42%，连阴雨以秋季最多，占总次数的 47%。土壤耕层(0～20cm)养分含量较低，平均有机质质量分数为 1.055%，其中全氮 0.0763%，碱解氮 54mg/kg，速效磷 6.82mg/kg，速效钾 216mg/kg。微量元素硼、锰、锌、铁均缺乏，唯有铜含量丰富。主要植被有国槐(*Sophora japonica* Linn.)、柏树(*Juniperus squamata* var. *squamata*)、榆树

(*Ulmu pumila* L.)、鬼针草(*Bidens pilosa* Linn.)、蒺藜(*Tribulus terrestris* L.)、阿尔泰狗娃花等。试验站内设有小型气象站，24h 监测站内地表温度、环境温度、降水量等气候指标。

试验所需苔藓结皮样品采自陕西省延安市安塞区纸坊沟小流域的自然坡面(36°46′99″～36°52′44″N，109°17′2″～109°18′50″E)和砖窑湾镇贾居沟的自然坡面(36°42′21″～36°48′44″N，109°08′46″～109°14′30″E)，采样地主要植被为小叶杨、柠条锦鸡儿和长芒草，苔藓结皮盖度在 80%以上，平均厚度为 11.45mm±0.51mm (n=9)。采样时，铲取厚度为 1cm 的苔藓结皮，装入洁净的塑料袋，挑出肉眼可辨的枯落物、土块、石子等，带回试验室自然阴干。经鉴定，苔藓结皮的优势种为土生对齿藓，伴生有长尖对齿藓及丛生真藓等。

6.2.2　关键影响因子研究

1. 试验设计

该试验共包括两个阶段。第一阶段试验于 2015 年的秋季(9～11 月)进行，在室内培育的基础上，考虑营养液(Hoagland)、保水剂[聚丙烯酰胺(polyacrylamide，PAM)]及植物生长调节剂[吲哚丁酸(indole butyric acid，IBA)0.1mg/L]3 个因素，每个因素均设添加和不添加两种处理，试验设计如表 6.17 所示。培育接种前两天，将施加保水剂的小区表层 1cm 土壤取出晾干，按保水剂占土壤干重(土壤容重 1.35g/cm^3)0.02%的比例混合均匀，再平铺到原来的小区。撒播接种时，使用自制的撒播仪器将苔藓结皮茎叶碎片按照 700g/m^2 的接种量均匀撒播在所有小区内，厚度约为 2mm；喷播接种时，用自制组装的小型喷播设备，按照配方“苔藓茎叶碎片(700g/m^2)+木纤维(100g/m^2)+黏结剂(3g/m^2)+Hoagland 营养液(2.1L/m^2)+IBA (2.1L/m^2)+水(2.1L/m^2)”形成的混合浆液喷播到各小区。苔藓结皮茎叶碎片使用植物粉碎机粉碎，过 80 目筛。无营养液或植物生长调节剂的处理用水代替。IBA 在培育期间每 14d 施加一次。

表 6.17　秋季培育恢复试验设计表

处理	Hoagland	PAM	IBA	处理	Hoagland	PAM	IBA
1	无	无	无	5	有	无	无
2	无	无	有	6	有	无	有
3	无	有	无	7	有	有	无
4	无	有	有	8	有	有	有

第二阶段试验于 2016 年的夏季(5～7 月)进行。光照是苔藓植物生长的一个关

键因素。苔藓植物多为耐阴植物，具有较低的光饱和点，更适宜在弱光照下生长，然而将其作为一种防治水土流失的新途径应用到野外环境中时，布设区的光照在很大程度上受到布设区的位置及季节等因素的影响而无法满足苔藓结皮的生长要求。因此，需采取适当的养护措施以保证苔藓结皮的成活率。在秋季培育恢复试验过程中发现,在小区围挡挡板遮阴下生长的苔藓结皮具有更高的盖度和株密度。因此，在秋季试验结果的基础上，将遮光率纳入影响因子的考虑范围，以期寻求最佳的养护效果。本阶段试验共考虑营养液与遮光率两个试验因素，试验设计如表 6.18 所示。接种方式与秋季相同，接种后将遮阳网盖在各小区上方，离地高度为 20cm(图 6.21)。

表 6.18　夏季培育恢复试验设计表

处理	Hoagland	遮光率/%	处理	Hoagland	遮光率/%
1	无	0	5	有	0
2	无	50	6	有	50
3	无	70	7	有	70
4	无	90	8	有	90

(a) 种源制备　(b) 喷播种源　(c) 撒播种源　(d) 遮阴处理　(e) 培育末期

图 6.21　种源喷播与撒播的试验过程(见彩图)

在两阶段培育过程中，每 7d 施用一次营养液。每个小区面积为 1m×1m，坡度为 15°。每个处理区组内的小区随机分布，以消除各种因子的空间差异对试验的影响。试验期间同步测定各小区的光照强度、地表温度和空气湿度。使用 TDR 不定期监测 0～5cm 表层土壤含水量，根据测定结果，适时调整浇水时间，将土壤含水量控制在 15%～25%。

2. 营养液、保水剂及植物生长调节剂对苔藓结皮生长发育的影响

在本阶段试验中，苔藓结皮盖度在培育的前 45d 快速增加，之后增长速率减缓并逐步趋于稳定(图 6.22)。喷播处理下的苔藓结皮在培育 45d 后即可达到最大值，而撒播则需要 60d。在两种接种方式下，培育时间对盖度的影响最为显著，表现为强烈的促进效应，营养液的施加也对苔藓结皮的盖度有着显著的促进作用；而 PAM 和 IBA 的添加均表现出一定的抑制效应(表 6.19)。到培育末期时，两种接种方式下的苔藓结皮盖度均可达到 85%以上，且处理间的差异不显著。

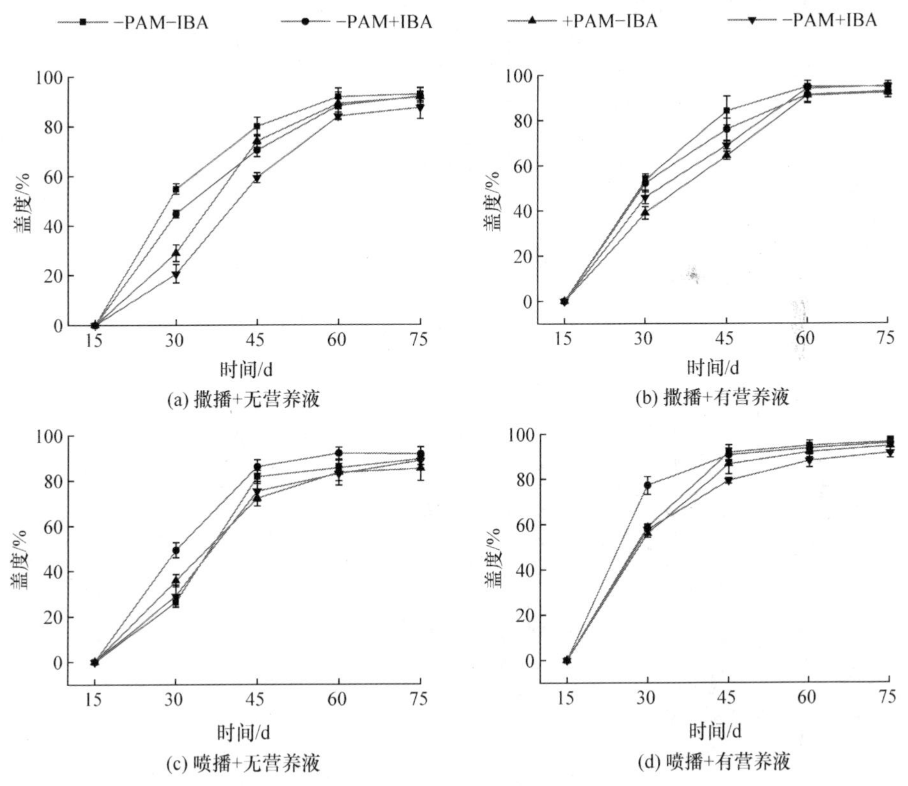

图 6.22　营养液、保水剂及植物生长调节剂对苔藓结皮盖度的影响

−PAM/+PAM 为不添加/添加保水剂 PAM；−IBA/+IBA 为不添加/添加植物生长调节剂 IBA

表 6.19 营养液、保水剂及植物生长调节剂对苔藓结皮不同生长指标的多元方差分析

试验因素	撒播						喷播					
	盖度		株密度		生物量		盖度		株密度		生物量	
	F	*P*	*F*	*P*	*F*	*P*	*F*	*P*	*F*	*P*	*F*	*P*
N	34.1	<0.0001	600.0	<0.0001	0.2	0.6800	22.9	0.0002	706.9	<0.0001	144.6	<0.0001
PAM	87.1	<0.0001	138	<0.0001	9.0	0.0090	133.8	<0.0001	86.6	<0.0001	2.6	0.1300
IBA	13.1	0.0020	1.6	0.2300	4.0	0.0600	20.9	0.0003	1.5	0.2400	16.5	0.0007
N×PAM	5.5	0.0300	15.7	0.0010	0.1	0.8000	1.2	0.2900	2.1	0.1700	13.5	0.0020
N×IBA	16.1	0.0010	3.7	0.0700	1.7	0.2100	19.6	0.0004	3.4	0.0800	10.7	0.0050
PAM×IBA	3.8	0.0700	8	0.0100	0.3	0.5800	4.6	0.0500	31.0	<0.0001	2.6	0.1300
N×PAM×IBA	6.6	0.0100	26.5	<0.0001	0.3	0.5700	6.8	0.0100	22.7	0.0002	6.3	0.0200
T	1079.3	<0.0001	3093.6	<0.0001	—	—	2750.8	<0.0001	4471.4	<0.0001	—	—
T×N	9.0	0.0010	86.7	<0.0001	—	—	22.2	<0.0001	114.6	<0.0001	—	—
T×PAM	29.1	<0.0001	20.2	<0.0001	—	—	61.8	<0.0001	33.4	<0.0001	—	—
T×IBA	3.3	0.0500	1.4	0.2700	—	—	5.5	0.0100	3.0	0.0700	—	—
T×N×PAM	9.7	0.0010	9	0.0010	—	—	13.5	0.0002	8.7	0.0020	—	—
T×N×IBA	2.3	0.1200	6.8	0.0030	—	—	6.5	0.0060	3.7	0.0400	—	—
T×PAM×IBA	0.7	0.5800	9.8	0.0010	—	—	1.9	0.1700	15.0	0.0001	—	—
T×N×PAM×IBA	0.7	0.5800	3.2	0.0600	—	—	1.7	0.2100	24.9	<0.0001	—	—

注：N 表示营养液；PAM 表示保水剂；IBA 表示植物生长调节剂；T 表示培育时间。

苔藓结皮的株密度在培育期内一直表现为上升趋势，方差分析结果表明，培育时间是最主要的影响因素，而营养液的施加可使苔藓结皮的株密度提高 40%以上，且这种促进作用随着培育时间的延长而逐渐增强。PAM 的添加使得苔藓结皮株密度降低了约 25%，在有营养液补充时，有 PAM 添加的处理下的株密度较高，但与无 PAM 添加处理间的差异不显著(图 6.23，表 6.19)。对于生物量而言，两种接种方式下的变化情况有所不同。在撒播处理下，只有 PAM 对生物量产生了显著影响；在喷播处理下，有营养液处理下生物量是无营养液的 2 倍，而当其与 PAM 或 IBA 有交互作用时，这种促进作用被削弱。同时，IBA 对生物量表现出一定的抑制作用。到试验末期，撒播和喷播各处理下苔藓结皮的最大生物量分别为 8.54μg/cm^2 和 19.62μg/cm^2(图 6.24，表 6.19)。

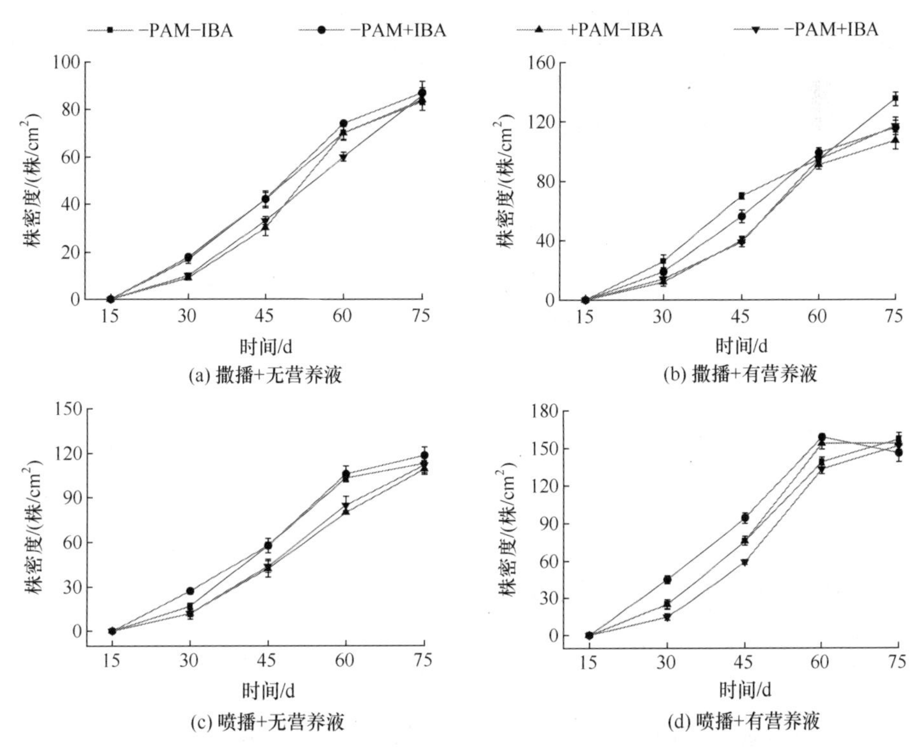

图 6.23　营养液、保水剂及植物生长调节剂对苔藓结皮株密度的影响

−PAM/+PAM 为不添加/添加保水剂 PAM；−IBA/+IBA 为不添加/添加植物生长调节剂 IBA

3. 营养液与遮阴对苔藓结皮生长发育的影响

实测数据表明，实际的遮阴效果与设计值之间有部分误差，且随时间变化有所不同。在一天光照最强烈时(14:00)，50%、70%、90%遮阳网的实际遮光率约为 60%、77%、85%。图 6.25 展示了不同遮光率下各环境因子随时间的变化情况。

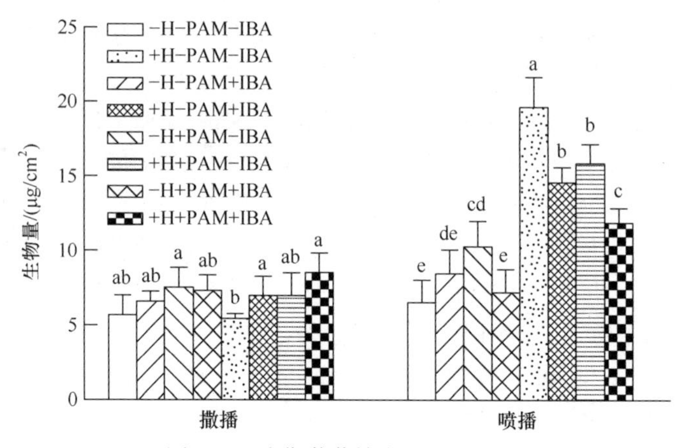

图 6.24　末期苔藓结皮生物量对比

–H/+H 为不添加/添加营养液 Hoagland；–PAM/+PAM 为不添加/添加保水剂 PAM；–IBA/+IBA 为不添加/添加植物生长调节剂 IBA；柱状图上不同字母表示处理间差异显著($P<0.05$)

可以看出，地表温度、光照强度及土壤含水量随着时间的变化呈现出先上升后下降的趋势，而空气湿度则随着时间的变化一直呈下降趋势。方差分析结果表明，遮光率对光照强度($P<0.001$)、空气湿度($P<0.05$)及土壤含水量($P<0.001$)的影响显著，而对地表温度的影响不显著，不同遮光率下各环境因子的差异如表 6.20 所示。

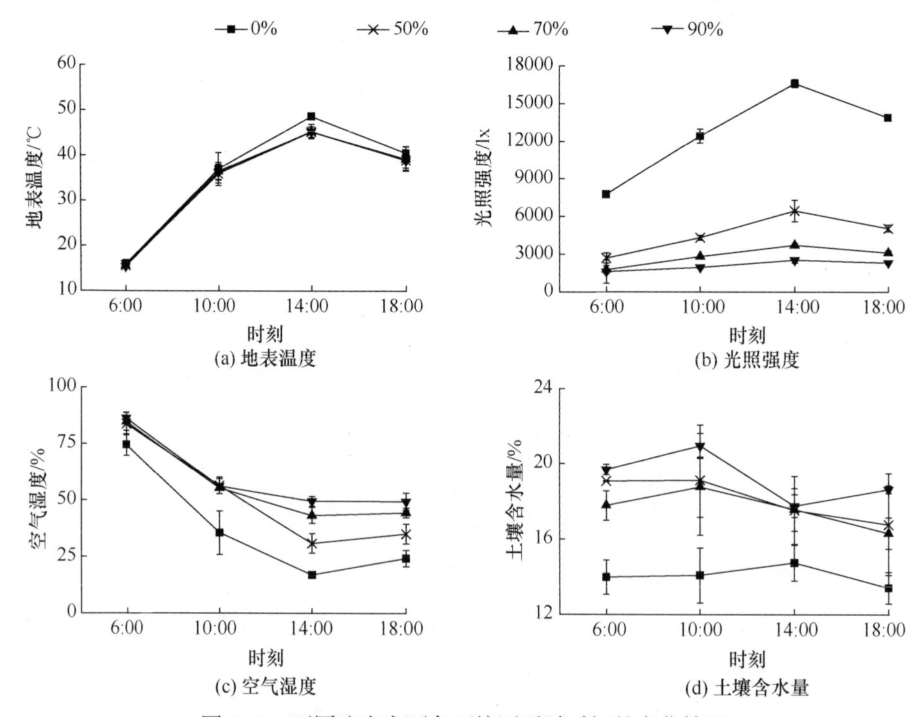

图 6.25　不同遮光率下各环境因子随时间的变化情况

表 6.20　不同遮光率下各环境因子的差异

遮光率/%	地表温度/℃	光照强度/lx	空气湿度/%	土壤含水量/%
0	35.51a	12696.25a	36.88b	14.05c
50	33.93a	4648.33b	51.57ab	18.13ab
70	34.12a	2132.08c	56.94a	16.61b
90	33.97a	2880.33c	60.35a	19.26a

注：同列不同字母表示差异显著(P<0.05)。

图 6.26 展示了不同遮光率及营养液对苔藓结皮生长发育的影响。可以看出，在撒播和喷播两种接种方法中，苔藓结皮盖度在培育前 60d 内均快速增加，后逐渐趋于平缓；而营养液的添加能使苔藓结皮盖度增加 40%～50%；在三种遮光率条件下，70%遮光率下的苔藓结皮较其他两种具有更高的盖度。总的来说，无论采用何种接种方法，同时施用营养液和提供 70%的遮光率都能最大程度促进苔藓结皮的盖度发育。到培育第 75 天时，喷播和撒播处理下 70%遮光率的苔藓结皮盖度可

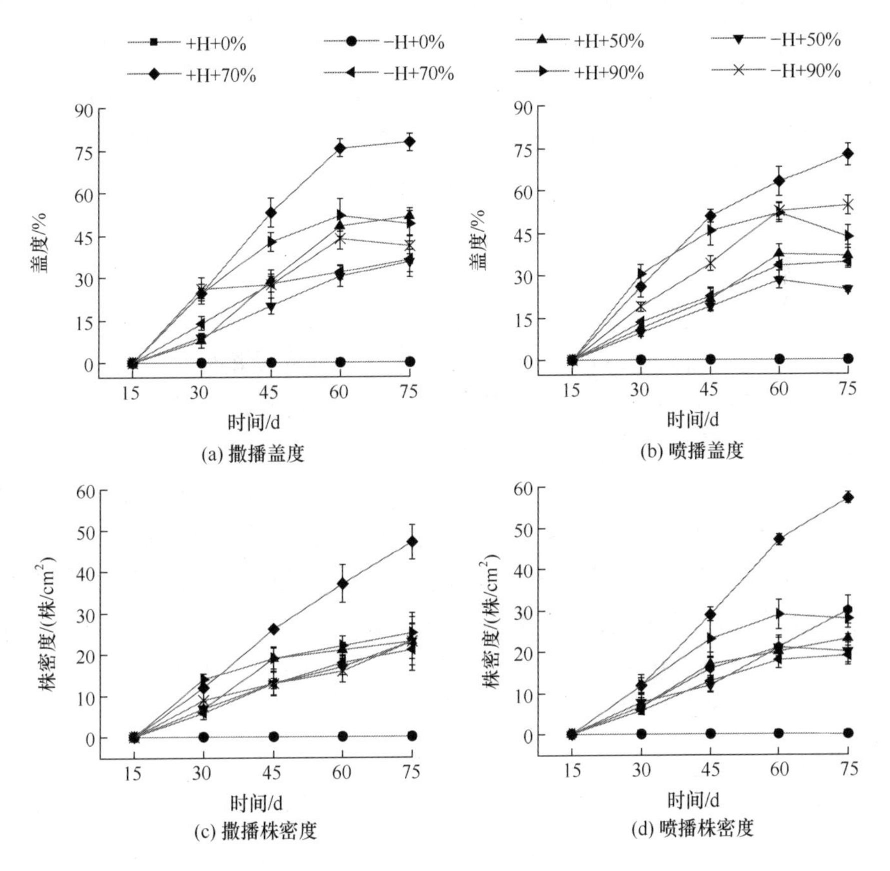

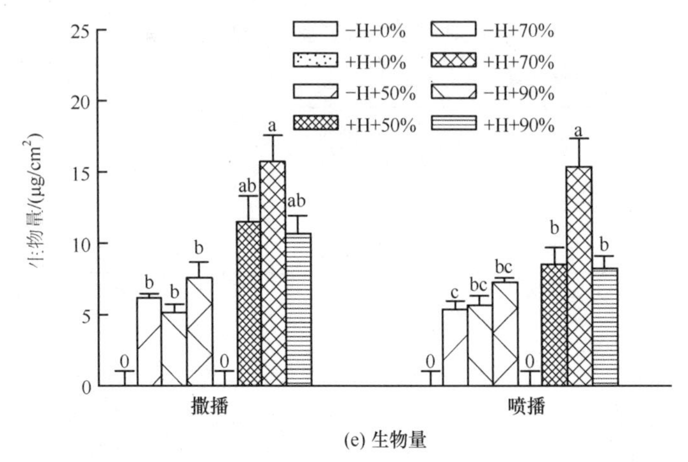

(e) 生物量

图 6.26　不同遮光率及营养液对苔藓结皮生长发育的影响

−H/+H 为不添加/添加营养液；柱状图上不同字母表示处理间差异显著($P<0.05$)

分别达到 72.5%和 77.8%。多元分析结果表明营养液、遮光率、培育时间及其交互作用对苔藓结皮盖度发育均有显著影响(表 6.21)。株密度与生物量的变化情况与盖度变化基本一致，在添加营养液和 70%遮光率处理下的苔藓结皮具有最大的株密度和生物量，到培育末期，喷播和撒播方式下的苔藓结皮株密度分别为 57 株/cm^{2}和 47 株/cm^2，生物量分别为 15.33μg/cm^{2}和 15.71μg/cm^2。而对于生物量而言，无论是否添加营养液，70%的遮光率均可提高生物量。

4. 讨论

1) 营养物质添加与遮阴养护可促进苔藓结皮发育

大多数陆地生态系统均受到土壤资源的限制，如养分和水分。本研究中发现，在有遮阴时，Hoagland 营养液可促进苔藓结皮的生长，而无遮阴时这种促进效应削减为 0。遮阴是一种被动的方法，可降低网下温度、增加土壤水分留存以增加资源的可用性。对于大多数苔藓植物来说，降低光照强度不会对其生长产生太大影响，因为与维管植物相比，它们能够忍受甚至更喜欢弱的光照(Alpert et al., 1987)。在夏季，遮阴提高了网下空气湿度和土壤含水量，因此有遮阴的苔藓结皮较无遮阴处理发育得更好(图 6.27)。这与之前的研究一致(马进泽等，2012)，即遮阴明显促进了苔藓结皮生长，至少在夏季条件下，70%遮光率对苔藓结皮盖度、株密度和生物量的促进最为有效。

表 6.21　营养液及遮光率对苔藓结皮不同生长指标的多元方差分析

试验因素	撒播						喷播					
	盖度		株密度		生物量		盖度		株密度		生物量	
	F	*P*	*F*	*P*	*F*	*P*	*F*	*P*	*F*	*P*	*F*	*P*
N	149.8	<0.0001	48.7	<0.0001	108	<0.0001	106.4	<0.0001	187	<0.0001	81.4	<0.0001
S	32.9	<0.0001	11.2	0.0018	2.6	0.1100	93.5	<0.0001	56.1	<0.0001	16.7	0.0003
N×S	23.7	<0.0001	14.8	0.0006	13.4	0.0009	41.7	<0.0001	89.5	<0.0001	26.2	<0.0001
T	879.9	<0.0001	266.9	<0.0001	—	—	266.9	<0.0001	454.2	<0.0001	—	—
T×N	66.9	<0.0001	27.0	<0.0001	—	—	3.9	0.0400	26.8	<0.0001	—	—
T×S	7.2	0.0003	11.3	<0.0001	—	—	7	0.0004	9.7	<0.0001	—	—
T×N×S	8.6	0.0001	6.6	0.0002	—	—	16.3	<0.0001	19.1	<0.0001	—	—

注：N 表示营养液；S 表示遮光率；T 表示培育时间。

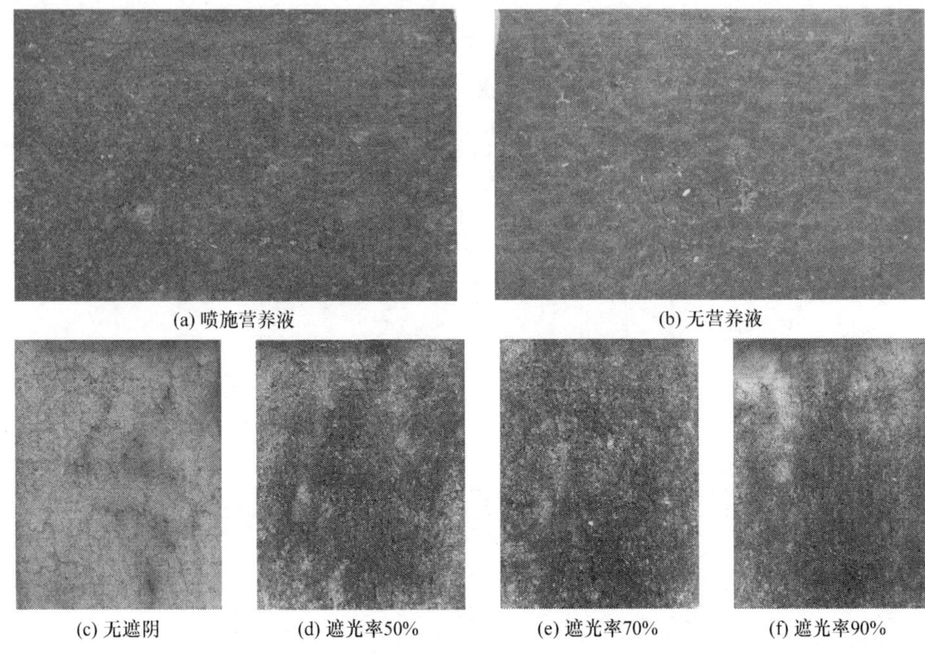

图 6.27　营养液与遮光率对苔藓结皮生长发育的影响(见彩图)

这是由于苔藓植物一般在低光照强度或中光照强度条件下进行光合作用和其他代谢活动，当光照强度过低或过高时，均会破坏苔藓结皮体内叶绿素的合成(吴玉环等，2001)。原丝体阶段是苔藓植物营养生殖所必需的，它可以分化成各种形式的组织，在 3500～4500lx 的光照强度下可刺激其生长(Vashistha et al.，1987)。无遮阴与遮光率 50%的处理下光照强度均超过 4500lx，因此抑制了苔藓结皮的生长发育。这是因为不同苔藓植物物种之间存在生物学和生理上的差异，其次，不同藓种对环境的长期适应使其对光照强度的需求可能存在显著差异(刘俊华等，2005)。因此，本研究的具体结果可能并不能推广到所有藓类中，但可为类似试验提供一定的参考。

2) 效果不显著的保水剂及植物生长调节剂

在本研究中，PAM 对苔藓结皮的发育并未产生积极影响。造成这一现象的原因首先在于土壤含水量的影响。在整个试验过程中，试验小区内 0～5cm 土层的平均土壤含水量(15%～25%)及空气湿度一直处于较高水平，完全足够苔藓结皮发育的水分需求，所以保水剂并未发挥出其真正的效用。杨延哲(2016)的野外试验也证明在沙地培育银叶真藓时，当浇水频率为 2d 一次时，PAM 未对苔藓结皮的生长产生促进作用，而当浇水频率为 10d 一次时，其对苔藓结皮的生长发育表现出显著的促进作用。其次，与保水剂的性能和苔藓结皮的生理特性有关。保水剂吸水后不能自主地根据周围环境状况将水分释放到土壤中，只能靠根系的被动吸收来释放水分(刘效军等，2001)，而苔藓结皮的假根不具有运输水的功能，也没有从保水剂中吸收水分的有效通道(Cooper，1975)，因此较其他维管植物而言不能完全发挥其保水的作用。最后，保水剂的保水能力和保水效果也可能因其类型、土壤温度、盐度、混合比例、施用方式、灌溉水量和灌溉方式的不同而不同(冉艳玲等，2015)。有关保水剂在苔藓结皮快速培育中的应用还处于探索阶段，其种类、剂量和应用技术的相关问题仍需进一步深入研究。

植物生长调节剂可能对植物生长发挥着正向诱导作用，也可能有抑制作用。本研究中，IBA 在野外环境条件下对苔藓结皮生长的影响不显著，且有的处理表现出抑制作用。前期的室内试验表明，0.1mg/L 的 IBA 溶液对土生对齿藓的盖度、株密度及生物量均有促进作用。造成这一矛盾的原因在于野外试验因子多且变异较大，施加的 IBA 存在部分光解；同时，较高的土壤含水量可能对其浓度产生一定的稀释作用。这些原因使得 IBA 的实际浓度小于初始预计值，而植物生长调节剂的作用与其施用剂量显著相关(刘晓红，1998)。综上可知，寻求不同藓种适用的植物生长调节剂种类和用量是苔藓结皮快速培育恢复研究的重要方向之一。

3) 接种时间的影响

对比两阶段下两种培育效果发现，接种时间比接种方式更重要。通常情况下，喷播接种具有更快的发育速度及更优的培育效果，但这并不是绝对的。喷播中添加的木纤维具有一定的遮阴和保水作用，且能降低土壤水分的蒸发速度，这为苔藓结皮的生长发育提供了一个更有利的环境，进而促进了苔藓结皮的生长；而在夏季的遮阴处理中，保水、遮阴效果更好的遮阳网可能掩盖了木纤维的作用。同时，喷播方式下的苔藓结皮具有一定的土壤聚集效果，这有利于苔藓结皮的建立，尤其是在有雨水侵蚀的地区。从经济角度而言，喷播苔藓结皮的接种效率更高，喷播 100m^2 仅需 10min，且喷播方式适合于许多立地条件恶劣的高陡边坡。因此，苔藓结皮野外坡面防治施工时推荐采用喷播接种方式。

秋季接种(第一阶段)的培育效果整体优于夏季接种(第二阶段)，这可能与当时的气候条件有关。秋季试验在 2015 年 9～11 月进行，期间环境平均温度为 15～25℃，适宜苔藓结皮生长(张侃侃，2012；卜崇峰等，2011)。另外，该时段内降水量充足且分布均匀，累计达到 234.6mm(约占全年总降水量的 46%)，使 0～5cm 土层土壤含水量基本保持在 15%～25%。夏季试验于 2016 年 5～7 月进行，期间虽然降水总量达到 224.8mm(约占全年降水量的 44%)，但地表平均温度超过 35℃，地表 0～5cm 土层土壤湿润的持续时间减少，这些都对苔藓结皮的生长发育造成负面影响，还使得蒸发量增大。尤其在 12:00 以后，地表相对湿度仅为 40%。这些原因造成苔藓结皮在夏季的长势较差。因此，选择适宜的接种时间也很重要，这关系到水分、温度、光照等因子的综合效果(Ram et al.，2007)。

通过喷施营养液、添加遮阳网等养护措施暂时减缓或消除了野外水分、温度或养分等限制因素的影响，但从经济角度而言，这些养护措施不可能无限期地持续下去，特别是在大规模应用的情况下。因此，构建靠自身生理活性可持续生长的苔藓结皮是非常重要的。在本节试验中，虽然培育的苔藓结皮在培育过程中受到了杂草定植的影响，但停止养分/水分供应或撤掉遮阴养护措施之后，苔藓结皮未发生任何退化。之前的室内研究结果表明，可通过适度的、非致死的干旱-复水胁迫或短暂高温暴露诱导来提高苔藓结皮对逆境的适应性，从而提高其在野外环境中的存活率(Bu et al.，2017)。与室内试验相比，野外培育的苔藓结皮从培育初期就受到了必要的、非致死性的逆境胁迫，进一步获得了更高的抗逆性，使得其在试验完成后也具有较好的持续性。

6.3　培育恢复技术方案优化

我国能源开发、交通建设等工程活动造成了巨量的工程创面，这些创面数量多、危害大，对生态环境造成了潜在威胁，有着急需恢复治理的现实需求。植树种草虽然是防治水土流失的主要途径，但同生物结皮生态修复措施相比，具有成本高、见效慢和抗逆性差的缺点，且对于诸多生产建设项目造成的工程创面而言并不适用。研究表明，采取合适措施手段实现生物结皮的快速培育是一条低成本、高效益的生态修复新途径(Chiquoine et al.，2016；Doherty et al.，2015)。因此，苔藓结皮生态修复措施未来的主要应用场景是高陡边坡等极端环境。之前的野外研究主要集中在缓坡上，而陡坡坡面与缓坡相比，环境条件更加恶劣，因此培育技术还需更进一步优化。

微生物及藻类是生物结皮的重要组成部分，其种类和数量等改变在很大程度上会对苔藓结皮的发育产生影响。芽孢杆菌(*Bacillus* spp.)是一类好氧或兼性厌氧细菌，它能产生对高温、干燥、电离辐射、紫外线及多种有毒化学物质均有较强抗性的芽孢，广泛存在于土壤、动物肠道、植物体、空气及水体等环境中(邹伟等，2008)。一些芽孢杆菌能够降解土壤中难溶的含磷含钾化合物，从而提高土壤中磷元素及钾元素有效性(Lian et al.，2008；Gyaneshwar et al.，2002)。藻类能够通过提高土壤表层孔隙度，增加表层土壤含水量，在降低击溅侵蚀的同时，也可阻止地表土壤水分蒸发，改善近地表水分条件(曲娜等，2018；康磊等，2012)，为生物结皮中其他组分的发育营造了适宜的土壤与水分条件。在生理活性方面，藻类能够与苔藓植株的叶片和假根紧密缠绕在一起，以低浓度胞外多糖促进藓类原丝体与配子体的发育并产生新的茎叶体(张丙昌等，2013)。同时，与其他植被恢复措施结合可能也会对苔藓结皮的发育产生影响，若能结合传统植物恢复措施与生物结皮各自的优势，将二者相结合，使其同时发挥生态效益，这将对边坡生态修复方式的创新提供技术支持。因此，鞠孟辰(2019)和王清玄(2019)在以往研究的基础上，探讨了人为添加菌藻等外源物质及草本植物对苔藓结皮生长发育的影响，以期为后续苔藓结皮的野外大面积推广提供借鉴及参考。

6.3.1　试验设计

试验所在的坡面长度为 6m、坡度为 45°、方位角为 245°、宽度为 9m。使用厚度为 5cm，高度为 40cm 的混凝土方砖与 3mm 厚、40cm 宽的铝塑板将试验坡面分割为 27 个 2m(顺坡) × 1m(横坡)和 18 个 3m(顺坡) × 1m(横坡)的试验小区。每个试验小区内平整后平铺国标 EM3 三维土工网，四边以木楔固定。

1. 藻类与功能性微生物

考虑功能性微生物(巨大芽孢杆菌、胶质芽孢杆菌)及复合藻液(不添加、1g/m^2、3g/m^2)两个试验因素，复合藻液中主要包括小球藻和硅藻。试验采用完全试验设计，共计 9 组处理，具体的试验因素及其水平设计如表 6.22 所示。每个处理设置 3 个重复，共 27 个小区。根据试验坡面现场状况随机布置试验小区以减少环境梯度的影响。

表 6.22　试验因素及其水平设计表

处理	功能性微生物	复合藻液添加量/(g/m^2)
1	巨大芽孢杆菌	
2	胶质芽孢杆菌	1
3	不添加	
4	巨大芽孢杆菌	
5	胶质芽孢杆菌	3
6	不添加	
7	巨大芽孢杆菌	
8	胶质芽孢杆菌	0(不添加)
9	不添加	

每个试验小区上覆 10～20mm 厚、按不同处理混合了胶质芽孢杆菌或巨大芽孢杆菌的基质(过 5 目筛黄土、育苗基质、水、有机肥，体积比为 1∶1∶1∶0.2，芽孢杆菌按照 10g/kg 的质量比与基质拌和)，之后立即将制备好的苔藓结皮茎叶碎片(500g/m^2)均匀撒播于试验小区内，适量洒水促进附着。复合藻液于接种苔藓结皮茎叶碎片后 15d 根据处理要求均匀喷洒于坡面上。培育初期(第 0～30 天)使

用遮阳网控制光照强度小于 20000lx，土壤含水量大于 10%，每隔 5d 按照 2.1L/m^2 的施用量喷施 Hoagland 营养液，到培育中期(第 31～60 天)仅控制土壤含水量与光照强度，培育末期(第 61～90 天)撤下遮阳网，不再人为补充水分。

2. 草本植物与功能性微生物

考虑草本植物和功能性微生物 2 个因素，采用完全试验设计，共 6 组处理，各试验处理及缩写如表 6.23 所示，每个处理重复 3 次，共 18 个小区。草本植物选择高羊茅(*Festuca elata* Keng.)与紫花苜蓿(*Medicago sativa* L.)混播，功能性微生物选择胶质芽孢杆菌与巨大芽孢杆菌的成品制剂(主要成分为以适宜载体制备的胶质/巨大芽孢杆菌及其代谢产物的颗粒状干粉，有效活菌数≥100 亿/g)。

表 6.23 试验处理及缩写

处理	草本植物	功能性微生物	缩写
1	有	巨大芽孢杆菌	Grass+BMe
2	有	胶质芽孢杆菌	Grass+BMu
3	有	无	Grass
4	无	巨大芽孢杆菌	BMe
5	无	胶质芽孢杆菌	BMu
6	无	无	CK

坡面基础处理好后，将混合基质按照固定比例搅拌均匀，并根据处理加入 2g/m^2 胶质/巨大芽孢杆菌(添加不同微生物的搅拌桶不得混用，以免造成污染)，使用建筑涂料喷枪(CY9511A/9513)均匀喷涂于对应试验小区，在填满三维网与坡体的孔隙后继续喷涂至高于坡面 5mm 左右。在基质未脱水凝固前，迅速以干喷法将苔藓结皮茎叶碎片按 500g/m^2 均匀接种于对应小区，并使用高雾化度的喷头喷洒少量水，确保苔藓结皮茎叶碎片的附着。待所有小区接种完成后，按照试验处理将高羊茅与紫花苜蓿按照 1∶1 的比例混合，采用撒播的方式播种于对应试验小区，播种量为 1000 颗/m^2。

布置完成后，用 90%遮光率的遮阳网覆盖所有试验小区，离地 1.5m 以上，降低光照强度，并营造相对封闭稳定的空间，为生物结皮的定植恢复及草种萌发提供有利条件。由于试验期临近雨季，在坡顶配备防水布，防止各小区生物结皮及草本植物在生长发育前被降水冲毁。试验开始后第一个月内每日分别于 10:00、17:00 浇水，浇水时使用高雾化度的喷头向上喷洒，确保不会在坡面产生水流。培育期间每隔 10d 喷洒一次 Hoagland 营养液，每次施用量为 2.1L/m^2。以上两个试验均于 2018 年 8～12 月进行。高陡边坡建设及坡面恢复情况如图 6.28 所示。

(a) 试验小区建设　(b) 遮阴养护

(c) 黄土坡面恢复　(d) 石质坡面恢复

图 6.28　高陡边坡建设及坡面恢复情况(见彩图)

6.3.2　菌藻添加对苔藓结皮生长发育的影响

1. 苔藓结皮发育状况

据观察，苔藓结皮呈斑块状分布，在试验小区间格挡处盖度较高，而在各试验小区上部明显较小。添加 $1g/m^2$ 藻液并施用巨大芽孢杆菌处理下，苔藓结皮盖度有最大中位数，各处理盖度均值为 61.4%，最小值为 32.7%，变异系数 CV=24.48%，各处理间存在一定差异。添加 $3g/m^2$ 藻液、不施用功能性微生物处理下，苔藓结皮株高度有最大中位数，各处理株高度均值为 2.67mm，最小值为 1.31mm，变异系数 CV=33.34%。不添加藻液、施用胶质芽孢杆菌处理下，苔藓结皮厚度有最大中位数，各处理苔藓结皮厚度均值为 2.58mm，最小值为 1.25mm，变异系数 CV =32.63%(鞠孟辰等，2019)。

2. 藻类及功能性微生物对苔藓结皮生长发育的影响

后续方差分析结果表明藻类的添加对苔藓结皮的生长发育有显著影响，其在盖度、厚度及株高度方面分别解释了 95.81%、92.44%及 90.53%的处理间方差，显著影响苔藓结皮的生长发育($P<0.01$)，而三种不同添加量之间的影响同样具有

显著性($P<0.01$)。不添加藻液、添加量为 1g/m^2 及添加量增加至 3g/m^2 时，苔藓结皮盖度的预测均值分别为 59.32%、66.8%及 62.2%，厚度的预测均值分别为 2.54mm、2.26mm 及 3.10mm，株高度预测均值分别为 2.81mm、2.61mm 及 2.52mm。可以看出藻液在添加量为 1g/m^2 时，能够最大限度促进苔藓结皮高度的发育，而在添加量为 3g/m^2 时，能够最大限度提高苔藓结皮的厚度。

功能性微生物对表征试验小区内苔藓结皮生长状况的三个指标影响微弱，与藻类的交互作用也对苔藓结皮的生长发育无显著影响。这可能是因为野外环境条件较为恶劣，培育初期环境温度较高，且菌群拌和于混合基质中，随着水分的散失，基质内部有硬化现象，矿化作用减弱，速效氮供应不足，不适宜两种菌的增殖及功效的发挥。因此，在后续的研究过程中可使用胶质芽孢杆菌促进苔藓结皮的生长发育，但应注意提供适宜的生长环境。

坡向、坡度及坡位因素往往能够在很大程度上决定立地条件的好坏。坡向与坡度共同决定了坡面接受太阳辐射的多少，影响了坡面温度、水分等与生物结皮生长发育息息相关的关键环境因子。试验小区内坡度达到 45°，虽然坡位的影响通过小区的随机排布予以消除，但由于坡面上风的影响显著不同于缓坡，迎风面面积上升，对坡面水分与热量产生了二次分配，现场观察能够明显看出坡面北侧小区内的苔藓结皮生长状况较南侧好。野外试验环境条件不易控制，因此更加需要因地制宜地选择坡度、坡向、坡位适宜的坡面，开展生物结皮坡面防护。这一方面有利于生物结皮生长，以便快速形成覆盖；另一方面能够有效降低养护成本，最大限度节约人力物力。

6.3.3　草本植物和微生物对苔藓结皮生长发育的影响

由图 6.29 可以看出，培育 60d 时，各处理下苔藓结皮盖度的大小依次为仅苔藓结皮(6.98%)＜草本植物(19.88%)＜巨大芽孢杆菌(24.23%)＜胶质芽孢杆菌(28.34%)＜草本植物+巨大芽孢杆菌(30.86%)＜草本植物+胶质芽孢杆菌(43.31%)，且各处理间差异较大。培育 75d 时，各处理明显地分为 3 个水平：①添加草本植物的 3 种处理下苔藓结皮盖度最大，且三者之间无显著差异；②仅添加功能性微生物的两种处理间盖度无显著差异，二者盖度显著小于有草本植物的处理；③仅苔藓结皮处理的盖度最小。相比培育 60d 时，不论是否添加草本植物，巨大芽孢杆菌与胶质芽孢杆菌对苔藓结皮盖度影响的差异均由显著变为不显著。培育 90d 后，所有处理下的苔藓结皮盖度均达到 60%以上，有草本植物的 3 种处理下的盖度均超过 80%，最大为 86.50%，显著大于无草本植物的处理，且相互之间无显著差异。添加功能性微生物的处理与仅苔藓结皮处理间无显著差异。

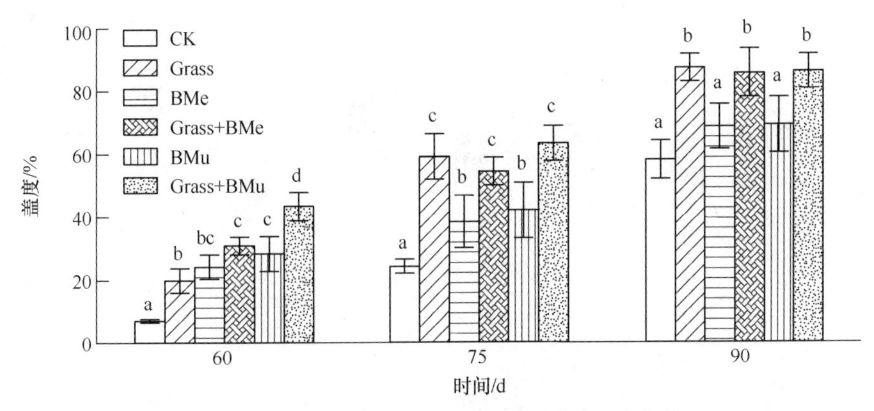

图 6.29　不同处理下苔藓结皮盖度随时间的变化情况

CK 为对照，仅苔藓结皮；Grass 为草本植物；BMe 为巨大芽孢杆菌；BMu 为胶质芽孢杆菌；柱状图上不同字母表示处理间差异显著($P<0.05$)

综合比较培育恢复过程中三次盖度数据可以看出，功能性微生物对苔藓结皮盖度的影响在初期为极显著水平，在 75d 后弱化到显著水平，到培育末期时影响已不显著；而草本植物对结皮盖度的影响随着培育时间延长逐渐增强，至培育 90d 时，盖度涨幅与 60d 相比均超过 100%。整体而言，草本植物的盖度、高度与苔藓结皮盖度显示出明显的正相关关系(图 6.30)。

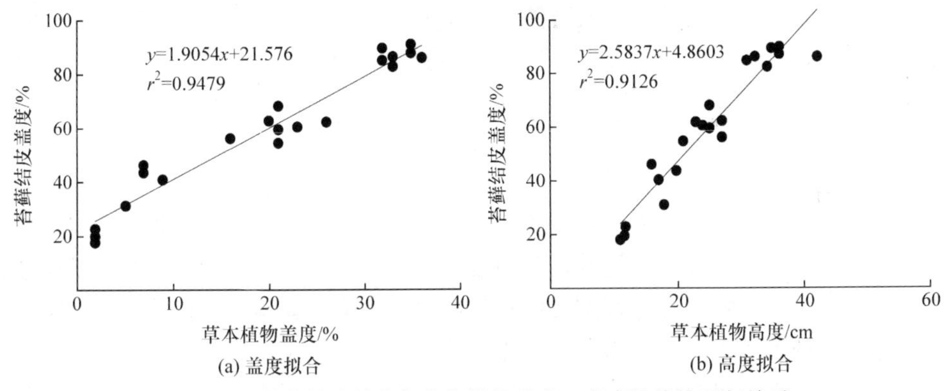

图 6.30　苔藓结皮盖度与草本植物盖度、高度的线性回归关系

图 6.31 展示了培育末期不同处理间苔藓结皮厚度及株高度的差异。可以看出，同时添加草本植物与功能性微生物可促进苔藓结皮厚度与株高度的发育，且胶质芽孢杆菌的效果优于巨大芽孢杆菌，但二者之间无显著差异。

生物结皮对光照强度、风力、温度、空气湿度等自然环境有着特定的要求(饶本强，2009)，因其体积较小，对干扰十分敏感。维管植物可以从多个维度减少生物结皮所受的干扰并为其生长提供适宜的微环境(吴永胜等，2018)，从而加速生物结皮的形成并促进盖度、抗剪强度与厚度等方面的发育。首先，维管植物可以降低到达生物结皮表面的风速(王蕾等，2005)，这将为生物结皮的定植提供稳定

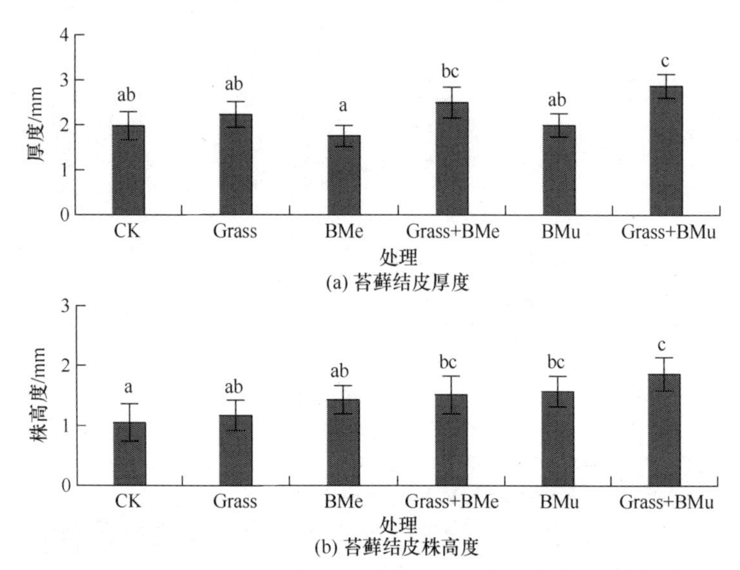

图 6.31　培育末期不同处理间苔藓结皮厚度及株高度的差异

CK 为对照，仅苔藓结皮；Grass 为草本植物；BMe 为巨大芽孢杆菌；BMu 为胶质芽孢杆菌；柱状图上不同字母表示处理间差异显著(P<0.05)

环境。试验站地势开阔，风速与风向情况复杂多变，种植的草本植物通过对地表风速的影响对生物结皮的生长发育产生一定的影响。其次，草本植物能通过庇荫作用避免阳光直射，降低了光照强度和地表温度(Belnap et al.，2003)，同时通过蒸腾作用增加了地表空气湿度(吴易雯等，2013)，为生物结皮提供了更加适宜的生长环境。

此外，在试验中，培育前 60d 各处理苔藓结皮发育较为缓慢，但第 60～90 天，有草本植物处理下的苔藓结皮盖度由 19.88%增加到 86.50%，发育的速度显著优于无草本植物的处理。这种发育速度的突变可能与草本植物的生长发育有直接的关系，草本植物是在苔藓结皮接种后同步种植的，在培育初期草本植物盖度较小，其对苔藓结皮的各种影响功能难以体现；随着试验的进行，草本植物逐渐发育，盖度增加，对小区表面微环境的影响逐渐显现，形成了利于微生物与苔藓结皮生长的环境条件。因此，在培育 60d 后苔藓结皮快速发育。这与吴永胜等(2018)在毛乌素沙地的野外调查结果一致，即植被的建植有利于生物结皮的发育。本研究虽然已经得出草本植物能显著促进苔藓结皮的生长，但二者在生长过程中的相互作用尚需进一步研究。

6.4　工程化应用示范

2017 年 9 月以来，基于前期试验成果，先后完成了 2750m^2 的野外坡面苔藓结皮应用示范。主要包括陕西省吴起至定边(吴定)高速公路 LJ-7 标段内西北向一处 2500m² 的边坡、陕西省延安南沟内东北向一处 250m² 的边坡及羊圈沟一处 450m² 的边坡(图 6.32)。养护两个月后，苔藓结皮分布稀疏，实际发育状况并未达到初始预期，可能是因为示范坡面表层破坏严重，缺乏苔藓结皮生长发育所需的营养元素或土壤微生物；此外，示范坡面的坡度均大于 40°，地表微环境变化与缓坡间差异较大。因此，在野外坡面防护示范过程中虽然提供了较好的养护条件，但苔藓结皮仍然发育缓慢。同时，野外示范面积较大，所需种源较多，在种源采集及制备过程中遇到了较多困难。因此，在此经验基础上，后期又开展了高陡边坡恢复及室内种源快速扩繁方法的研究，以期形成一条高效、经济且完善的野外坡面防护技术。

(a) 延安南沟接种施工效果

(b) 延安南沟恢复效果

(c) 吴定高速公路应用示范

(d) 延安羊圈沟应用示范

图 6.32　野外坡面苔藓结皮应用示范(见彩图)

6.5　种 源 扩 繁

苔藓结皮培育恢复过程中使用的种源主要来自野外采集和室内培育两个渠道。从野外高覆盖区域采集生物结皮作为种源进行生态系统重建是简单且高效的常用方法(Chiquoine et al.，2016；Condon et al.，2016)。然而，野外生物结皮采集造成的二次干扰是显而易见的。生物结皮的干扰、损坏会在小尺度上造成土壤侵蚀加剧、外来物种入侵等显而易见的危害，同时也会在区域尺度甚至是全球尺度上产生影响(Painter et al., 2010)。例如，演替后期生物结皮的损失可能会通过改变旱地表面反照率直接影响地球的能量平衡(Rutherford et al., 2017)；此外，自然发育的生物结皮无法满足将其应用在生态修复领域时的巨量需求。因此，寻求人工方法实现苔藓结皮的工厂化生产来解决种源不足的瓶颈问题就显得尤为重要。将室内培育的生物结皮作为种源时，可大大减少野外采集量，因为室内培养提高了可用于解决特定问题所需要的种源数量，而无需通过采集野外生物结皮作为接种源而造成新的干扰(Bowker et al., 2020；Giraldo-Silva et al., 2019)。

原丝体阶段是苔藓植物区别于其他高等植物的一个特殊阶段，可以通过苔藓的孢子、茎叶体、叶部位长出，而且一条原丝体可以分化成无数个配子体，为苔藓植物的快速扩繁提供了可能(黄士良，2009；田桂泉等，2004)。原丝体培育属于植物组织培养范畴，其中供试材料的处理(赵小丹，2015；周甜甜，2009；Gonzalez et al., 2006)、植物生长调节剂的选择(Babenko et al., 2018；李绘，2017；Beike et al., 2015；Anterola et al., 2009；Cvetic et al., 2007)及周围环境条件(冯亚敏等，2016；Duckett et al., 2004；刘世彪等，2003)等都会对其存活率及发育状况产生影响。以往的组织培养研究多集中在沙坡头、古尔班通古特沙漠及毛乌素沙地的苔藓植物和我国南方经济、药用价值较高的苔藓植物，而对黄土丘陵区苔藓植物组织培养的研究却少见报道。因此，本节以陕西省延安市安塞区纸坊沟(36°46′99″～36°52′44″N，109°17′2″～109°18′50″E)的长尖对齿藓为研究对象，从茎叶体的成活率、原丝体长度和分枝数等方面探讨不同消毒方式、培养基与pH、温度、光照强度及糖类对长尖对齿藓原丝体生长和分化的影响，挑选出最佳组合，以期为黄土高原苔藓结皮工程化应用的种源瓶颈问题提供技术参考(赵洋，2017)。

6.5.1 前期准备

将采集的长尖对齿藓用清水洗干净并晾干，剪取茎叶体上部 2～3cm 的幼嫩茎尖，作为培育原丝体的外植体材料。各试验在西北农林科技大学资源与环境学院微生物实验室完成。每次试验开始前将所需的各种材料进行高温灭菌，接种过程在超净工作台上进行[图 6.33(a)～(c)]。

将接种的茎叶体材料消毒完成后，用无菌水冲洗 8～10 次以减少残留的消毒液对茎叶体的伤害。之后用镊子将消毒后的茎叶体接种在已灭菌且分装到培养皿内的固体培养基表面，每个培养基上均匀接种 10 个外植体，每种处理设 3 个重复。培养箱内各参数根据试验处理来调整。

原丝体的发育状况根据接种茎叶体的成活率、发育的原丝体长度及原丝体的分枝数来确定。成活率的判别标准是植株是否存在绿色及返绿现象，即成活率=成活的外植体数/接种的外植体数×100%(张梅娟等，2013)，用肉眼辨别植株的存

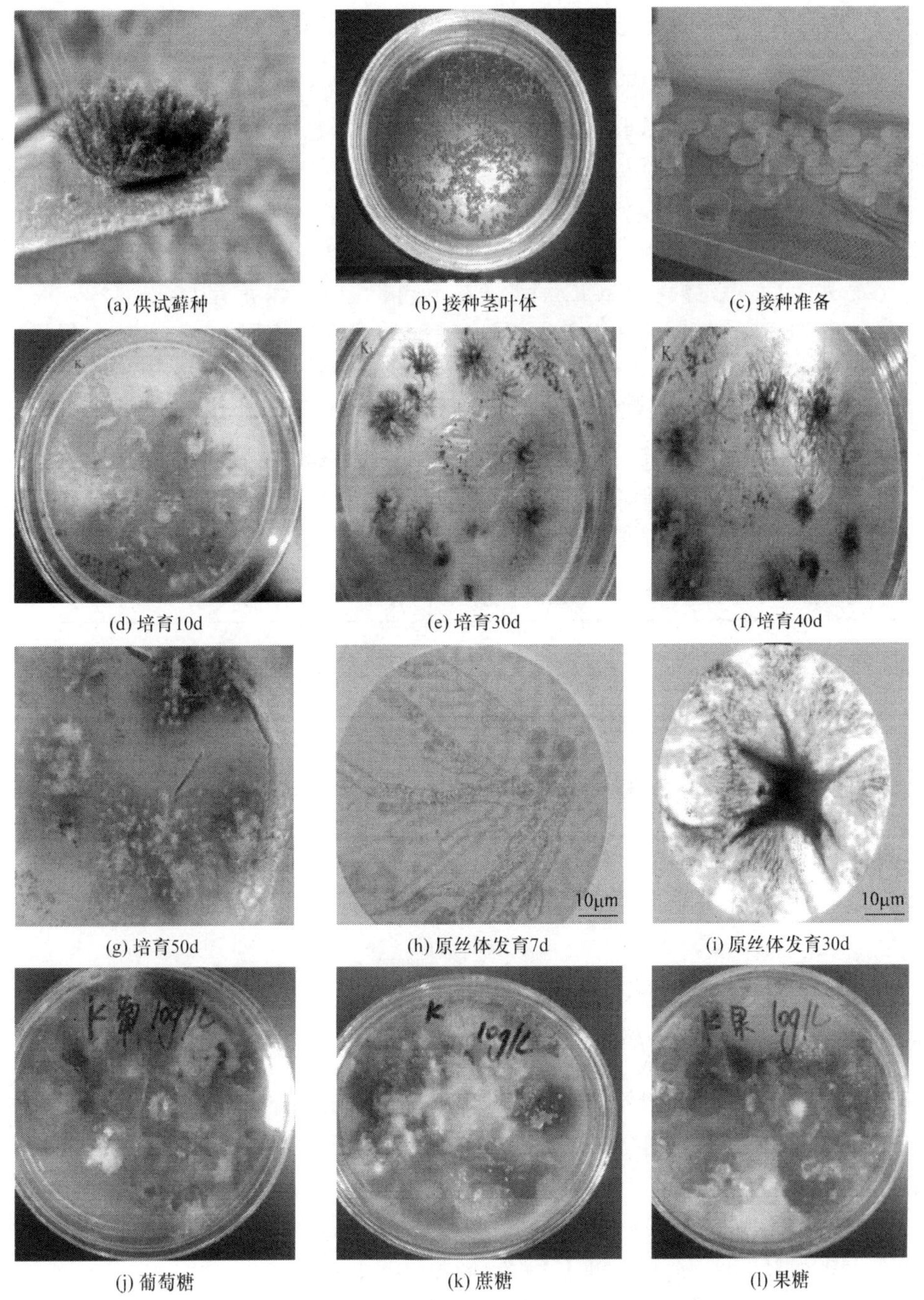

(a) 供试藓种　(b) 接种茎叶体　(c) 接种准备

(d) 培育10d　(e) 培育30d　(f) 培育40d

(g) 培育50d　(h) 原丝体发育7d　(i) 原丝体发育30d

(j) 葡萄糖　(k) 蔗糖　(l) 果糖

图 6.33　苔藓原丝体扩繁试验(见彩图)(部分源于：赵洋等，2017)

活情况。原丝体长度(mm)测定时选取最长的主轴原丝体，用尺子测量获得(黄士良，2009)；选取最多的分枝数作为原丝体的分枝数。

6.5.2 消毒方式对原丝体发育的影响

选取 0.1%的 NaClO 和 0.1%的 $HgCl_2$ 两种消毒液，分别进行 7 个时间梯度(10s、15s、20s、30s、45s、60s 和 120s)的培育试验。选择 Hoagland 固体培养基(12%琼脂)，培养箱的培养条件为温度 25℃、光照强度 2500～3500lx、光照时间 12h/12h(光照/黑暗)。

表 6.24 为培育 10d 后，0.1%的 $HgCl_2$ 和 0.1%的 NaClO 消毒液消毒效果对比。对比发现 $HgCl_2$ 消毒液和 NaClO 消毒液在不同的消毒时间下茎叶体成活率均有显著差异($P<0.05$)。茎叶体在 $HgCl_2$ 消毒 10s 时的成活率最高，为 21.00%，但仍显著低于 NaClO 处理下的最低成活率 46.78%($P<0.05$)，表明 $HgCl_2$ 消毒液不适用于长尖对齿藓茎叶体的消毒。NaClO 是苔藓植物组织培养中常用的消毒液，具有一定的挥发性，对外植体的毒害作用相对较小。本试验中，NaClO 消毒 15～20s 后的茎叶体成活率可达 80%以上，且显著高于其他消毒时间($P<0.05$)，因此用 0.1%的 NaClO 处理 15～20s 是最适合长尖对齿藓茎叶体的消毒方式(赵洋等，2017)。

表 6.24 0.1%的 $HgCl_2$ 和 NaClO 消毒液不同消毒时间下茎叶体成活率(第 10 天)

消毒时间/s	茎叶体成活率/%	
	$HgCl_2$	NaClO
10	21.00±0.14a	46.78±0.20c
15	3.82±0.05b	86.73±0.11a
20	0.00±0.00c	83.74±0.06a
30	0.00±0.00c	62.50±0.17bc
45	0.00±0.00c	51.14±0.08c
60	0.00±0.00c	55.00±0.13bc
120	0.00±0.00c	52.50±0.06c

注：同列不同字母表示差异显著($P<0.05$)。

6.5.3 pH 对原丝体发育的影响

Knop 和 Hoagland 营养液是苔藓结皮培育时常用的营养液。因此，选择 Knop 和 Hoagland 培养基(分别含 12%的琼脂)，分别设置 pH 为 5.5、6.0、6.5、7.0、7.5、8.0 和 8.5，探讨 pH 对原丝体生长发育的影响。在前期试验的基础上，选择用 0.1%的 NaClO 消毒液消毒 15～20s 的方式，培养箱的培养设置条件为温度 25℃、光照强度 2500～3500lx、光照时间 12h/12h(光照/黑暗)。

由图 6.34 可以看出，pH 为 5.5 时，两种培养基上接种的茎叶体均已全部死亡，没有分化出原丝体和配子体，且与其他几个处理差异显著($P<0.01$)，说明长尖对齿藓不适宜在过酸的环境中培育。Knop 培养基在 pH 为 7.5 时的原丝体长度和分

枝数最大，且与其他处理间差异显著($P<0.05$)，所以对于 Knop 培养基而言，适合长尖对齿藓茎叶体原丝体生长的 pH 为 7.5。在以 Hoagland 培养基为基础时，pH 为 6.5、7.0 和 7.5 时，原丝体长度和分枝数之间没有显著性差异，而与其他处理差异显著($P<0.05$)。综合对比可以看出，pH 为 7.5 时，Hoagland 培养基上的原丝体发育最好。因此，对于 Knop 和 Hoagland 营养液而言，长尖对齿藓原丝体培育的最优 pH 均为 7.5。

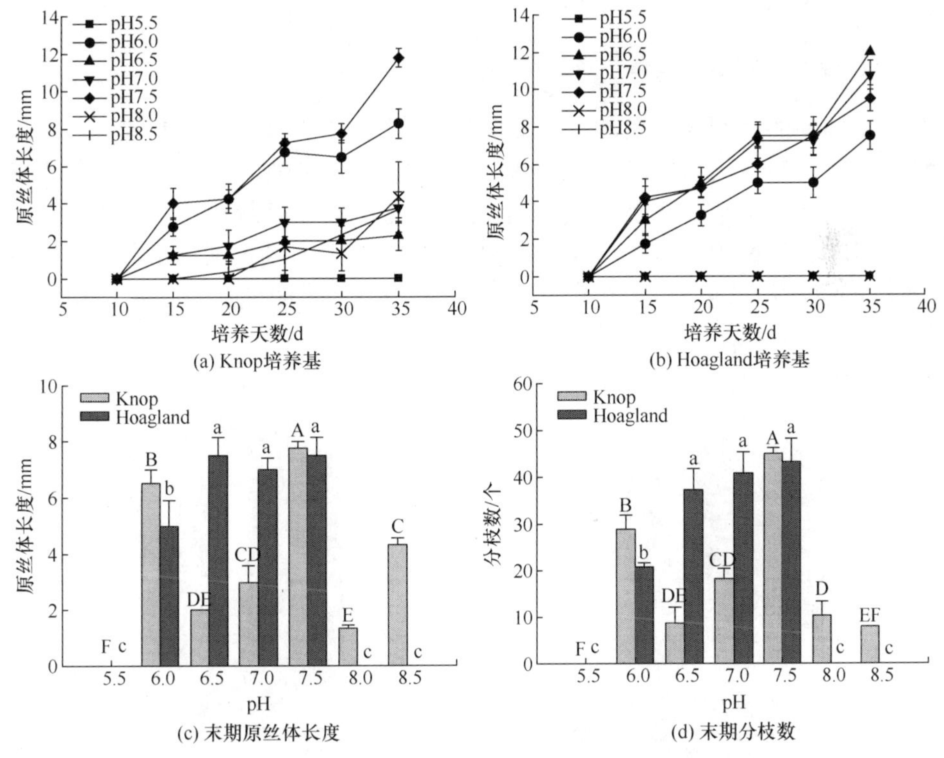

图 6.34　不同 pH 对原丝体长度及末期分枝数的影响

柱状图上不同字母表示处理间差异显著($P<0.05$)

不同苔藓种对 pH 的要求差异很大，一般认为苔藓植物最适的 pH 范围为 5.0～9.0。而在苔藓植物组织培养过程中培养条件的最适 pH 不仅取决于苔藓植物的种类，还与其生长的原始生境有关，在特殊生境中生长的苔藓植物对培养基的 pH 要求更严格。本研究采集的长尖对齿藓采自陕北安塞纸坊沟，其生境处的土壤 pH 为 6.8，与本试验结果基本一致。图 6.33(d)～(g)和图 6.33(h)～(i)分别展示了不同培育时间段内苔藓结皮茎叶体和原丝体的发育状况。

苔藓植物生长的最适 pH 范围一般为 5.0～5.7，但是生活在特殊生境中的苔藓植物受当地的环境条件影响较大，生长发育最优的 pH 也随之变化。此外，苔藓植物在生长过程中会分泌一些物质，在一定程度上也会影响培养基的 pH(Reutter et al., 1998)。例如，在不同培养条件下，大灰藓和大羽藓在 MS 培养基中最适 pH 分别为 3.5～8.0 和 4.5～8.0，Knop 培养基中最适 pH 分别为 3.0～11.0 和 3.5～11.0，在 White 培养基中最适 pH 分别为 3.0～10.5 和 3.0～11.0(刘伟才，2009)。泥炭藓在 pH 在 6.0～6.5 时生长最好(王晓宇，2010)，尖叶扭口藓生长的最适 pH 为 7.0(陈蓉蓉等，1998)。总而言之，不同的苔藓植物对 pH 的适应范围是不一致的，因此有必要对不同苔藓植物种进行详细研究。

6.5.4　温度及光照对原丝体发育的影响

温度及光照强度对植物的生长发育至关重要。本小节以温度(15℃、20℃、25℃、30℃)和光照强度(1500lx、2500lx、3500lx 和 4500lx)为研究对象，设计完全试验，探索长尖对齿藓原丝体生长发育的最优温度及光照强度。在前期试验的基础上选择 Knop 培养基(含 12%的琼脂)，pH 为 7.5，接种前供试茎叶体采用 0.1%的 NaClO 消毒液消毒 15s。图 6.35 展示了温度和光照强度对原丝体发育的影响。

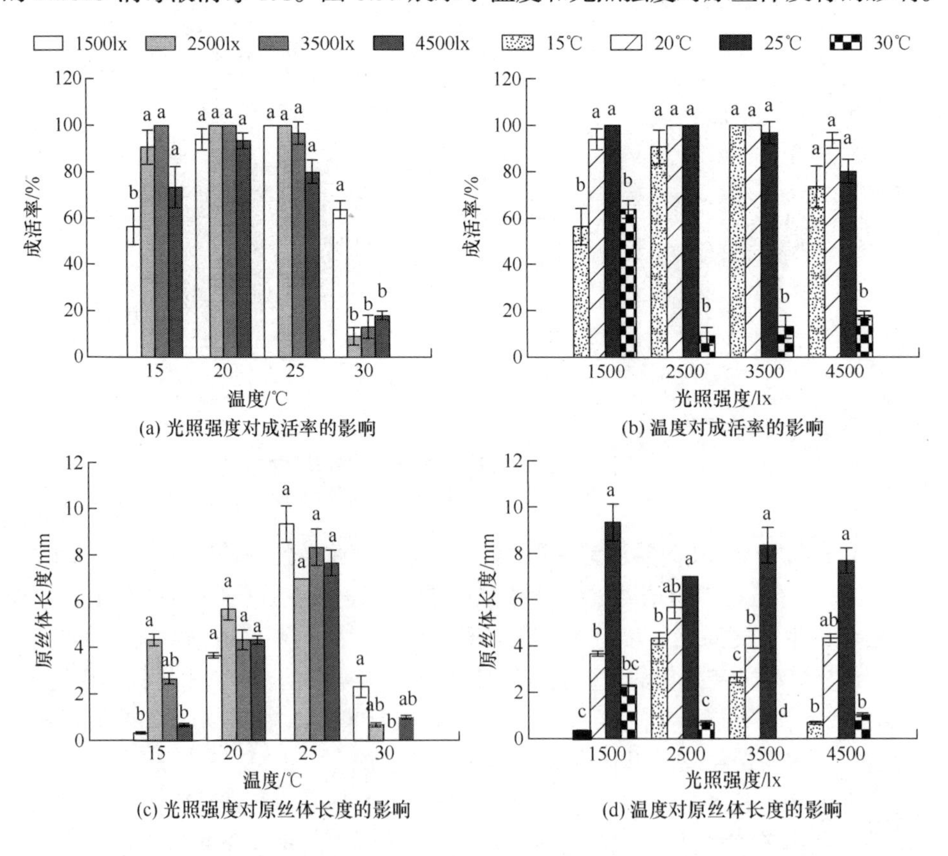

(a) 光照强度对成活率的影响　　(b) 温度对成活率的影响

(c) 光照强度对原丝体长度的影响　　(d) 温度对原丝体长度的影响

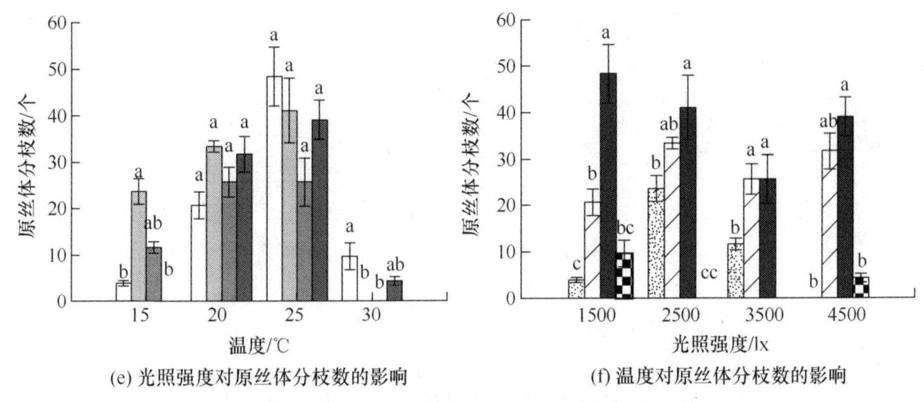

(e) 光照强度对原丝体分枝数的影响　(f) 温度对原丝体分枝数的影响

图 6.35　温度和光照强度对原丝体发育的影响

不同字母表示差异显著(P<0.05)

温度为 15℃时，1500lx 光照强度下的茎叶体成活率显著低于其他三个光照处理，而当温度为 30℃时又显著高于其他三个处理(P<0.05)，且其他三个光照处理间的差异在两种温度条件下均无显著差异。温度为 20℃、25℃时，不同光照强度对茎叶体成活率的影响不显著。在相同的光照强度下，30℃处理下的茎叶体成活率显著低于其他三个温度处理(P<0.05)[图 6.35(a)]。

从图 6.35(c)和(e)可以看出，温度为 20℃和 25℃时，光照强度对原丝体的发育及分枝无显著影响(P>0.05)；在 15℃时，光照强度为 2500lx 的处理生长最好，但与 3500lx 的处理间无显著差异；30℃时，光照强度为 1500lx 的处理下原丝体发育及分枝最好，但与 4500lx 的处理间差异不显著。从图 6.35(d)和(f)可以看出，在同一光照强度下，不同温度对原丝体及配子体的发育的影响大多差异显著，但整体以 25℃、1500lx 的培养条件最优。

综上可知，最适合长尖对齿藓原丝体生长的温度是 25℃，最优光照强度为 1500lx。苔藓植物的生长需要一定的光照强度，但是对其生长起主要作用的还是温度(高永超等，2002)。这一结果和多数苔藓植物喜欢高温、潮湿和阴暗的野外环境的生活习性相吻合。

6.5.5　糖类对原丝体发育的影响

选取 3 种不同浓度(10g/L、30g/L、50g/L)的葡萄糖、蔗糖、果糖溶液，研究后发现在整个培育期间，无论添加何种浓度的糖类溶液，培养基内均出现了不同程度的褐色霉菌，这些霉菌导致培养基被污染，茎叶体死亡，均未能分化出原丝体和配子体，表明糖类物质的添加不仅未能促进茎叶体的生长和分化，还导致了原有茎叶体的死亡[图 6.33(j)～(l)]。李晓毓等(2006)、Ono 等(1988)的研究都发现碳源并不是影响苔藓植物生长的决定因素。而本试验发现糖类有明显的抑制作用，这和张楠等(2012)发现蔗糖会抑制细叶小羽藓原丝体生长的结果一致，这或许是因为在添加葡萄糖、蔗糖和果糖这三种糖类后，调节了培养基中的渗透压并为霉菌的滋生提供了大量营养物质，从而抑制了长尖对齿藓茎叶体的存活和原丝体的生长(熊丽等，2003)。

参考文献

包维楷, 冷俐, 2005. 苔藓植物光合色素含量测定方法——以暖地大叶藓为例[J]. 应用与环境生物学报, 11(2): 235-237.

卜崇峰, 杨建振, 张兴昌, 2011. 毛乌素沙地生物结皮层藓类植物培育试验研究[J]. 中国沙漠, 31(4): 937-941.

陈蓉蓉, 刘宁, 杨松, 等, 1998. pH 值对黔灵山喀斯特生境中几种苔藓植物生长的影响[J]. 贵州环保科技, 4(1): 22-24, 28.

陈文佳, 张楠, 杭璐璐, 等, 2013. 干旱胁迫与复水过程中遮光对细叶小羽藓的生理生化影响[J]. 应用生态学报, 24(1): 57-62.

陈彦芹, 赵允格, 冉茂勇, 2011. 4 种营养物质对藓结皮形成发育的影响[J]. 西北农林科技大学学报(自然科学版), 39(5): 44-50.

丁世萍, 严世萍, 季世萍, 1998. 糖类在植物组织培养中的效应[J]. 植物学通报, 15(6): 43-47.

冯亚敏, 卜兆君, 冯璐, 等, 2016. 养分浓度和光照强度对泥炭藓有性更新的影响[J]. 生态科学, 35(5): 31-37.

傅华龙, 何天久, 吴巧玉, 2008. 植物生长调节剂的研究与应用[J]. 生物加工过程, 6(4): 7-12.

高丽倩, 赵允格, 秦宁强, 等, 2012. 黄土丘陵区生物结皮对土壤物理属性的影响[J]. 自然资源学报, 27(8): 1316-1326.

高永超, 沙伟, 张晗, 2003a. 不同植物生长物质对牛角藓愈伤组织诱导的影响[J]. 植物生理学报, 39(1): 29-32.

高永超, 沙伟, 张伟, 2002. 苔藓植物的组织培养[J]. 植物生理学通讯, 38(6): 607-610.

高永超, 薛红, 沙伟, 等, 2003b. 大量元素对牛角藓愈伤组织悬浮细胞的生理效应[J]. 植物生理学通讯, 39(6): 595-598.

国春晖, 沙伟, 李孝凯, 2014. 干旱胁迫对三种藓类植物生理特性的影响[J]. 北方园艺, (9): 78-82.

黄士良, 2009. 侧蒴藓类植物孢子萌发与原丝体发育研究[D]. 石家庄: 河北师范大学.

贾艳, 白学良, 单飞彪, 等, 2012. 藓类结皮层人工培养试验和维持机制研究[J]. 中国沙漠, 32(1): 54-59.

鞠孟辰, 2019. 菌藻添加对生物结皮种源扩繁与野外接种恢复的作用[D]. 杨凌: 西北农林科技大学.

鞠孟辰, 卜崇峰, 王清玄, 等, 2019. 藻类与微生物添加对高陡边坡生物结皮人工恢复的影响[J]. 水土保持通报, 39(6): 124-128, 135.

康俊梅, 杨青川, 樊奋成, 2005. 干旱对苜蓿叶片可溶性蛋白的影响[J]. 草地学报, 13(3): 199-202.

康磊, 孙长忠, 殷丽, 等, 2012. 黄土高原沟壑区藻类结皮的水土保持效应[J]. 水土保持学报, 26(1): 47-52.

冷广州, 2009. 用于荒漠化治理的液力喷播机的研制[D]. 北京: 北京林业大学.

李合生, 孙群, 赵世杰, 2000. 植物生理生化试验原理和技术[M]. 北京: 高等教育出版社.

李绘, 2017. 生长素对小立碗藓生长发育影响的初探[D]. 上海: 华东师范大学.

李茹雪，2017. 撒播苔藓结皮培育恢复技术研究[D]. 杨凌: 西北农林科技大学.

李晓毓, 吴翠珍, 熊源新, 等, 2006. 尖叶匍灯藓的组织培养及显微观察[J]. 山地农业生物学报, 25(3): 217-222.

李艳红, 宋秀珍, 张便勤, 2004. 不同培养基及酶对立碗藓原丝体的作用研究[J]. 植物研究, 24(2): 192-196.

梁书丰, 2010. 三种藓类的快速繁殖研究[D]. 上海: 华东师范大学.
刘俊华, 包维楷, 李芳兰, 2005. 青藏高原东部原始林下地表主要苔藓斑块特征及其影响因素[J]. 生态环境学报, 14(5): 735-741.
刘世彪, 陈军, 李菁, 等, 2003. 光照和温度对尖叶拟船叶藓孢子萌发及原丝体发育的影响[J]. 西北植物学报, 23(1): 101-106.
刘伟才, 2009. 药用苔藓植物配子体培育研究[D]. 贵阳: 贵州大学.
刘晓红, 1998. 细胞分裂素、氯丙嗪对葫芦藓发育过程的影响[J]. 西南师范大学学报(自然科学版), 23(4): 476-480.
刘效军, 王子峰, 2001. 施用保水剂应注意的几个问题[J]. 河北果树, (3): 53-54.
马进泽, 卜兆君, 郑星星, 等, 2012. 遮阴对两种泥炭藓植物生长及相互作用的影响[J]. 应用生态学报, 23(2): 357-362.
曲娜, 闫德仁, 郭城峰, 等, 2018. 库布齐沙漠藻类结皮层表面裂隙对水分蒸发的影响[J]. 内蒙古林业科技, 44(1): 29-32, 51.
冉艳玲, 王益权, 张润霞, 等, 2015. 保水剂对土壤持水特性的作用机理研究[J]. 干旱地区农业研究, 33(5): 101-107.
饶本强, 2009. 生态环境因子对荒漠藻及其结皮生长发育的影响研究[D]. 武汉: 中国科学院水生生物研究所.
时丽冉, 刘志华, 2010. 干旱胁迫对苣荬菜抗氧化酶和渗透调节物质的影响[J]. 草地学报, 18(5): 673-677.
田桂泉, 张萍, 2004. 干旱区固定沙丘结皮层藓类植物繁殖生物学特性研究[J]. 河套大学学报, 22 (1): 20-25.
王春, 2017. 喷播苔藓结皮培育恢复技术研究[D]. 杨凌: 西北农林科技大学.
王蕾, 王志, 刘连友, 等, 2005. 沙柳灌丛植株形态与气流结构野外观测研究[J]. 应用生态学报, 16(11): 3-7.
王清玄, 2019. 黄土坡面生物结皮与草本植物立体配置修复研究[D]. 杨凌: 中国科学院教育部水土保持与生态环境研究中心.
王晓宇, 2010. pH 值及营养元素对泥炭藓属植物生长的影响[J]. 贵州农业科学, 38(7): 80-83.
吴易雯, 饶本强, 刘永定, 等, 2013. 不同生境对人工结皮发育及表土氮、磷含量及其代谢酶活性的影响[J]. 土壤, 45(1): 52-59.
吴永胜, 尹瑞平, 田秀民, 等, 2018. 毛乌素沙地南缘人工植被区生物结皮发育特征[J]. 中国沙漠, 38(2): 339-344.
吴玉环, 黄国宏, 高谦, 等, 2001. 苔藓植物对环境变化的响应及适应性研究进展[J]. 应用生态学报, 12(6): 943-946.
吴长文, 章梦涛, 付奇峰, 2000. 喷播绿化技术在斜坡水土保持生态环境建设中的研究[J]. 水土保持学报, 14(2): 11-14.
夏钦, 何钦, 刘玉民, 等, 2010. 高温胁迫对粉带扦插苗形态和生理特征的影响[J]. 生态学报, 30(19): 5217-5224.
熊丽, 吴丽芳, 2003. 观赏花卉的组织培养与大规模生产[M]. 北京: 化学工业出版社.
徐丽萍, 杨改河, 姜艳, 等, 2008. 黄土高原人工植被小气候生态效应研究[J]. 水土保持学报, 22(1): 163-167, 173.
许桂芳, 张朝阳, 2009. 高温胁迫对 4 种珍珠菜属植物抗性生理生化指标的影响[J]. 中国生态农业学报, 17(3): 565-569.
许书军, 2007. 典型荒漠苔藓人工繁殖特征与抗御干热环境胁迫的生理生化机制研究[D]. 上海: 上海交通大学.
杨延哲, 2016. 人工培育生物结皮在毛乌素沙地光伏电站施工迹地的风蚀防治研究[D]. 杨凌: 中国科学院教育部水土保持与生态环境研究中心.
杨永胜, 2015. 黄土高原苔藓结皮的快速培育及其对逆境的生理响应研究[D]. 杨凌: 中国科学院教育部水土保持与生态环境研究中心.
杨永胜, 冯伟, 袁方, 等, 2015. 快速培育黄土高原苔藓结皮的关键影响因子[J]. 水土保持学报, 29(4): 289-294, 299.
张丙昌, 王敬竹, 玛伊努尔 · 依克木, 2013. 生物结皮中几种优势藻和齿肋赤藓(*Syntrichia caninervis* Mitt.)种间关系研究[C]. 生态文明建设中的植物学：现在与未来——中国植物学会第十五届会员代表大会暨八十周年学术年会, 南昌, 中国: 92.

张侃侃, 2012. 毛乌素沙地苔藓结皮的人工培育技术[D]. 杨凌: 西北农林科技大学.

张梅娟, 沙伟, 2013. 东亚砂藓组织培养技术方法研究[J]. 植物科学学报, 31(6): 616-622.

张楠, 杜宝明, 季宝明, 2012. 细叶小羽藓(*Haplocladium microphyllum*)配子体组织培养的消毒方法及蔗糖浓度筛选[J]. 浙江大学学报(农业与生命科学版), 38(3): 288-292.

赵小丹, 2015. 短叶对齿藓组织培养及其复合群的分类学研究[D]. 呼和浩特: 内蒙古大学.

赵洋, 2017. 黄土区长尖对齿藓原丝体快速发育的关键因子研究[D]. 杨凌: 中国科学院教育部水土保持与生态环境研究中心.

赵洋, 李晓明, 李茹雪, 等, 2017. 长尖对齿藓原丝体快速培育的关键影响因子研究[J]. 植物研究, 37(2): 185-193.

周甜甜, 2009. 几种藓类植物配子体再生体系的建立[D]. 曲阜: 曲阜师范大学.

邹伟, 赵玉军, 陈晓月, 等, 2008. 土壤中芽孢杆菌的分离及初步鉴定[J]. 四川畜牧兽医, 32(2): 24-25.

ALMESELMANI M, DESHMUKH P, SAIRAM R K, et al., 2006. Protective role of antioxidant enzymes under high temperature stress[J]. Plant Science, 171(3): 382-388.

ALPERT P, OECHEL W C, 1987. Comparative patterns of net photosynthesis in an assemblage of mosses with contrasting microdistributions[J]. American Journal of Botany, 74(12): 1787-1796.

ANDERSON J A, 2002. Catalase activity, hydrogen peroxide content and thermotolerance of pepper leaves[J]. Scientia Horticulturae, 95(4): 277-284.

ANTEROLA A, SHANLE E, MANSOURI K, et al., 2009. Gibberellin precursor is involved in spore germination in the moss *Physcomitrella patens*[J]. Planta, 229(4): 1003.

ANTONINKA A, BOWKER M A, REED S C, et al., 2016. Production of greenhouse-grown biocrust mosses and associated cyanobacteria to rehabilitate dryland soil function[J]. Restoration Ecology, 24(3): 324-335.

ASHRAF M, HARRIS P J C, 2005. Abiotic Stresses: Plant Resistance Through Breeding and Molecular Approaches[M]. New York: Howarth Press.

ASTHANA A, SAHU V, 2011. Growth responses a moss *Brachymenium capitulatum* (Mitt.) Par. in different culture media[J]. National Academy Science Letters, 34(1-2): 1-4.

BABENKO L M, ROMANENKO K O, SHCHERBATIUK M M, et al., 2018. Effects of exogenous phytohormones on spore germination and morphogenesis of *Polystichum aculeatum* (L.) Roth gametophyte in vitro culture[J]. Cytology and Genetics, 52(2): 117-126.

BATES J W, 1992. Mineral nutrient acquisition and retention by bryophytes[J]. Journal of Bryology, 17(2), 223-240.

BEIKE A K, SPAGNUOLO V, LÜTH V, et al., 2015. Clonal in vitro propagation of peat mosses (*Sphagnum* L.) as novel green resources for basic and applied research[J]. Plant Cell, Tissue and Organ Culture, 120(3): 1037-1049.

BELNAP J, LANGE O L, 2003. Biological Soil Crusts: Structure, Function, and Management[M]. Berlin: Springer-Verlag.

BOWKER M A, 2007. Biological soil crust rehabilitation in theory and practice: an underexploited opportunity[J]. Restoration Ecology, 15(1): 13-23.

BOWKER M A, ANTONINKA A J, CHUCKRAN P F, 2020. Improving field success of biocrust rehabilitation materials: hardening the organisms or softening the environment?[J]. Restoration Ecology, 28(S2): 177-186.

BOWKER M A, BELNAP J, DAVIDSON D W, et al., 2005. Evidence for micronutrient limitation of biological soil crusts: importance to arid-lands restoration[J]. Ecological Applications, 15(6): 1941-1951.

BU C F, LI R X, WANG C, et al., 2018. Successful field cultivation of moss biocrusts on disturbed soil surfaces in the short term [J]. Plant and Soil, 429(1-2): 227-240.

BU C F, WANG C, YANG Y S, et al., 2017. Physiological responses of artificial moss biocrusts to dehydration-rehydration process and heat stress on the Loess Plateau, China[J]. Journal of Arid Land, 9(3): 419-431.

BU C F, WU S F, HAN F P, et al., 2015. The combined effects of moss-dominated biocrusts and vegetation on erosion and soil moisture and implications for disturbance on the Loess Plateau, China[J]. PLoS One, 10(5): e0127394.

CHEN Y Y, LOU Y X, GUO S, et al., 2009. Successful tissue culture of the medicinal moss *Rhodobryum giganteum* and factors influencing proliferation of its protonemata[J]. Annales Botanici Fennici, 46(6): 516-524.

CHIQUOINE L P, ABELLA S R, BOWKER M A, 2016. Rapidly restoring biological soil crusts and ecosystem functions in a severely disturbed desert ecosystem[J]. Ecological Applications, 26(4): 1260-1272.

CONDON L A, PYKE D A, 2016. Filling the interspace-restoring arid land mosses: source populations, organic matter, and overwintering govern success[J]. Ecology and Evolution, 6(21): 7623-7632.

COOPER J, 1975. Phtotosythesis and Productivity in Different Environment[M]. Cambridge: Cambridge University Press.

CVETIC T, SABOVLJEVIC A, SABOVLJEVIC M, et al., 2007. Development of the moss *Pogonatum urnigerum* (Hedw.) P. Beauv. under in vitro culture conditions[J]. Archives of Biological Sciences, 59(1): 57-61.

DOHERTY K D, ANTONINKA A J, BOWKER M A, et al., 2015. A novel approach to cultivate biocrusts for restoration and experimentation[J]. Ecological Restoration, 33(1): 13-16.

DOHERTY K D, GROVER H S, BOWKER M A, et al., 2020. Producing moss-colonized burlap fabric in a fog chamber for restoration of biocrust[J]. Ecological Engineering, 158: 106019.

DUCKETT J, BURCH J, FLETCHER P, et al., 2004. In vitro cultivation of bryophytes: a review of practicalities, problems, progress and promise[J]. Journal of Bryology, 26(1): 3-20.

ELDRIDGE D J, GREENE R S B, 1994. Microbiotic soil crusts: a review of their roles in soil and ecological processes in the rangelands of Australia[J]. Australian Journal of Soil Research, 32(3): 389-415.

FEDER M E, HOFMANN G E, 1999. Heat-shock proteins, molecular chaperones, and the stress response: evolutionary and ecological physiology[J]. Annual Review of Physiology, 61(1): 243-282.

GERDOL R, PETRAGLIA A, BRAGAZZA L, et al., 2007. Nitrogen deposition interacts with climate in affecting production and decomposition rates in *Sphagnum* mosses[J]. Global Change Biology, 13(8): 1810-1821.

GIRALDO-SILVA A, NELSON C, BARGER N N, et al., 2019. Nursing biocrusts: isolation, cultivation, and fitness test of indigenous cyanobacteria[J]. Restoration Ecology, 27(4): 793-803.

GONZALEZ M L, MALLON R, REINOSO J, et al., 2006. In vitro micropropagation and long-term conservation of the endangered moss *Splachnum ampullaceum*[J]. Biologia Plantarum, 50(3): 339-345.

GROVER H S, BOWKER M A, FULÉ P Z, 2020. Improved, scalable techniques to cultivate fire mosses for rehabilitation[J]. Restoration Ecology, 28(S2): 17-24.

GULEN H, ERIS A, 2003. Some physiological changes in strawberry (*Fragaria×ananassa* 'Camarosa') plants under heat stress[J]. Journal of Horticultural Science and Biotechnology, 78(6): 894-898.

GYANESHWAR P, NARESH KUMAR G, PAREKH L J, et al., 2002. Role of soil microorganisms in improving P nutrition of plants[J]. Plant and Soil, 245(1): 83-93.

HALLIWELL B, 1997. Oxidizing the Genes Oxidative Stress and the Molecular Biology of Antioxidant Defences[M]. New York: Cold Spring Harbor Laboratory Press.

IBA K, 2002. Acclimative response to temperature stress in higher plants: approaches of gene engineering for temperature tolerance[J]. Annual Review of Plant Biology, 53(1): 225-245.

IMLAY J A, 2003. Pathways of oxidative damage[J]. Annual Review of Microbiology, 57(1): 395-418.

JOHRI M M, 1974. Differentiation of caulonema cells by auxins in suspension cultures of *Funaria hygrometrica*[C]. Plant Growth Substances International Conference, Tokyo, Japan: 925-933.

KRKNEN A, KUCHITSU K, 2015. Reactive oxygen species in cell wall metabolism and development in plants[J]. Phytochemistry, 112(1): 22-32.

LANGHANS T M, STORM C, SCHWABE A, 2009. Biological soil crusts and their microenvironment: impact on emergence, survival and establishment of seedlings[J]. Flora-Morphology, Distribution, Functional Ecology of Plants, 204(2): 157-168.

LARCHER W, BAUER H, 1981. Physiological Plant Ecology[M]. New York: Springer-Verlag.

LASTDRAGER J, HANSON J, SMEEKENS S, 2014. Sugar signals and the control of plant growth and development[J]. Journal of Experimental Botany, 65(3): 799-807.

LI X R, HE M Z, ZERBE S, et al., 2010. Micro-geomorphology determines community structure of biological soil crusts at small scales[J]. Earth Surface Processes and Landforms, 35(8): 932-940.

LIAN B, CHEN Y, ZHAO J, et al., 2008. Microbial flocculation by *Bacillus mucilaginosus*: applications and mechanisms[J]. Bioresource Technology, 99(11): 4825-4831.

MACQUARRIE I G, MALTZAHN K E V, 2011. Correlations affecting regeneration and reactivation in *Splachnum ampullaceum* (L.) Hedw[J]. Canadian Journal of Botany, 37(1): 121-134.

MALTZAHN K E V, MACQUARRIE I G, 1958. Effect of gibberellic acid on the growth of protonemata in *Splachnum ampullaceum* (L.) Hedw.[J]. Nature, 181 (4616): 1139-1140.

MENON M K C, LAL M, 1974. Morphogenetic role of kinetin and abscisic acid in the moss *Physcomitrium*[J]. Planta, 115(4): 319-328.

MÜLLER K, LINKIES A, VREEBURG R, 2009. In vivo cell wall loosening by hydroxyl radicals during Cress seed germination and elongation growth[J]. Plant Physiology, 150(4): 1855-1865.

NOVO-UZAL E, FRANCISCO F P, JOAQUÍN H, et al., 2013. From *Zinnia* to *Arabidopsis*: approaching the involvement of peroxidases in lignification[J]. Journal of Experimental Botany, 64(12):3499-3518.

ONO K, MURASAKI Y, TAKAMIYA M, 1988. Induction and morphogenesis of cultured cells of bryophytes[J]. Journal of the Hattori Botanical Laboratory. 53: 239-244.

ORTUÑO M F, ALARCÓN J J, NICOLÁS E, et al., 2004. Sap flow and trunk diameter fluctuations of young Lemon trees under water stress and rewatering[J]. Environmental and Experimental Botany, 54(2): 155-162.

PAINTER T H, DEEMS J S, BELNAP J, et al., 2010. Response of Colorado River runoff to dust radiative forcing in snow[J]. Proceedings of the National Academy of Sciences of the United States of America, 107(40): 17125-17130.

RAHBAR K, CHOPRA R, 2006. Effect of chelating agents on bud induction and accumulation of iron and copper by the moss *Bartramidula bartramioides*[J]. Physiologia Plantarum, 59(1): 148-152.

RAM A, AARON Y, 2007. Negative and positive effects of topsoil biological crusts on water availability along a rainfall gradient in a sandy arid area[J]. Catena, 70(3): 437-442.

REUTTER K, ATZORN R, HADELER B, et al., 1998. Expression of the bacterial *ipt* gene in *Physcomitrella* rescues mutations in *budding* and in *plastid division*[J]. Planta, 206(2): 196-203.

RUTHERFORD W A, PAINTER T H, FERRENBERG S, et al., 2017. Albedo feedbacks to future climate via climate change impacts on dryland biocrusts[J]. Scientific Reports, 7: 44188.

SHACKEL K, FOSTER K, HALL A, 1982. Genotypic differences in leaf osmotic potential among grain *Sorghum* cultivars grown under irrigation and drought[J]. Crop Science, 22(6): 1121-1125.

SHI H, SHAO M A, 2000. Soil and water loss from the Loess Plateau in China[J]. Journal of Arid Environments, 45(1): 9-20.

TAKAMI S, 1988. Establishment of suspension cultures of cells from the hornwort, *Anthoceros punctatus* L.[J]. Journal of The Hattori Botanical Laboratory, (64): 429-435.

TIAN G Q, BAI X L, XU J, et al., 2006. Experimental studies on the natural restoration and the artificial culture of the moss crusts on fixed dunes in the Tengger Desert, China[J]. Frontiers of Biology in China, 1(1): 13-17.

TOLDI O, TUBA Z, SCOTT P, 2008. Vegetative desiccation tolerance: is it a goldmine for bioengineering crops?[J]. Plant Science, 176(2): 187-199.

VASHISTHA B D, CHOPRA R N, 1987. In vitro studies on spore germination, protonemal differentiation and bud formation in three Himalayan mosses[J]. Journal of The Hattori Botanical Laboratory, 62: 121-136.

WANG J, FU B, QIU Y, et al., 2003. Analysis on soil nutrient characteristics for sustainable land use in Danangou catchment of the Loess Plateau, China[J]. Catena, 54(1): 17-29.

WEBER B, BÜDEL B, BELNAP J, 2016. Biological Soil Crusts: An Organizing Principle in Drylands[M]. Switzerland: Springer-Verlag.

WYATT R, DOUST J L, DOUST L L, 1988. Plant reproductive ecology: patterns and strategies[J]. Evolution, 93(3): 646-647.

XU S J, YIN C S, HE M, et al., 2008. A technology for rapid reconstruction of moss-dominated soil crusts[J]. Environmental Engineering Science, 25(8): 1129-1138.

ZHAO Y G, QIN N Q, WEBER B, et al., 2014. Response of biological soil crusts to raindrop erosivity and underlying influences in the hilly Loess Plateau region, China[J]. Biodiversity and Conservation, 23(7): 1669-1686.

ZHAO Y G, XU M X, 2013. Runoff and soil loss from revegetated grasslands in the hilly Loess Plateau region, China: influence of biocrust patches and plant canopies[J]. Journal of Hydrologic Engineering, 18(4): 387-393.

彩　　图

图 2.2　2009 年土壤结皮的发育特征(李金峰等，2014)

(a)～(i)分图题表示所摄土壤结皮发育状况照片的时间(月/日)

(g) 8/28　(h) 8/28　(i) 8/28

(j) 9/25　(k) 9/25　(l) 9/25

图 2.3　2010 年生物结皮的发育特征(李金峰等，2014)

(a)～(l)分图题表示所摄生物结皮发育状况照片的时间(月/日)

(a) 风沙土生物结皮分布特征　(b) 风沙土生物结皮表观发育特征

(c) 黄土生物结皮分布特征　(d) 黄土生物结皮表观发育特征

图 2.6　六道沟小流域不同土壤类型生物结皮的分布和表观发育特征(卜崇峰等，2014)

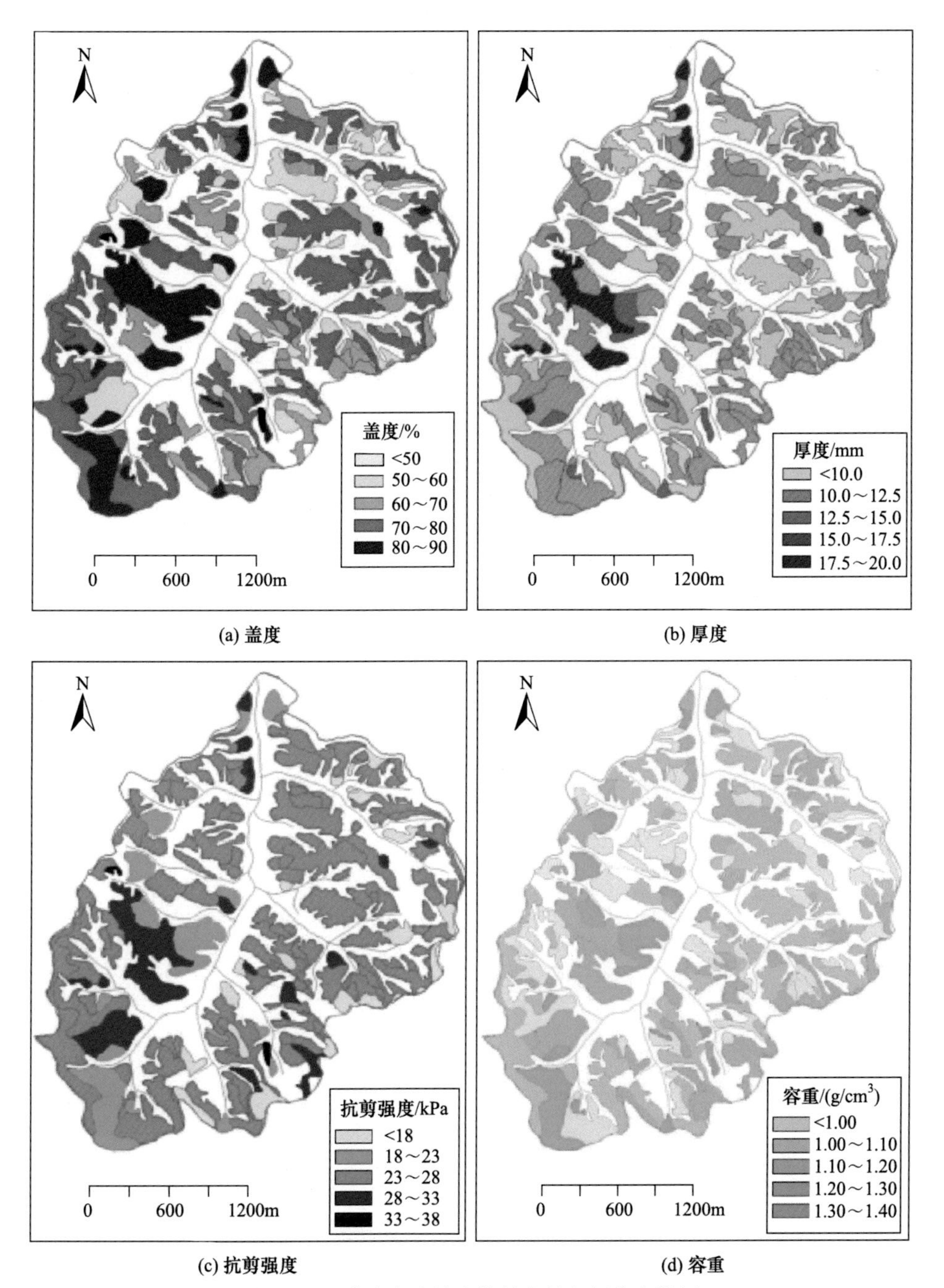

图 2.7　六道沟小流域生物结皮的空间分布特征

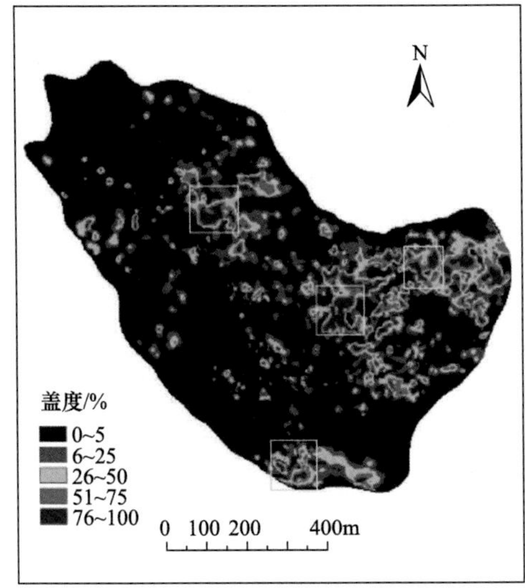

(a) 盖度

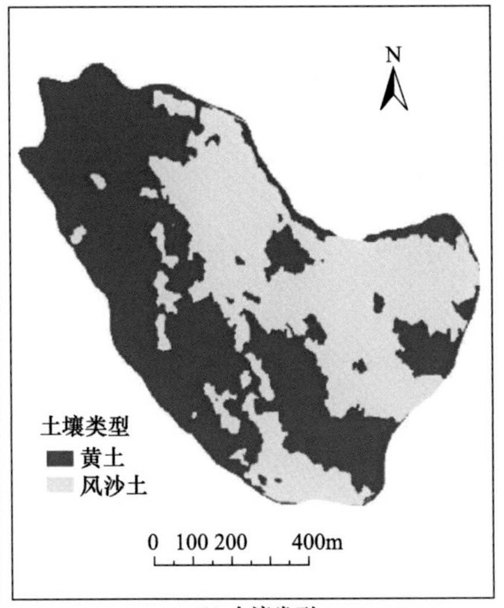

(b) 土壤类型

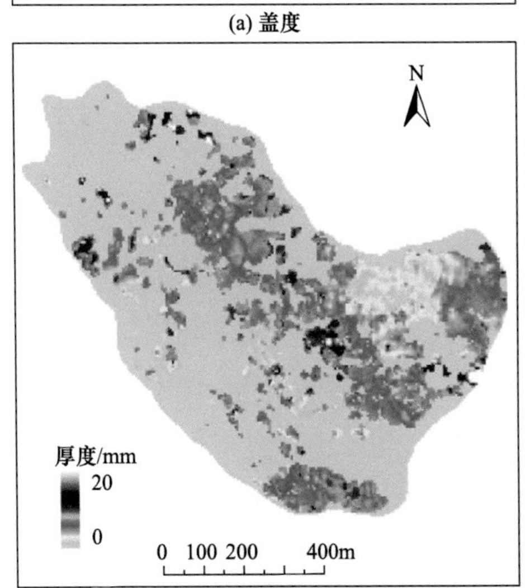

(c) 厚度

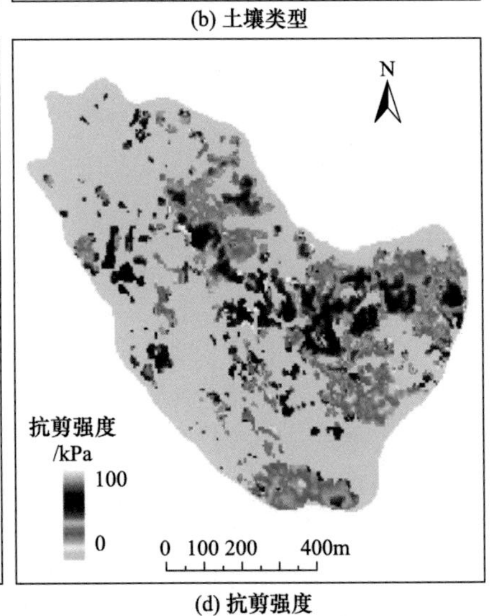

(d) 抗剪强度

图 2.10 坡面尺度生物结皮的空间分布特征

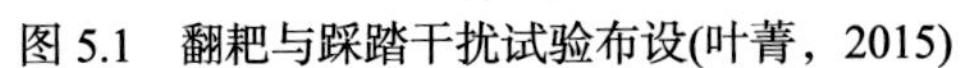

(a) 小区布设 (b) 翻耙工具 (c) 踩踏工具

图 5.1 翻耙与踩踏干扰试验布设(叶菁，2015)

图 6.1　人工气候室的培育场景

图 6.2　干旱-复水过程中的试验场景(Bu et al.，2017)

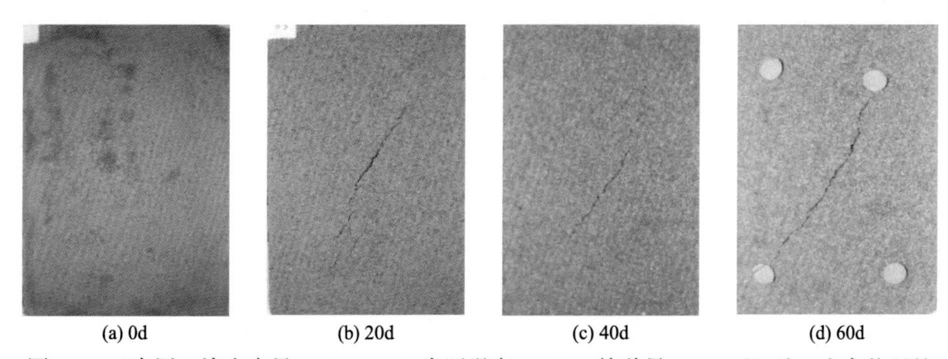

(a) 0d　(b) 20d　(c) 40d　(d) 60d

图 6.5　“表层土壤含水量 25%～30%+光照强度 1000lx+接种量 700g/m^2”处理发育状况的时间动态特征(杨永胜等，2015)

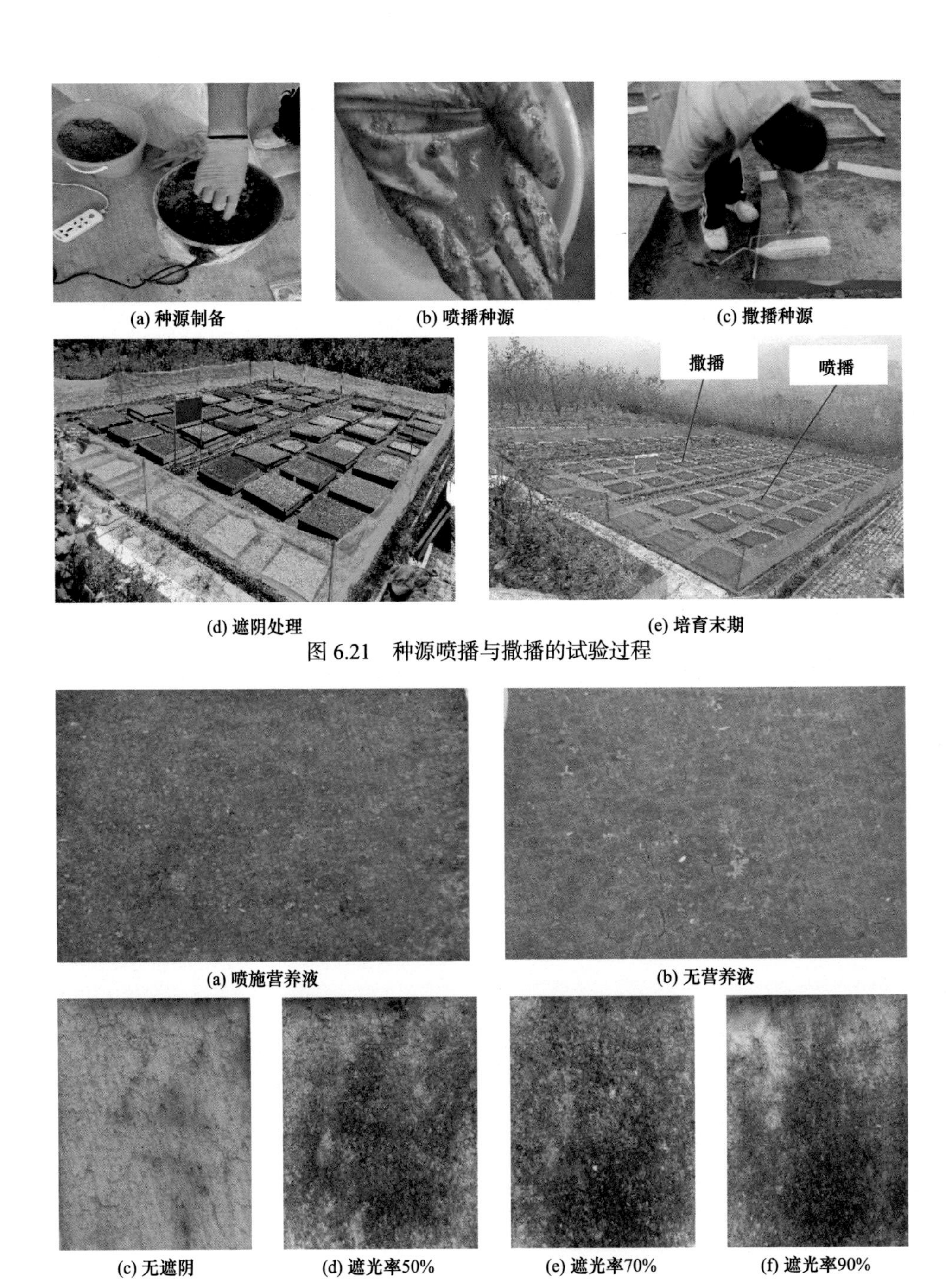

(a) 种源制备　(b) 喷播种源　(c) 撒播种源

(d) 遮阴处理　(e) 培育末期

图 6.21　种源喷播与撒播的试验过程

(a) 喷施营养液　(b) 无营养液

(c) 无遮阴　(d) 遮光率50%　(e) 遮光率70%　(f) 遮光率90%

图 6.27　营养液与遮光率对苔藓结皮生长发育的影响

(a) 试验小区建设

(b) 遮阴养护

(c) 黄土坡面恢复

(d) 石质坡面恢复

图 6.28　高陡边坡建设及坡面恢复情况

(a) 延安南沟接种施工效果

(b) 延安南沟恢复效果

(c) 吴定高速公路应用示范

(d) 延安羊圈沟应用示范

图 6.32　野外坡面苔藓结皮应用示范

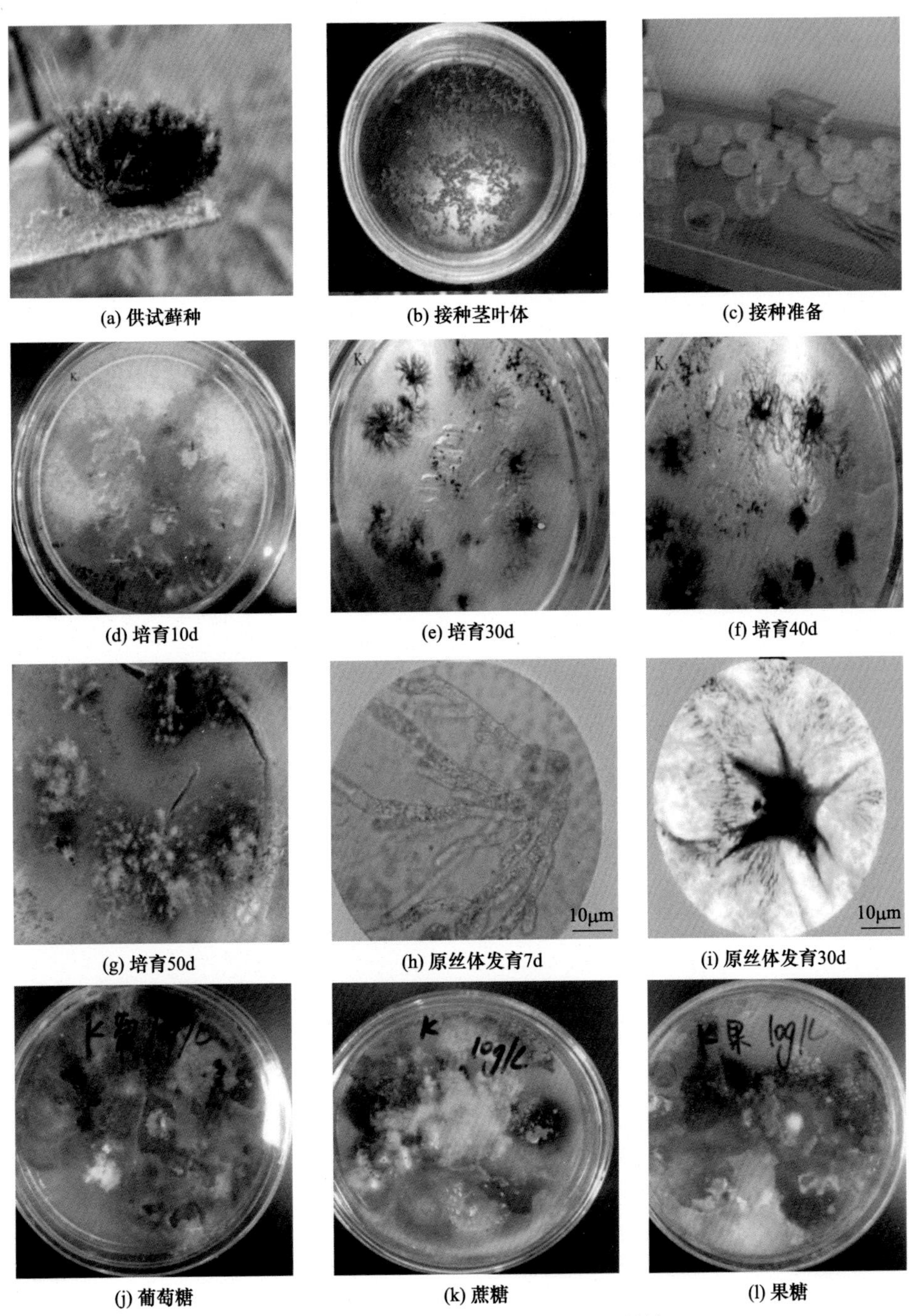

(a) 供试藓种　(b) 接种茎叶体　(c) 接种准备

(d) 培育10d　(e) 培育30d　(f) 培育40d

(g) 培育50d　(h) 原丝体发育7d　(i) 原丝体发育30d

(j) 葡萄糖　(k) 蔗糖　(l) 果糖

图 6.33　苔藓原丝体扩繁试验(部分源于：赵洋等，2017)